新时代

铁路客站建造新技术

（管理卷）

中铁建工集团有限公司　编

中国建筑工业出版社

图书在版编目（CIP）数据

新时代铁路客站建造新技术. 管理卷 / 中铁建工集团有限公司编. —北京：中国建筑工业出版社，2023.6

ISBN 978-7-112-28844-1

Ⅰ. ①新… Ⅱ. ①中… Ⅲ. ①铁路车站—客运站—建筑工程—工程管理 Ⅳ. ①TU248.1

中国国家版本馆CIP数据核字（2023）第112582号

本书系统总结了中国铁路客站施工技术的发展历程、技术特征，以及新时代背景下铁路客站技术的发展与变化。从施工技术管理的角度，全面阐述了绿色建造技术、信息管理技术、智慧工地技术、智慧网格管理技术、营业线施工管理技术在新时代铁路客站建设中的创新应用。结合当前及今后一个时期国家政策和数字技术的发展，对铁路客站施工技术的创新，尤其是智慧建造与数字化施工、建筑施工智能化发展、工业化装配化施工、绿色低碳可持续建造等方面，进行了前瞻性的研究与思考。

本书可供从事铁路客站建设的设计、施工、监理、咨询、建设管理的工程技术人员、管理人员学习参考，也可供铁路工程运营管理及相关领域的科研人员、高等院校师生参考。

责任编辑：张　磊　杨　杰
责任校对：芦欣甜
校对整理：张惠雯

新时代铁路客站建造新技术（管理卷）
中铁建工集团有限公司　编
*
中国建筑工业出版社出版、发行（北京海淀三里河路 9 号）
各地新华书店、建筑书店经销
北京点击世代文化传媒有限公司制版
北京富诚彩色印刷有限公司印刷
*
开本：787 毫米 ×1092 毫米　1/16　印张：14¾　字数：348 千字
2023 年 8 月第一版　2023 年 8 月第一次印刷
定价：**68.00** 元
ISBN 978-7-112-28844-1
（41189）

编委会

百余年来，中国铁路从无到有、从探索到突破、从低速到高速、从引进到创造，科技创新推动铁路实现历史性、整体性的重大变化，取得世界瞩目的巨大成就。如今，全国铁路营业里程多达 15.5 万 km 以上，其中高铁超过 4.2 万 km，是全球高铁规模最大、速度最快、成网运营场景最丰富的国家。这是科技进步造福人民的重大范例，是人类交通史上的奇迹！

铁路客站如同一个纽带，把铁路与城镇联系在一起，精彩纷呈。中国铁路客站施工技术历经多次迭代更新，取得了长足的发展和进步。如今，广泛运用的标准化、智能化、机械化、工厂化等技术，凝聚着数代铁路客站建设者不懈的追求与创新的智慧！

党的十八大以来，中国国家铁路集团有限公司针对铁路客站建设提出“畅通融合、绿色温馨、经济艺术、智能便捷”的指导方针，建设“精心、精细、精致”精美站房的总体要求，为新时代铁路客站建造技术的发展提供了依据和指南。

贯彻落实中国国家铁路集团有限公司铁路客站建设指导方针与总体要求，铁路客站的建设技术快速高质量发展。客站建筑形体、交通功能、服务功能与城市融合越来越紧密；客站节能、环保等绿色建筑要求得到深入贯彻；室内装饰以人为本，致力于为旅客提供温馨舒适的候车环境；在充分考虑建筑功能实现的基础上，深入结合地域文化、历史文化、城市文化，开展设计创新，展现民族文化自信；深度应用智能化、信息化等技术，为旅客提供现代、快捷、舒适、环保的服务，为客站运营管理提供了高效的技术手段。

近年来，在中国国家铁路集团有限公司和各级建设单位的推动下，建成运营了一批高品质的铁路客站工程。如 2017 年的厦门站，2018 年的千岛湖站、杭州南站，2019 年的颍上北站，2020 年的南通西站，2021 年的平潭站、嘉兴站、雄安站，2022 年的北京丰台站、郑州航空港站、杭州西站等，都是在中国国家铁路集团有限公司铁路客站建设指导方针、总体要求下建成的精品客站，为铁路客站建设起到了积极的样板引导作用。

在新时代铁路客站建设中，结合铁路客站多专业、多学科、系统集成的特点，管理技术有了突出的创新。广泛引入绿色建造技术，节能减排降碳成为建设过程中重要的技术发展要求和管理要素；信息技术、数字技术的发展，使建设管理技术集约化的发展成为可能；深入运用基于 BIM 的物联网技术和综合信息管理技术，使客站建设的高效集成化成为现实；信息技术支持下物联网的发展，为铁路客站发展智慧工地管理提供了技术和设备条件，大幅提升了铁路客站建设的效率和安全性；大型铁路客站建设普遍应用基于大数据、物联网支持的网格化管理方法，促进了建造的标准化、程序化、智慧化，为优质、高效施工提供了技术支持。

已经建成运营的雄安站、北京丰台站、杭州西站、郑州航空港站等特大型高铁客站，在施工技术创新方面成就卓越，代表着中国大型交通综合枢纽建设的高质量、高水平。清河站采用桥建合一结构施工技术，郑州东站、杭州西站采用建构合一预应力结构施工技术等，为高强高性能混凝土结构体系在大型震动交通建筑中的应用，起到了积极的实践意义；北京丰台站是首座高铁、普速双层车场并融合多条地铁的综合交通枢纽，其双层复杂结构体系施工技术、重型钢结构数字化建造全生命周期施工技术的应用，为站场、站房建设再创新起到了良好的借鉴作用；雄安站、郑州航空港站采用大跨装配式清水混凝土结构，具有形态复杂、构件跨度大、体量巨大、清水饰面要求高等特点，大型装配式清水混凝土结构的成功，是中国高铁客站结构施工技术发展的又一个里程碑。

同时，中国的高铁客站在超深全地下车站建造技术、新颖异型站台雨棚施工技术、大跨度大体量钢结构屋盖系统整体提升或累计滑移技术、超大面积屋面系统综合施工技术、装配式结构施工技术、新型复杂幕墙施工技术、营业线施工技术、精品站房装饰装修施工技术等方面，进行了大量的科技研发，为高铁客站施工技术的进步和发展，积累了丰富的经验。

铁路客站建设，全面展现了中国建造、中国智造的能力和水平。展望未来，随着综合性交通枢纽、TOD 型交通枢纽的快速发展，“交通综合”“站城融合”和“站城一体化”交通基础设施建设将对城市化、城镇化进程发展起到重要的牵引作用。铁路客站建设将继续在智慧建造与数字化施工、建筑施工智能化、建筑工业化装配化、绿色低碳可持续发展方面，不断创新发展，不仅引领着中国建筑行业的发展趋势，更代表着中国创造走向世界的时代跨越。

本书从铁路客站施工管理、结构施工、装饰施工等方面，比较系统、全面地总结了新时代铁路客站建造所采用的新技术，并采用案例的形式，对铁路客站管理创新、技术创新和呈现效果进行了全面的展示，为中国铁路客站精品工程建设提供了有益的借鉴和参考。

中国工程院院士 何华武

2023年8月

前言

截至2022年底，中国铁路营业里程达到15.5万km以上，其中高铁超过4.2万km。建成世界最大的高速铁路网络，路网覆盖全国99%的20万以上人口城市和81.6%的县，高铁通达94.9%的50万人口以上城市，营业客站已经建成近3000座。

新中国成立以来，中国高铁客站的施工技术，也实现了从小型砖瓦建筑到大跨度空间建筑的跨越。进入新时代，在国铁集团“畅通融合、绿色温馨、经济艺术、智能便捷”方针的指导下，相继建成了雄安站、北京丰台站、杭州西站、郑州航空港站等数十座具有国际影响力的世界级特大型客站，以及南通西站、平潭站、安庆西站等数百座现代、简洁，充满地域文化和传统文化，具有强烈文化自信和展现城市活力的中小站房。随着车站规模、体量、复杂程度的不断提升，铁路客站的施工管理技术适应时代的发展与技术的进步，取得了极大的发展成就，引领着中国大型交通建筑施工技术的创新与发展。

21世纪前期，以BIM为基础的建筑业数字化创新与应用技术方兴未艾，应国家宏观政策的导向，铁路客站施工也向绿色低碳、数字化管理方向发展，取得了巨大的成就。本书从建设、施工、管理等方面，全面总结了近年来铁路客站施工管理技术的发展与变化。

绿色建造技术发展：本书系统总结了当前铁路客站绿色建造技术的特征，绿色建造技术的运用，以及“四节一环保”的具体技术运用。从项目建设伊始的绿色施工策划开始，特别重视铁路客站施工过程中采用的绿色、先进、适用技术的研究和应用，致力于在建造全生命周期过程中实施绿色施工。

信息技术管理与应用：本书系统总结了当前铁路客站建设基于BIM+数据的协同应用，结合案例对设计—深化—生产—运输—现场施工—交验—运维等不同阶段数据的有效协同进行了全面应用分析和总结。具体应用上，重点对多源数据协同、全面深化设计、虚拟建造、构件数字加工、数据智能分析等进行了深入地分析和研究，为提升建造品质、保证工期、安全高效、投资控制起到了积极的作用。

智慧工地管理与应用：本书系统总结了当前铁路客站智慧工地管理技术的发展与应用。尤其是基于 BIM+ 与工程物联网的结合，建立了一体化智慧工地管理平台，通过平台实现远程管理、智慧调度、生产监控、安全管控、质量监管、进度预警、资源跟踪、消耗统计、计量分析等功能，使工程实施过程中产生的大量数据能够得以合理地解析和应用，极大地解放了生产力，实现了大型铁路客站“中控式”集约化管理。

智慧网格管理技术与应用：网格化管理是近年来兴起的卓有成效的社会治理体制，是一种改进社会治理的方式。大型铁路客站占地面积广、施工层数多、结构设计复杂、多专业多学科交叉施工，应用网格化管理，能够更好地化繁为简，突出管理重心，易于协调工序和提升资源的匹配度。同时，与智能化中控管理平台结合，能够更好地对数据进行加工和处理。在杭州西站、广州白云站等大型客站的建设中，应用智慧网格管理技术，为加快工程进度，有效的管控安全、质量、投资起到了积极的作用。

营业线施工管理技术与应用：营业线施工是铁路客站建设重要的组成部分，无论是新建车站，还是改扩建车站，都与营业线施工密切相关。营业线管理技术的水平高低直接影响铁路客站的施工管理能力，本书从营业线施工的运输组织优化、施工组织优化、旅客流线优化等方面，对营业线施工的紧前要素结合案例进行了全面细致地介绍。

铁路客站管理技术的发展，与时代同脉搏，与发展共进步。随着信息技术、数字化技术的全面快速发展，铁路客站施工管理技术也将迎来更多的创新和变革，在建造模式、建造技术、建造管理、绿色施工智慧运维方面有更高的突破。本书展望了铁路客站建设未来技术发展的相关前景，尤其是智慧建造、智能建造、工业化建造、绿色可持续低碳发展等方面，将会在国家政策的引导和建筑技术的不断创新中，迎来更大的发展。

本书包含了中铁建工集团和国铁集团、铁路各建设单位、设计单位多年的科研成果和技术总结，同时也参考了国内外部分相关的研究成果和相关资料。在编写过程中，许多业内同行专家给予了大力支持，并提出宝贵建议，在此一并感谢。

由于经验、水平和能力的局限性，本书难免有一些不足和欠缺，愿与业内外专业人士共同探讨，也请行业内各位专家给予批评指正。

杨　煜　吉明军

2023 年 8 月于北京

目录

第1章
绪　论

1.1 铁路客站施工技术发展历程

中国铁路客站施工技术的发展具有鲜明的中国特色，与我国时代发展的特征相辅相成。百余年来，铁路客站建设施工技术不断进步与创新，站房设计从最早的单一旅客接发功能，发展为当前的交通综合体、城市枢纽模式，其规模、体量、技术难度不断攀升，站房施工技术也从最早单一的砖石结构，到如今大规模应用高性能混凝土、钢结构、预应力、工业化预制等新技术，特别是党的十八大以后，铁路客站施工技术得到了突飞猛进的发展，已逐步实现向世界引领的时代跨越。

总结铁路客站施工技术的发展历程，大致经历了五个阶段，新中国成立前夕、新中国成立初期、改革开放至20世纪末、21世纪初期、步入新时代。

1.1.1 新中国成立前夕

新中国成立前，我国政治形势复杂、国民经济凋零，建造技术落后。我国最早可追溯到的铁路站房是1888年建成的天津老龙头火车站（图1.1.1-1），为天津站的前身，当时的站房极其简陋，甚至站台都未设置雨棚。五四运动以后，中国进入新民主主义革命时期，这一时期中国本土建筑师逐渐登上历史舞台，但鉴于经济及技术水平有限，此阶段建成的正阳门东站（图1.1.1-2）、西直门站、天津西站、济南站等，西式建筑风格比较强烈。站房选型多为线侧平式，基本为单层建筑。施工技术上，广泛采用砖、石、木、钢等建筑材料。结构类型则以传统的砌体混合结构、木结构为主，部分采用现浇混凝土结构或者预制混凝土结构，构建较大的空间结构体系，作业方式上则采用纯人工作业。这一时期，由于西方工业技术的发展，钢结构施工技术也得到了适当的运用，为国内建筑施工技术的发展，起到了积极的推动作用。

图 1.1.1-1 天津老龙头火车站

图 1.1.1-2 正阳门东站

1.1.2 新中国成立初期

新中国成立初期，国家大力发展铁路交通事业，加强国防建设、方便人民出行。大量铁路建造技术通过“走出去、引进来”得以不断的应用、消化、吸收，实现技术经验的积累。这个时期，我国的铁路建设进入发展快车道，相继建成了成渝、成昆、兰新、湘黔等多条普速线路，一大批经典客站建筑如成都站、北京站、贵阳站（图 1.1.2-2）、乌鲁木齐站等相继建成。1959 年建成的北京站（图 1.1.2-1），建筑风格具有浓厚的民族文化传统，立面装饰重点突出，细节处理在满足功能的同时，兼具浓烈的民族特色。同时，北京站也是中国铁路客站内第一个设有无站台柱雨棚的车站。这一时期的铁路站房建造技术，已由传统的砖、石结构向混凝土框架结构迈进，并尝试采用一些新材料、新工艺、新技术，铁路站房的建筑风格逐步回归中国本土特色。但鉴于国民经济发展薄弱，缺乏先进的材料和设备，这一阶段的客站施工，仍多以砖、石等传统建筑材料为主，逐步采用混凝土等新型建筑材料，人工挖孔桩技术、扩大基础等应用广泛，结构类型上开始尝试一些简单的框架结构、混合结构、预制结构；作业方式上，仍以人工作业为主，运用简单的设备辅以施工。建筑技术上，如北京站运用薄壳混凝土结构体系，对大型候车空间建造技术进行了积极地探索。

图 1.1.2-1 北京站

图 1.1.2-2 贵阳站

1.1.3 改革开放至 20 世纪末

党的十一届三中全会后，随着党和国家的工作重心转移到经济建设上来，改革开放成为了社会发展的主旋律，铁路客站迎来了新的建设高潮。改革开放的前 20 年，一大批带有综合楼和交通枢纽雏形的大型客站在全国主要大城市建成，如 20 世纪 80 年代建成的上海站（图 1.1.3-1）、天津站、石家庄站，90 年代建成的深圳站（图 1.1.3-2）、长春站、沈阳北站、呼和浩特站、北京西站、杭州站等。这些客站的建设汲取了先进的经验和建设理念，工程技术水平有了较大的提升，大多成为具有时代特色的城市门户。其中，1987 年建成的上海新客站，是全国第一座现代化火车站，如采用高架候车、南北双向进站的模式，为后续大型客站的建设提供了很好的借鉴；在旅客服务上，贯彻“人民铁路为人民”的宗旨，客站根据不同的旅客需求提供有针对性的服务；在客站管理上，建设了微机售票及管理、行包管理、服务及导向、信息管理等四大系统，客票采用了集中网络管理。这个时期，站房施工建造水平突飞猛进，各类塔式起重机、吊车等垂直运输设备快速发展，搅拌桩技术、大跨度混凝土结构体系、预应力技术、钢结构技术、现代幕墙技术、钢模板技术等得到了全面发展，商品混凝土技术登上历史舞台，铁路站房建筑施工技术进入了一个新的发展阶段。

图 1.1.3-1　上海站

图 1.1.3-2　深圳站

1.1.4　21 世纪初期

进入 21 世纪，尤其是加入世界贸易组织以后，中国经济建设日新月异，中国铁路建设迎来了高峰。以 2002 年南京站改扩建工程开工为标志，铁路客站建设融入国际市场，吸收和借鉴国内外先进建筑设计理念，开始探索全新的平面布局和流线，大跨度空间钢结构、大跨度预应力结构、大面积玻璃幕墙等应用日益广泛，开启了中国铁路站房建设新征程。随后建成的苏北铁路南通、盐城、淮安等车站，以及青藏铁路拉萨站、上海南站等，彰显着这个时代的建筑风格，以中央广厅为核心的开放式大空间进站候车模式、上进下出的旅客流线特征，是这个时期客站的主流特征。建成后的南京站改建工程首次以“上进下出”的旅客流线成为全国各地客站建设的范本（图 1.1.4-1、图 1.1.4-2），改建后的站房采用大跨度斜拉索钢屋盖体系、现代拉索悬挂技术体系的应用，加之科技与新型建筑的结合，既体现地域文化特色，又彰显时代气息。这个时期的客站施工技术快速发展，大批新技术如大面积玻璃幕墙技术、大型重型钢结构施工、索结构施工技术、球形网架施工技术、焊接网架施工技术、大型桁架施工技术、铝镁锰合金屋面技术、新型防火涂装技术、大跨度混凝土结构体系、铝板饰面技术体系、聚碳酸酯板屋面采光技术、射流中央空调技术、虹吸排水施工技术、碗扣架支撑体系、覆膜木模板技术等不断涌现，在客站施工中得以广泛应用。

图 1.1.4-1　南京站改夜景图

图 1.1.4-2　南京站上进下出站场

以 2008 年京津城际开通为标志，中国进入了高速铁路时代，四纵四横高速铁路网快速形成。2010 年后相继建成武广、京沪、沪宁、沪杭、沪昆等多条时速 350km 的高速铁路，随着高速铁路的建设，高铁站房的建设进入新高潮。这一时期建成的大型枢纽，如北京南站（图 1.1.4-3）、济南西站、上海虹桥站、南京南站、武汉站、广州南站等，以及沿线的中小型铁路站房，施工技术水平得到了巨大的提升，大空间结构体系、大跨度结构体系、桥建一体结构体系、大型复杂钢结构制作技术、大跨度重型钢结构整体提升或滑移施工技术、高性能混凝土施工技术、复杂预应力技术等，得到了广泛应用，使中国高铁站房的施工技术走到了国际前列。建成后的北京南站，总建筑面积 32 万 m^2，站场规模 13 台 24 线，入选 21 世纪初“北京十大建筑”。建设过程中，攻克了包括轨道层直螺纹连接、光伏发电一体化、雨棚 A 形塔架支撑、悬垂梁在内的世界级技术难题，为大型工程项目建设积累了先进经验，为中国铁路发展作出了积极贡献。建成后的北京南站候车空间大，视野通透，依据旅客至上和以人为本的客流组织原则（图 1.1.4-4），实现了地铁、国铁、公交等多种交通方式的无缝连接和零换乘。北京南站中央屋面采用的光伏发电一体化系统，是当时国内面积最大的公共建筑光伏发电系统，体现了“绿色、科技、人文”的北京奥运三大理念，成为公共示范建筑。

图 1.1.4-3　北京南站夜景图

图 1.1.4-4　北京南站候车大厅

1.1.5　步入新时代

以党的十八大为标志，中国社会全面进入了新时代，中国经济的发展进入了高质量发展的转型期，经济发展的趋势转变为满足人民群众对日益美好生活的需求。“十三五”铁路网建设圆满收官，“十四五”铁路网建设全面擘画，八纵八横高速铁路网的发展驶入了快车道，2021 年底，高速铁路已近 4 万 km。以国铁集团“畅通融合、绿色温馨、经济艺术、智能便捷”的建设方针为指导，铁路客站的建设进入了新时代，以雄安站（图 1.1.5-1）、丰台站、郑州航空港站、杭州西站等大型枢纽的建设为标志，客站建设的施工技术水平和能力已经进入国际引领阶段。

新时代客站施工技术，以大型重型吊装设备应用、新型模架技术创新、大跨度高强度混凝土施工技术、无粘结预应力施工技术、超深超大桩基施工技术、复杂异型膜结构施工技术、大跨度复杂钢结构技术、逆作法施工技术、建筑工业化施工技术、施工现场智能管理技术、绿色科技施工技术等众多创新技术为标志，助力中国铁路客站的建设，使“中国建造”的品牌和实力享誉国际。

2020 年 12 月 27 日建成的雄安站，为“千年大计、未来雄安”的建设打开迈向世界的窗口。雄安站总建筑面积 47.52 万 m^2，站场规模 13 台 23 线，为集汽车、高铁、城轨、公交等多种交通功能于一体的桥式站房综合体，国内首创三维曲面清水混凝土候车大厅，完美地诠释了“站城一体、站桥一体、建构一体”的设计理念。站房建设中采用装配式站台、

192 根清水混凝土“开花柱”、BIM 三维可视化信息模型技术、BIM+GIS 技术、高清视频通信等多项新时代客站施工技术，设有集成岛式风亭、智能停车场服务设施，配套光伏发电设施、智能大脑管理系统（图 1.1.5-2）、综合服务管理系统、智能能源管理系统、结构健康监测系统等，是中国铁路客站创新发展的标志性工程。

图 1.1.5-1 雄安站

图 1.1.5-2 雄安站智能大脑管理系统

1.2 铁路客站建设类型

根据站房与线路的结合形式，铁路客站可分为线侧式站房、线下式站房、线上式站房、地下式站房、桥建合一型站房。铁路站房的技术管理，受车站地理位置选型、地质情况变化、站房与线路结合型式、站房造型和规模、工期要求等诸多因素的影响，不同结构形式的客站类型，在施工组织和技术管理手段上有较大的差异。

1.2.1 线侧式站房

线侧式站房包括线侧平式站房、线侧下式站房两种类型，站房整体施工技术管理相对简单，在征地拆迁完成、场地条件充分的情况下，能够独立开展施工活动，受外部环境干扰较小，如平潭站、长乐东站、祁门南站等都属于线侧型站房。

该类站房，典型的特征是拥有较长的进出站天桥或者地道，而天桥、地道、站台等与线路施工组织密切相关，一般都会出现与路基、轨道、接触网等多专业的交叉施工或并行施工，极易形成施工组织困难的情况。

施工组织上，线侧式站房（图 1.2.1-2）的施工通常应把握两个关键线路，一是确保线侧站房各工序衔接合理，二是确保站场各专业高效配合。因此，与站前施工组织密切配合，做好各个专业的衔接，确保工程进度科学、资源配置合理，是该类站房施工组织的重点。以祁门南站施工组织为例，如图 1.2.1-1 所示，施工组织划分为两条关键线路，A 区、B 区各自独立形成关键线路且平行施工，其中 A 区为站房工程，B 区为站场区域雨棚及站台铺装工程。B 区关键线路的施工总工期应满足联调联试节点的需要。

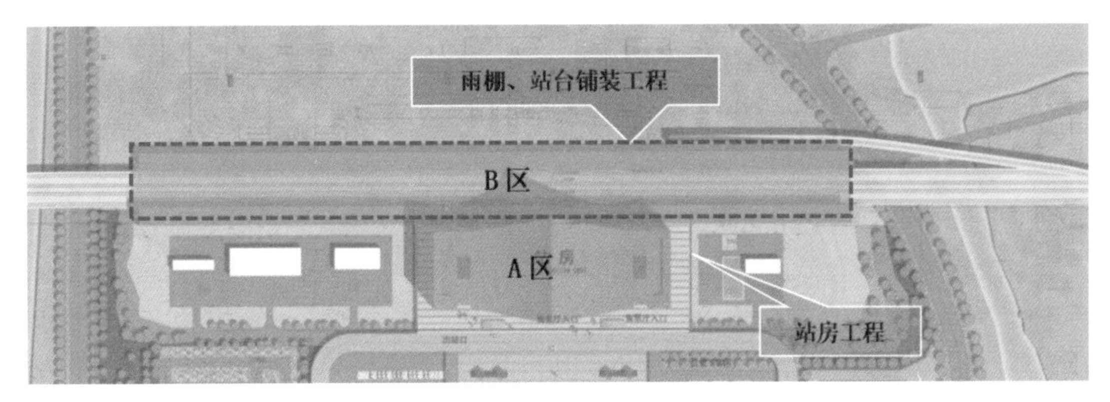

图 1.2.1-1 祁门南站平面图（线侧平站型）

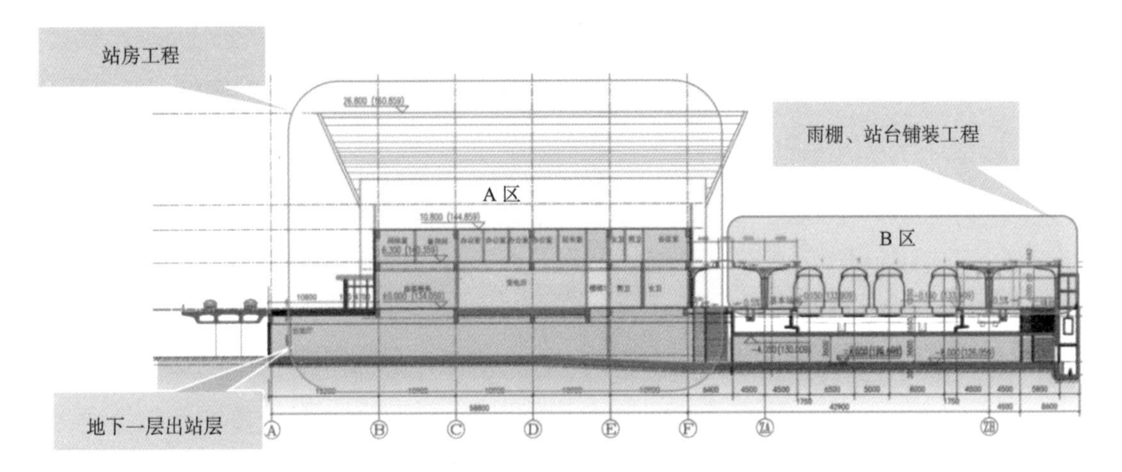

图 1.2.1-2 祁门南站剖面图（线侧平站型）

技术管理上，运用先进的工法和技术，协调站场区域工作面，为尽早施工雨棚基础、雨棚主体结构创造条件；尽一切可能先行施工地道、天桥等通行设施，亦为线路铺轨和接触网架设创造条件；尽早完成站台、雨棚、天桥、地道等的装饰装修任务，为联调联试创造条件。

平潭站（图 1.2.1-3、图 1.2.1-4）为典型的线侧下式站房，建筑面积 53985m^2，站场规模 2 台 4 线，设置一座混凝土天桥，站房为线侧式全混凝土结构。施工站房区域时，通过从站前广场红线交叉位置向站场区域施工，率先完成匝道桥与落客平台区域结构施工，避免站前广场后期施工与站房施工的道路交叉干扰；该工程室外道路标高在架空层底板位置，为保证站房面宽方向道路拉通，需在落客平台两侧搭设钢便桥，架空层结构分区施工完毕后第一时间拆除出通道，形成站房内部的运输道路。施工雨棚区域时，通过优化雨棚基础承台标高、增加连续梁等结构调整措施，确保雨棚基础及主体结构先行施工；通过优化站前站房接口工程施工顺序，路基填筑、站台挡墙及回填土穿插施工等，确保雨棚及天桥桩基、基础承台先行施工，从而确保雨棚及天桥主体结构顺利施工，再通过站台挡墙顶部预留板筋等措施，保障站台面层施工质量，避免影响铺轨及接触网、四电施工，为联调联试创造条件。

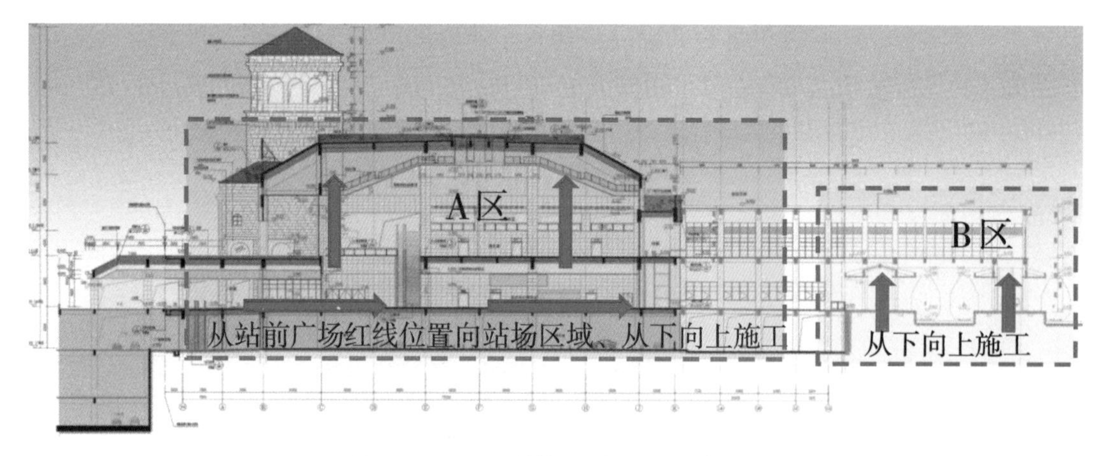

图 1.2.1-3　平潭站施工顺序示意图（剖面）

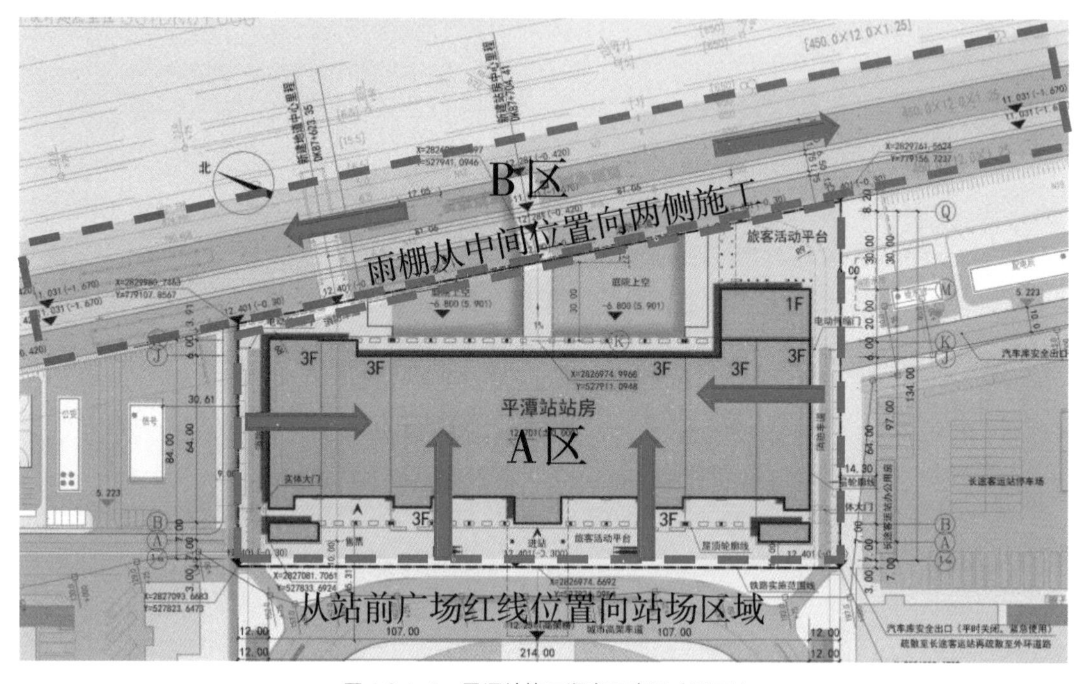

图 1.2.1-4　平潭站施工顺序示意图（平面）

1.2.2　线下式站房

线下式站房常见于高速铁路中间站，其典型特征是站房主体位于高速铁路桥梁下，站台雨棚等位于高速铁路桥梁之上；其结构特征是高速铁路正线桥梁与站房主体脱开，到发线主体结构或基本站台主体结构与站房主体合建。该类站房施工技术组织比较复杂，交叉作业非常严重。如临平南站、千岛湖站、南通西站、长乐站等是典型的线正下式站房。

该类站房的典型特征是，需站前正线和到发线桥梁架设完毕后，方具备条件组织站房施工，赋予站房的工期相对较短，一般应把握两条关键线路：其一为桥上雨棚结构施工，其二为桥下及桥侧站房施工。以长乐站施工组织为例，如图 1.2.2-1 所示，施工组织划分为两条关键线路，A 区、B 区各为关键线路且平行施工，其中 A 区为桥下及桥侧站房工程，B 区为桥上雨棚结构及站台铺装工程。

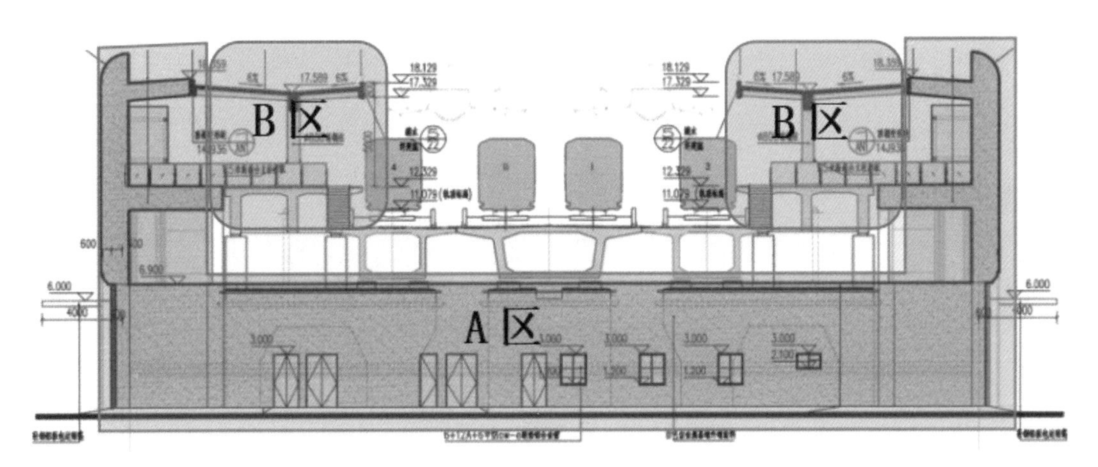

图 1.2.2-1 长乐站剖面图（线下式站房）

施工组织上，一般结合站前桥梁主体结构施工，通过见缝插针的方式，具备条件施工的局部站房基础或主体，在不影响站前施工的情况下，优先进行，施工组织难以做到有序的流水模式；线上桥梁主体结构施工期间，需要配合完成雨棚结构的基础施工或预留预埋等工作，桥梁主体施工完成，需立即组织站台、雨棚、楼梯等的施工，防止站线铺轨施工影响附属结构的施工环境，同时，站台雨棚结构的早日完成，亦为接触网架设和联调联试创造条件。

技术管理上，其难点和特点在于，要采取先进的工法和技术手段（图 1.2.2-2），或投入更多的资源、减少流水划分，完成站台雨棚及附属结构的施工。

南通西站为典型的线下式站房，建筑面积 51980m^2，站场规模 4 台 8 线。工程于 2020 年 4 月开工建设，为减小线正下式站房主体结构对站台全覆盖雨棚钢结构桁架安装的施工影响，站房主体结构采用空间跳仓法施工，优化了施工流水，保证了站房与站台结构同步施工，为站台小雨棚钢结构施工创造条件。同时，全覆盖雨棚钢结构采用屋盖带柱一体化滑移施工技术，解决了雨棚钢结构与桥底混凝土结构同步施工的难题，节省了大量工期，为静态验收和联调联试提供了保障。施工组织上采用空间流水施工。垂直方向上，首先进行站房南、北两侧 1-15 轴区域施工（站台 14-27 轴投影区域）（图 1.2.2-3、图 1.2.2-4），图示①，保证雨棚滑移轨道铺设及滑移施工；然后进行站台 14-27 轴区域施工，同步进行站房东、西两侧 C-J 轴区域施工，图示②；接着进行全覆盖雨棚钢结构施工，图示③；水平方向上，站房层首先进行站房南、北两侧 1-15 轴区域施工，图示①；然后进行站房东侧 11-15/C-J 轴区域施工，图示②；接着进行站房东侧 5-10/C-J 轴区域施工，图示③；最后进行站房东侧 1-5/C-J 轴区域施工，图示④。站台层，首先进行站台 14-27 轴区域施工，图示②；然后进行站台 27-35 轴区域施工，图示③；最后进行站台 1-14 轴区域施工，图示④。

图 1.2.2-2 屋盖带柱一体化滑移施工技术

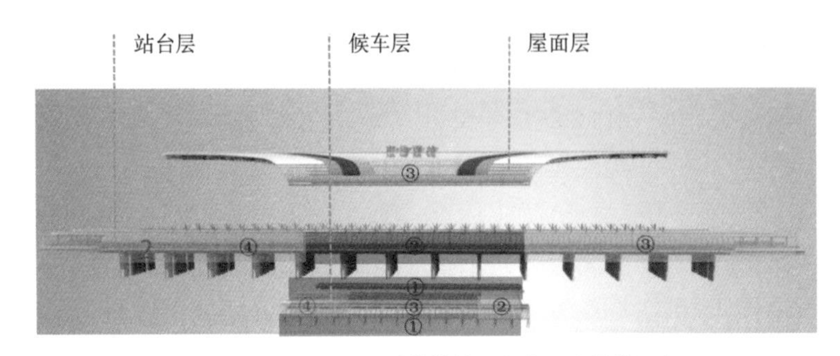

图 1.2.2-3 南通西站整体施工顺序图（爆炸图）

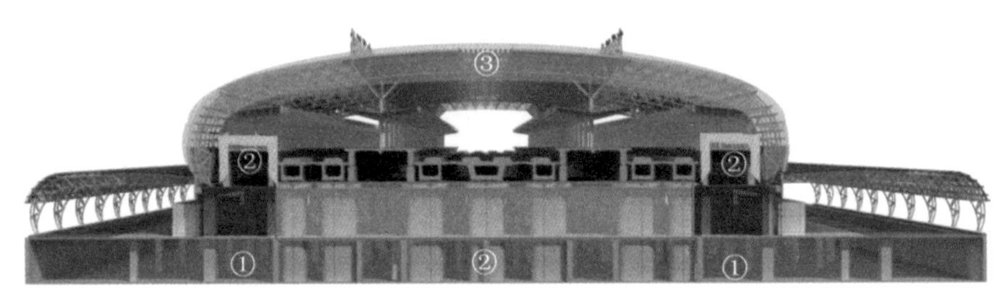

图 1.2.2-4 南通西站剖面施工顺序图（垂轨剖面图）

1.2.3 线上式站房

线上式站房即站房建在铁路线路之上，其候车室称为高架候车室，其站台为铁路站房的一部分，常见于国内大多数铁路客站。

该类站房的典型特征是站房位于铁路股道正上方，线侧进站、线上候车，地道或地下出站厅出站，一般没有天桥等附属结构。站台雨棚分两种，一种是全覆盖的无柱雨棚，一种是有站台柱雨棚与无柱雨棚相结合，无柱雨棚与站房合建；站房主体结构特征一般为框架体系或钢结构体系，无柱雨棚因与屋面系统合建，主要为钢结构体系；有站台柱雨棚为混凝土结构体系或者钢结构体系。淮安东站一期（图 1.2.3-1）是典型的线上型站房，建筑面积 36669m^2，站场规模 4 台 10 线，采用线侧站房进站、线上高架候车室候车、地道出站的旅客流线组织方式。站房两侧各设有 38.5m 长钢结构 + 金属屋面的无柱雨棚，左侧设 107.2m 有站台柱雨棚，右侧设 165.2m 有站台柱雨棚，有柱雨棚采用钢筋混凝土框架结构。

图 1.2.3-1 淮安东站俯视图

施工组织上，线上型站房与站场施工配合密切，施工组织交叉严重，该类站房施工应把握三条关键线路：其一为线侧站房施工，其二为线上站房结构施工，其三为站台及雨棚结构施工。该类站房站场路基回填制约着站房主体施工，站房主体施工制约着站场施工活动。主要表现在：站场路基施工完成，方具备条件开展站房施工；站场区域的地下出站地道和线上站房主体结构完成，方具备条件进行站台、雨棚和站前铺轨、四电等专业的施工，工作面存在专业之间的相互转换。

技术管理上，主要有四个特征：一是与站场无关的线侧进出站区域，先行开展站房主体施工；二是实施站房地下结构施工，需开挖站场，进度安排比较快，防止渗漏和沉降的要求比较高；三是站房主体结构包括屋面系统要尽快完成，为站台、雨棚、站场铺轨和四电工程创造工作面和施工条件；四是与站房相距较远的有站台柱雨棚，要创造条件尽可能提前施工，防止站场、站台施工的相互影响。由于场地环境和工作面的限制，大空间钢结构屋面系统多采用滑移、整体提升等先进施工技术，减少站房与站场施工工作面的相互占用。

安庆西站是典型的线上式站房，建筑面积 54525m^2，站场规模 3 台 7 线。站房基础施工前，路基单位已将站场工程线路部分基床施工完成，站房基础施工阶段对站场基床部位进行开挖，待站台层主体结构施工完成后再对主体结构周边进行回填，回填到基床标高后方能进行上部主体结构施工（图 1.2.3-2）；待上部结构施工完成，架体拆除完成，路基开始铺设、工程线开始铺轨、运行。结合站前单位及市政广场施工组织，提前策划施工通道及地下结构施工顺序，确保不出现预留结构后做现象；上部站房钢结构屋盖安装施工组织采用“吊装法 + 空中转体整体提升法”（图 1.2.3-3），通过提前策划吊装方案和吊装通道，实现上部钢结构的顺利安装。最快速度完成站场区域的地下出站地道、线上站房主体结构及钢结构雨棚施工，在联调联试前完成站场区域各项施工作业。

1.2.4 地下式站房

目前，地下式站房在国内铁路客站中占比较少，如八达岭长城站、天津滨海站（原于家堡站）、深圳福田站、嘉兴站改等。该类站房的典型特征是铁路站场和车站进出站、

图 1.2.3-2　主体结构施工

图 1.2.3-3　钢结构屋盖提升

候车等功能全部位于地下，地面上仅有车站进出口等功能。站房主体结构多采用地下多层框架体系，比较特殊的如八达岭长城站，采用创新的地下隧洞结构。滨海站，总建筑面积 8.6 万 m^2，站场规模 3 台 6 线，是迄今国内最大、最深的全地下高铁站房，最大埋深 32m，地下二层。其中地下一层为售票大厅、候车大厅、进出站通道及办公设备用房，地下二层为站台层，地上部分为“贝壳”型穹顶采光屋面（图 1.2.4-1、图 1.2.4-2）。

图 1.2.4-1　室外全貌鸟瞰

图 1.2.4-2　地下空间系统分层效果图

地下式站房施工组织较为单一，除八达岭长城站施工比较特殊，需先完成站房隧洞，同步进行地下站房和站场施工外，其余均先行施工站房地下部分，待地下主体完成后方具备条件进行地下站场施工，同步施工上部站房结构。

技术管理上，地下式车站的施工技术普遍先进，超长超深桩基技术、超深地下连续墙施工技术、深大基坑施工技术、逆作法施工技术、顺逆作结合施工技术、高强混凝土施工技术等普遍应用。如天津滨海站，采用超深“T”形地下连续墙施工技术、AM 扩孔桩施工技术、HPE 液压垂直插入线间钢管柱施工技术、明挖区大跨度三联拱模板支撑体系施工技术、大跨度单层网壳穹顶钢结构施工技术、候车大厅大面积菱形水磨石施工技术、穹顶 X 形钢节点板施工技术、ETFE 气枕熔断排烟系统施工技术等一系列先进施工工艺或工法（图 1.2.4-3、图 1.2.4-4）。

图 1.2.4-3 ETFE 气枕熔断排烟系统

图 1.2.4-4 网壳穹顶钢结构施工技术

1.2.5 “桥建合一”

桥建合一型车站常见于我国大型铁路枢纽。该类站房解决了大型枢纽客站规模大、结构复杂、流线过长、线路高架运行、城市割裂等多种难题，将车站功能、城市功能和站线特点有机融合。目前国内已经建成了数十座桥建合一型的大型铁路枢纽站房，最早的此类型车站是京沪高铁的北京南站、上海虹桥站、南京南站等，之后的省会大型枢纽均按此模式建设，如武汉站、郑州东站、成都东站、南昌西站、福州南站、广州南站等，形成了中国大型枢纽高铁车站完整的技术体系。如郑州东站是典型的“桥建合一”结构，总建筑面积 41.2 万 m^2，站场规模 32 站台 32 线，属于两端侧式高架站一体（整体大屋盖）结构（图 1.2.5-1、图 1.2.5-2）。

图 1.2.5-1 郑州东站效果图（桥建合一）

图 1.2.5-2 郑州东站轨道层断面图

该类站房的典型特征是用框架体系设置承轨层，线上候车、线下出站，列车高架通过，出站层与城市旅客集散功能融合，如地铁、公交、社会车辆、出租车运营等，进站层与社会车辆、出租车、长途车输运等结合。桥建合一型车站的结构体系中，地下及承轨层结构多采用预应力混凝土框架结构或者钢混框架结构，将桥梁结构体系与框架结构体系结合，共同形成站场承轨层结构；高架候车层多采用预应力混凝土框架结构或者钢结构，形成大跨度结构空间，为站场股道设置创造条件；候车层基本都采用钢结构体系，形成超大跨度候车空间；沿站房周边设置高架进出车道，便于旅客进站。近年来，随着站城融合的进一步发展，大型枢纽客站进一步向 TOD 模式发展，更多地融入城市功能，停车场、商业、酒店、办公、休闲等业态逐步融入车站综合体中，使桥建合一型枢纽车站的规模进一步扩大、施工及技术难度急速增加。

施工组织上，该类站房施工组织非常复杂、技术难度非常大，应把握两条关键线路：其一为正线桥区域施工，其二为正线桥之外区域施工。由于该体系融合了地铁、城市公交、高架道路等多种旅客集散功能，其施工组织的复杂性在于平面面积特别大，要分区进行建设管理；建筑层数比较多，以线下地铁区域的垂直空间体系作为关键线路；列车正线自建筑体中间穿过，要以正线区域的结构施工作为施工组织的重点；要合理地规划周边进出站高架道路的施工进度，保证站房主体与高架道路施工相协调。

施工技术上，各大客站不断进行施工技术创新，如高架候车层屋面钢结构体系，广泛地采用整体提升、整体累计滑移等新技术；高架层结构体系，广泛地采用高强钢筋施工技术、高强混凝土施工技术、重型钢桁架拼装技术、钢骨混凝土施工技术、新型预应力施工技术等；地下层结构施工中，超深超大桩基、大面积深基坑、锚索支护、超深地下连续墙、地下水止水帷幕等新技术创新层出不穷；在施工措施上，新型模架支撑体系、钢桁架支撑体系、贝雷架支撑体系、重型垂直运输设备、钢模板施工技术等，为此类车站的结构施工创造了有利的技术条件。

杭州西站（图 1.2.5-3 ~ 图 1.2.5-5）是典型的超大型桥建合一型站房，总建筑面积 51 万 m^2，站房建筑面积 10 万 m^2，共分 8 层，站场规模 11 台 20 线。在项目施工过程中，广泛采用了重型钢桁架拼装技术、钢骨混凝土施工技术、重载结构缓粘结与有粘结预应力等系列新技术；在施工措施上，采用的新型盘扣支撑体系、钢栈桥配合超高楼层内部材料运输施工技术、承轨层通道贝雷梁支架转换技术等一系列措施，为项目结构施工创造有利条件。

图 1.2.5-3 杭州西站实景图（桥建合一）

图 1.2.5-4 西侧钢栈桥

图 1.2.5-5 东侧钢栈桥

1.3 现代铁路客站施工技术特征

1.3.1 铁路客站施工技术的综合性

铁路客站是一个城市对外展示形象的窗口，它承载着文化、艺术之美。基于客站大空间体系的特殊性、结构体系的安全性、交通流线的复杂性及功能汇聚的创新性，铁路客站成为了现代施工技术的集大成者。

1. 现代建筑技术的综合应用

铁路客站既有一般房屋建筑的特征，又有铁路运输需求的特殊性。因此，铁路客站在施工技术的运用上既综合了房屋建筑施工技术的常规性，又结合了桥梁、市政、铁路等行业施工技术的特征。

铁路客站一般归类于房屋建筑工程，两者的建设程序基本类似。房屋建筑工程中常用的各类桩基施工技术、深基坑施工技术、混凝土结构施工技术、钢结构施工技术、砌筑工程施工技术、装饰装修施工技术、机电工程安装技术等，都得到了广泛的运用。由于铁路客站有交通建筑的特殊性，其施工技术也涵盖了桥梁、铁路等专业。例如，高架式铁路站房在高架层施工时融入了桥梁的特征。桥梁减震支座技术、隔震减震技术、箱涵梁现浇混凝土或者预制吊装技术、高强高性能混凝土技术等普遍应用。再如，站房落客平台与市政高架道路融一体，落客平台施工时也经常采用连续多跨多孔箱型梁施工技术、预拌沥青浇筑技术及预制挡墙技术等。

北京丰台站总建筑面积 39.88 万 m^2，具有上、下双层客运车场。其中普速场区 11 台 20 线，高速场区 6 台 12 线。丰台站是目前亚洲地区规模最大的铁路客运站房，是一座集铁路、地铁、公交、出租、社会车等市政交通设施为一体的大型综合交通枢纽工程，建造过程中综合运用了铁路、市政、房屋建筑等多个行业的现代化施工技术（图 1.3.1-1、图 1.3.1-2）。

图 1.3.1-1　丰台站结构剖切图

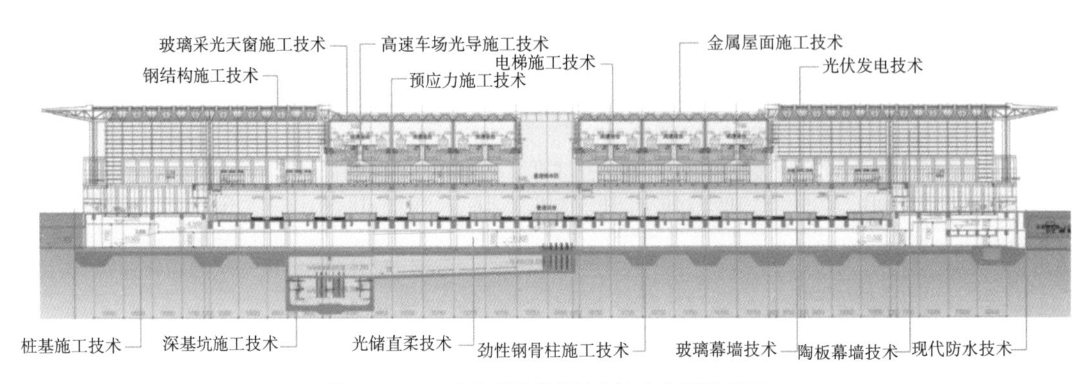

图 1.3.1-2　丰台站现代化技术综合应用展示图

2. 多专业、多学科融合应用

铁路客站在本质上是为旅客服务的一个场所，其实现的功能既要满足旅客乘降的需要，又要满足铁路运输调度以及车站管理的需要，其功能的实现综合运用了多个专业和学科。在铁路运输功能中融合了轨道、路基、接触网、通信信号、高低压电网等专业和学科；在旅客服务功能中融合了标识导向系统、视频管理系统、动态客服系统、静态客服系统、声音广播系统、旅客查询系统、12306 客票管理系统等数个专业学科；在站房功能服务上融合了远距送风中央空调系统、分布式智能照明系统、电梯 BAS 智能管理系统、智能设备管理系统、弱电信息系统、“四电”功能系统等专业与学科；在建筑功能上应用了自然照明技术、导入式照明技术等各种灯光技术、建筑色彩应用系统、新型虹吸排水技术、大面积金属屋面施工技术等。近年来文化艺术学科在站房建设中也得到了广泛的发展。

雄安站以“站城一体、站桥一体、建构一体”为理念设计，进一步完善京津冀区域高速铁路网结构，对提高雄安新区的辐射能力、促进京津冀协同发展均具有积极意义。站房施工时与衔接的轨道交通和其他市政工程的施工存在多维度交叉，整体涉及了众多专业和学科的融合与应用。施工技术方面主要包括新型桩基与支护技术、新型防水技术、高强钢筋技术、高强高性能混凝土技术、预应力钢绞线技术、拉索技术、钢骨体系应用、轻钢结构技术、重钢结构技术、钢构防腐技术、新型垂直运输设备、新型水平运输设备、新型模架系统、结构健康监测系统、智能沉降观测系统等。同时也对试验与检测、监测等做了新的探索与研究。这些专业和学科的应用和创新，在一定程度上，代表了我国施工技术行业的先进发展水平（图 1.3.1-3、图 1.3.1-4）。

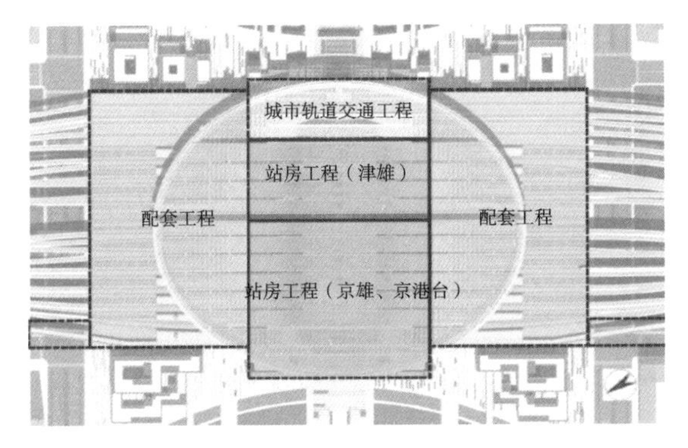

图 1.3.1-3　雄安站平面图

图 1.3.1-4　组合吊项

郑州东站在建筑设计与施工中融合了多专业、多学科的技术应用。综合采用预应力梁柱复杂节点施工技术、大截面异型钢骨柱清水混凝土施工技术、双向框架梁模架地基处理技术、动载作用下大直径钢筋机械连接技术、多形式预应力张拉技术、多跨连续双向交叉管桁架吊装与卸载技术、大跨度桁架及铸钢节点空间网格结构跨层桁架施工技术、耐久性混凝土配比与现场浇筑施工技术、轨道桥健康监测技术等多项新工艺工法。此外，施工阶段进行结构健康监测为跨层桁架及与其相连的幕墙工程实施做了有效技术保障；交付后，采用光纤光栅及终端设备对新型结构体系轨道桥在列车运行荷载及温度作用下应力应变监测，以保证桥结构安全运行（图 1.3.1-5 ~ 图 1.3.1-7）。

图 1.3.1-5　大截面异型钢骨柱清水混凝土施工技术

图 1.3.1-6　多管相贯节点焊接技术

3.“四新”技术的广泛应用

“四新”技术最早由住房和城乡建设部提出，后来逐步推广到国内建筑业的各个行业，成为行业发展新的方向和标杆。在“四新”技术的发展过程中，建设部门根据技术进步和国家政策的要求，进一步推出了适应不同阶段发展的建筑业十项新技术发展指南，引导施工技术朝绿色、先进、适用、安全的方向发展。“四新”技术的运用和发展，在铁

图 1.3.1-7　多跨连续双向交叉管桁架吊装与卸载技术

路客站技术发展中成果显著。如新技术方面，索膜钢结构施工技术、超长金属屋面施工技术、钢结构智能制作技术、自动智能焊接技术、直螺纹连接技术、混凝土顶升技术、免振自密实混凝土技术、水下灌注混凝土技术、桩基后注浆技术、工业化预制装配技术等不断涌现；新工艺方面，旋挖成孔施工技术、铝模板施工技术、新型盘扣架快拆技术、无粘结预应力技术、装配化施工技术等不断发展；新材料方面，高强预应力拉索、新型预应力钢绞线、新型透光膜、新型高透聚碳酸酯板、新型铝锰镁合金屋面板、高强钢筋、铝复合板、Low-e 节能中空玻璃等广泛引入；新设备方面，人脸识别安检设备、新型空调设备、智能高低压设备、智能消防设备、智能监控设备、重型垂直运输设备、可移动高空自行设备等广泛应用，极大地促进了铁路客站朝领先国际建筑业的方向上发展。

（1）汉十铁路上的随州站是目前国内首个采用大跨度钢结构、大曲率负高斯双曲面复杂形体 ETFE 钢 - 索膜结构站房。针对工程特点创新采用重叠式钢结构拼装方法，为国内同类结构施工积累经验，对促进索膜结构的创新具有较强的推进作用（图 1.3.1-8）。

图 1.3.1-8　随州南站索膜结构

（2）郑州航空港站清水混凝土雨棚为钢筋（钢骨）混凝土柱 + 支撑边梁 + 钢筋混凝土联方网壳屋面结构。针对结构特点创新采用装配式联方网壳清水混凝土雨棚结构技术，将原现浇清水混凝土雨棚结构体系优化调整为标准预制构件装配现浇组合体系。该体系一体成型，无二次装修，后期维护简单方便并且持续耐久，实现了“免维护或轻维护”的目标（图 1.3.1-9）。

图 1.3.1-9 郑州南站高性能清水混凝土联方网壳结构雨棚施工技术

（3）杭州西站屋面采用超长金属屋面系统，采用金属屋面板系统（直立锁边）+装饰铝单板、金属屋面板系统（直立锁边）两种形式。该系统有效提高了屋面抗台风能力及控制温度变形能力，同时解决了大面积金属屋面板易渗漏水的问题。项目总结了这种超大型曲面屋盖应力对温度的敏感性及变化趋势，为超长金属屋盖建设技术积累经验（图 1.3.1-10）。

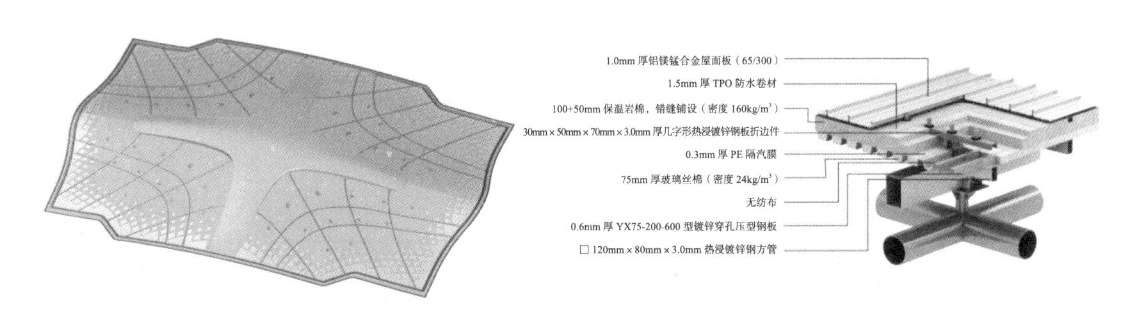

图 1.3.1-10 杭州西站超长金属屋面系统

（4）平潭站针对工程桩成孔时斜岩面漏浆、塌孔的情况，在漏浆机理方面进行专题研究。通过采取长护筒跟进、帷幕注浆、模袋围堰、回填组合黏结料等措施，利用旋挖钻机钻杆和钻斗的旋转，以钻斗自重并加液压作为钻进压力，使土屑装满钻斗后提升钻斗出土。通过孔壁土体加固及钻斗的旋转、挖土、提升、卸土和泥浆置换护壁，反复循环而成孔。该旋挖技术具有成孔作业速度快、质量好、效率高、泥浆污染少等诸多优点。目前该技术在国内铁路客站桩基础施工中得到广泛应用（图 1.3.1-11）。

（5）嘉兴站改在装饰装修工程中创新采用无机水磨石、阳极氧化复合蜂窝铝板等新兴材料。在国内首创研发了复杂曲面水磨石墙面无缝施工、阳极氧化复合蜂窝铝板子母型材插接安装等施工工艺，实现嘉兴站改百年老站房的改造提升（图 1.3.1-12、图 1.3.1-13）。

（6）北京丰台站在装修装饰中大量使用装配式和工厂定型化加工技术。特别是一些收边收口位置（如光庭幕墙的竖向铝型材、玻璃幕墙的铝型材卡槽和扣板），几乎全部型材的特殊造型均采用工厂化定型加工制造。该工程采用了近 20 种铝型材，精细化程度更高，质量标准得以有效控制（图 1.3.1-14）。

图 1.3.1-11　平潭站旋挖桩施工技术

图 1.3.1-12　无机水磨石墙地面

图 1.3.1-13　阳极氧化蜂窝铝板圆弧吊顶

图 1.3.1-14　丰台站装配式铝型材安装效果

（7）雄安站应用太阳能光伏技术。屋面铺设 4.2 万平方米光伏组件，总容量 6 兆瓦，年节约标煤 1800 吨，减少二氧化碳排放 4500 吨，相当于植树 12 万公顷；杭州西站金属屋面上铺设 1. 5 万平方米共计 7540 块 400Wp 单晶硅光伏组件，预计年均发电量可达 231 万度。每年可节约标准煤 830 余吨，减少二氧化碳排放 2300 余吨（图 1.3.1-15、图 1.3.1-16）。

（8）雄安站共计采用 4 台重型塔式起重机，用于吊装中部重型钢结构，其中 1 台塔式起重机最大吊重 100 吨，其他 3 台最大吊重 80 吨；杭州西站采用 6 台中联重科 1200C 重型塔式起重机，实现承轨层结构钢梁的顺利吊装（图 1.3.1-17、图 1.3.1-18）。

图 1.3.1-15 雄安站光伏屋面系统

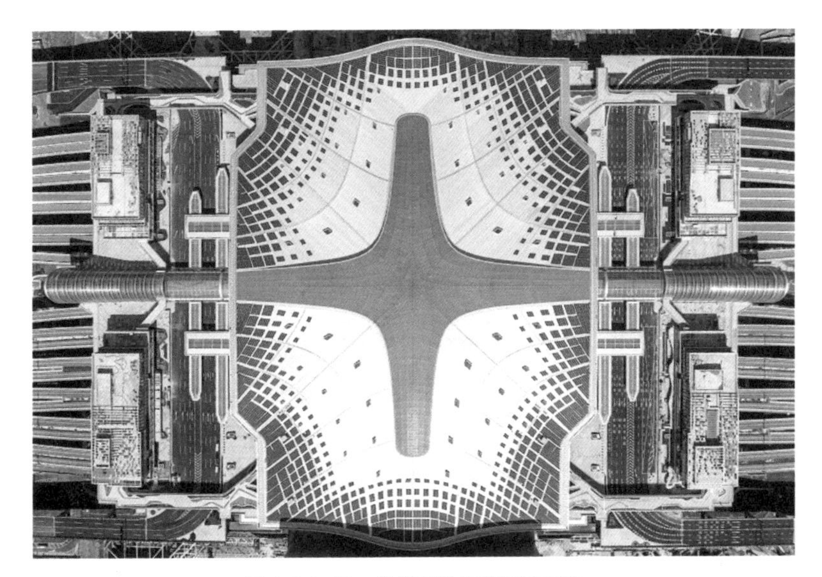

图 1.3.1-16 杭州西站光伏屋面系统

图 1.3.1-17 雄安站重型塔式起重机

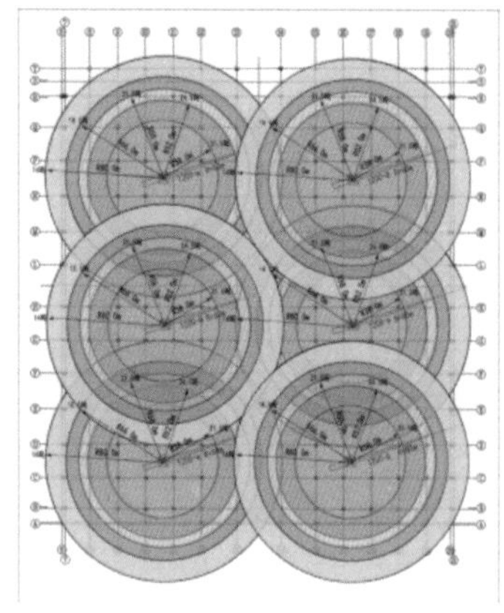

图 1.3.1-18　杭州西站重型塔式起重机

（9）广州白云站以 BIM+GIS 技术为核心，将建筑业信息技术与施工管理深度融合。综合运用物联网、大数据、人工智能、移动通信、云计算及虚拟现实等技术，实现建筑施工全过程的数据采集、智能分析及智能预警。集成了进度管理、质量管理、安全管理、人员管理、设备管理、AI 监控、智能监测等智能化管理模块，实现虚实互动的数字对称管理（图 1.3.1-19）。

图 1.3.1-19　广州白云站智能管理系统

（10）雄安站为河北省首个 5G+ 边缘计算智慧工地。依托智慧信息管理平台，通过终端层、平台层、应用层三个层级实现工作互动、互联信息协同共享（图 1.3.1-20）。

图 1.3.1-20　雄安站智慧信息平台

（11）丰台站引入智能焊接机器人实现钢结构焊缝自动焊接；广州白云站打造出全国首个大规模运用智能化机器人的项目。18 种智能机器人在土建、机电、装饰装修等各专业系统中得以实际应用（图 1.3.21 ~ 图 1.3.1-23）。

图 1.3.1-21 丰台站焊接机器人

图 1.3.1-22 白云站整平机器人

图 1.3.1-23 白云站地面抹平机器人

1.3.2 铁路客站施工技术的专业性

铁路客站的技术专业性体现在五个方面。一是多专业系统的协调与融合；二是围绕联调联试的施工特征；三是动静态验收前的技术准备；四是保证安全运营的技术措施；五是营业线工程施工的专业性。

1. 多专业系统的协调与融合

铁路客站建设过程中涉及不同系统、不同专业的施工活动较多。例如：铁路站场和客站雨棚结构施工阶段，需配合完成照明管线、动静态标识管线、广播管线、视频监控管线的预埋工作，部分客站还需配合完成广告系统强弱电管线的布置；装饰装修阶段，需配合完成照明、动静态标识、广播监控终端、5G 终端、消防终端等的布线和安装调试工作；车站主体阶段，应预先做好照明、客服弱电、动静态标识、智能信息等管线布置的策划及预留预埋工作；机电安装阶段，除常规的强弱电、给水排水、通风空调、设备智能化等专业外，还需综合进行客服、“四电”、广告、动态标识、静态标识、广播、视频监控等系统的布线工作；装饰装修阶段，需提前进行照明、空调、消防、客服、动静态标识、广告、广播、监控、闸机、安检等设备末端的整体排版，以保证总体效果的美观性。

2. 围绕联调联试的施工特征

联调联试是铁路建设最重要的里程碑。围绕联调联试，站房建设需做好配合的工作主要有三个方面：一是铁路客站主体施工中要提前做好四电用房的施工安排。四电用房的装饰装修需要在联调联试开始 2 个月以前（或根据建设方要求）完成，并在验收后移交给四电施工单位进行设备安装、系统调试；二是根据正线通过需求，规划好主体结构施工流程。一般铁路正线所处的上下方结构是工期管理的重点，该部位需作为主体结构施工的关键线路。在联调联试开始前 3 个月左右（或根据建设单位要求）移交给站前单位进行铺碴铺轨、接触网安装、四电管线的铺设工作；三是联调联试任务开始前需完成股道运行范围以内的土建结构和装饰装修任务，为联调联试提供安全保障。根据铁路技规的规定，尽可能提前完成站场附近的所有施工，避免形成临营作业。

淮安东站高架站房施工采用钢结构 + 贝雷架搭设过轨门洞架空线路，保障主体结构施工阶段徐宿淮盐工程线正常运行；提前完成四电用房的装饰装修及移交工作，同时完成股道运行范围以内的站台雨棚区域装饰装修施工，为联调联试提供安全保障，避免要点施工（图 1.3.2-1、图 1.3.2-2）。

图 1.3.2-1 结构施工阶段站场正线过轨门洞

图 1.3.2-2 站场区域装饰装修完成

3. 动静态验收前的技术准备

静态验收和动态验收是铁路建设最重要的建设程序之一。围绕动、静态验收，站房建设需做好施工筹划主要有三个方面：一是铁路建设的基本资料齐全，无影响安全和功能的设计和施工成果；二是要完成基本功能保障。如客服、四电等功能需齐备；三是附属设备房屋应完善，信号楼、四电房屋、客服设施应具备开通条件。

以杭州西站为例，在开展动静态验收时，应按照《高速铁路工程静态验收技术规范》和相关站段验收要求，分别对内业和外业进行检查。内业资料按照电力牵引、通信、信息、信号、轨道、路基、站房等专业分别进行检查。重点对现场使用材料的进场验收、隐蔽验收及相关试验报告进行检查，保证相关材料符合设计要求。外业检查，与内业相同按专业对实体质量、主要功能等内容进行检查，核实相关图纸及变更文件。

静态验收前应满足以下要求：①主体工程及配套工程、辅助工程施工完成；②环境保护设施、水土保持设施与主体同步完成；③劳动、安全、卫生和消防设施与主体结构完成；④轨道控制网（CP Ⅲ）复测完成；⑤施工单位按相关规范标准对工程质量和系统功能自检合格；⑥监理和建设单位对工程质量评定合格；⑦竣工文件按规定的编制内容和标准基本完成。

动态验收是在静态验收合格后，由建设单位（或委托单位）组织全部系统验证性综合调试，并委托专业机构进行动态检测，验收工作组对工程安全运行状态进行的全面检查和验收。动态验收前需满足三个条件：①静态验收合格；②动态验收相关实施方案已获批准；③相关通信、信号、信息、电力、消防等各专业动态检测准备工作已完成。

4. 保证安全运营的技术措施

安全评估是铁路建设必须的重要程序之一。建设项目开通前，运营单位和建设单位将组织工务、电务、车务、调度、安全、运输等各个部门组织安全评估工作。安全评估的主要目的是检查验收建设项目是否满足安全开通的条件。结合安全评估的需要，铁路客站建设需做好以下四个方面的工作：一是站场的封闭性。如站区围墙、安全栅栏、通道防护等是否按设计完成。二是站场设施安全性验收。如站场区域的沉降、吊顶、照明、检修设施、栏杆栏板、排水设施的安全性以及侵线或限界条件是否具备等。三是站房功能安全是否满足开通需要。既有站房主体结构安全性的检查和评估，也有装饰装修构造、工艺、材料的安全性评估。四是运营保障的安全性保障。“四电”、机电设备是否完善，功能是否正常、电梯以及消防的正常运转和验收等。

以雄安站为例，在进行安全评估时，参建单位根据动态验收报告，对工程存在问题进行整改，整改完成后提报验收组对整改情况进行复查，复查合格后对问题逐一销号，验收合格。由建设单位现场管理机构牵头组织验收组和参建单位（必要时，也可邀请外部专家）共同对现场实体和内业资料进行安全评估，验收中发现的问题整理成问题库，最终形成《安全评估报告》。

5. 营业线工程施工的专业性

营业线施工是铁路客站建设管理的重中之重。国铁集团和各区域铁路局集团、相关建设管理机构都针对营业线施工发布了大量规范性文件，以确保营业线施工合法、依技、依规，确保行车的绝对安全。针对铁路客站建设，营业线施工主要分两类：一类是邻营施工,也就是在营业线线路外缘一定距离内的施工活动（不同的建设单位标准略有不同）。二是营业线线路范围内的改扩建施工活动。营业线施工不仅是针对既有运营的铁路的一定区域内的施工活动，对于新建线路和站房一旦开始联调联试，距离接触网一定距离范围内的施工活动，也依照营业线管理进行。

营业线施工的专业性，主要体现在施工活动必须依照运营单位和建设单位的管理程序进行。施工组织和施工技术都必须遵循相应的审批程序，经过专业评估后并获得建设、土房、车站、运输、工务、车务、机务、电务等相关专业的配合方可进行。基本的程序要求：一是提交施工组织，建设、运营单位组织相关单位评审通过，方可开展下一步活动；二是运营管理部门和建设单位根据施工需要，调整优化运输组织和客运组织，腾出空间和时间（天窗），为施工创造条件；三是组织评审相关的施工技术方案，确保施工的安全技术措施到位；四是与相关方签署安全协议，共同保障施工活动的安全和运输组织的安全。

邻营施工活动，一般施工活动应依照运营单位、建设单位的管理要求，通过施工技术方案的安全评审后与车站、电务、工务、车务、安全、建设管理等单位签订安全配合协议，并在规定的时限或审批的天窗内开展施工活动。同时，由相关的配合单位协助进行运输安全管理。

以株洲站为例，工程属于广州铁路局辖内，方案、协议、计划等办理依照《广州局集团公司铁路营业线施工管理细则》（广铁施工发〔2021〕100号）执行。首先是施工方案的报批，方案编制完成、内部流程审批完毕后，上报监理单位审批，随后提请建设单位组织方案预审会，由施工单位、相关设备管理单位、行车组织单位、配合单位、设计、监理单位参会评审，复杂施工（对运输安全影响大、施工风险高、技术难度大等施工）

还应邀请铁路局集团专家库相关专业专家参加。评审修改后，报由相关单位会签，通过后报请铁路局主管业务部室审查。需注意方案编制前，涉及运输条件配合的，需先与车站、运输主管部门沟通，以确保方案的可行性。施工方案审核通过后，再与设备管理单位、行车组织单位按施工项目分别签订施工安全协议及施工配合协议。方案、协议完备后，广州铁路局集团主管部室进行月度施工计划的审核（或施工电报的下达），随后根据正式月计划或施工电报提报施工日计划，日计划审批完成后即为正式日计划，方可根据正式日计划内容组织施工。

江苏无锡站改造工程中，因施工期无锡站线路不停运，依旧办理客运，项目部对原施工组织 6 次转场过渡优化为 4 次转场过渡，将部分营业线施工优化为邻近营业线施工，减少了施工与客运之间的冲突。正式施工前，由铁路局相关设备单位对营业线（邻近）施工方案进行评审，评审通过后签订相关安全协议。现场与设备管理单位进行安全技术交底，对于既有电缆进行人工探沟开挖、涉及到设备迁移或影响时应提前三天与设备管理单位联系，同意后方可作业（图 1.3.2-3）。

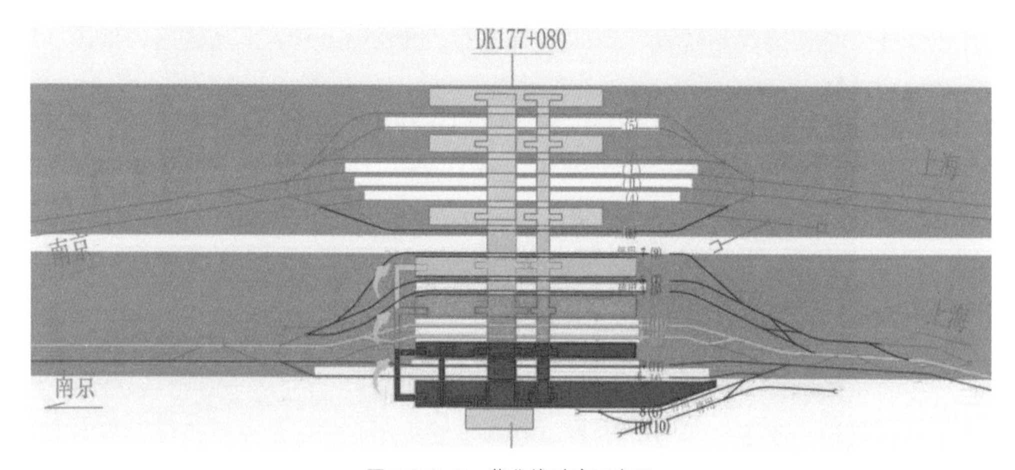

图 1.3.2-3 营业线过渡示意图

1.3.3 铁路客站施工技术的创新性

铁路客站的建筑形态，以 2002 年南京站改扩建工程为标志进入了大规模的创新阶段。此后，在铁道部制定了“功能性、系统性、先进性、文化性、经济性”的“五性”指导方针，高速铁路建设得以迅猛发展。客站形态相比 20 世纪具有大幅度的变化和革新，逐步向大空间、大跨度、大体积等方向发展。随着铁路客站形态不断丰富、规模不断扩大，铁路客站施工技术也得到了快速发展。

天津站作为一个大型站房及地标性建筑，建立了交通大枢纽的概念。车站与周边市政工程紧密衔接，并采用“上进下出”与“下进下出”相结合的旅客流线，实现了国铁、地铁、公交、汽车等交通工具间的零换乘。为加快施工进度，北站房对应的地下室结构采用盖挖逆作施工技术。针对地下出站大厅底板面积大的特点，创新采用“超长混凝土温度裂缝控制技术”。通过多种新型技术的综合应用，对站房的整体效果起到了关键作用（图 1.3.3-1）。

图 1.3.3-1 天津站

南京站造型新颖，结构体系复杂。基于结构要求、功能使用和造型的需要，工程设计和施工中采用了大量的新技术、新工艺、新材料。首次在国内站房建设中应用倾斜钢管柱施工技术、斜拉索施工技术，以及虹吸排水、地铁转换托梁、固定智能数控消防水炮系统、铁路智能化信息系统集成等技术。另外，针对周边施工环境的复杂性，通过组织技术攻关为狭窄场地内深基础施工提供了新思路，成为了铁路跨越式大发展中新站房建设的示范工程（图 1.3.3-2）。

图 1.3.3-2 南京站

北京南站利用现代技术手段实现“天坛”的屋面形象。把圆形平面的三重檐运用到椭圆平面上，最高的屋檐变成弧形屋盖，与高架进站厅功能对应，车站两翼的雨棚恰好可以通过两重屋檐变化形成，酷似横向拉伸的祈年殿。“天坛”成为设计的隐喻载体，使北京南站成为极具文化性和时代感的地标性建筑，入选 21 世纪初“北京十大建筑”。建设过程中，攻克了包括轨道层直螺纹连接、光伏发电一体化、雨篷 A 形塔架支撑、悬垂梁在内的世界级技术难题，为大型工程项目管理积累了先进经验，为中国铁路发展作出了积极贡献。建成后的北京南站具有候车空间大、视野通透的特点，把握了旅客至上和人性化的客流组织原则，实现了地铁、国铁、公交等多种交通方式的无缝连接和零换乘。北京南站中央屋面采用的光伏发电一体化系统经过多次调整，安装太阳能电池板 3264 块，总功率 245 千瓦，是国内面积最大的公共建筑安装光伏发电系统，体现了“绿色、科技、人文”的北京奥运三大理念（图 1.3.3-3）。

图 1.3.3-3　北京南站

成都东站是西南地区第一个集结铁路、地铁、公交、出租、社会车辆和长途客运等不同交通工具为一体的现代化综合交通枢纽，科技含量高。车站采用上进下出为主，平进平出为辅的流线组织方式，立体零距离换乘效果突出。设计理念上引入大量文化元素，东广场以及西广场进站口均采用了青铜面具元素，屋顶引入金沙太阳神鸟火焰造型，墙体应用独特的川西风格竹编幕墙，实现了站城融合的文化概念。车站的拉索式玻璃幕墙是其重要组成部分，为了达到高通透性和美观效果，采用了阻尼装置与索相结合的新技术，为在短时间内完成大体量、高预应力索网工程提供了宝贵的经验（图 1.3.3-4）。

图 1.3.3-4　成都东站

雄安站作为千年雄安发展战略的重要交通枢纽，以“建构一体”为设计理念，是首个大面积采用清水混凝土直接成型的高铁站房。站房施工中在国内首次采用装配式站台吸音墙板；采用超长大体积混凝土裂缝控制技术、大截面复杂造型清水混凝土技术、劲性结构纵向钢筋组合式连接施工技术、大型钢结构施工关键技术、复杂造型多材质组合式吊顶技术、绿色智慧建造技术等一系列新技术，为后续工程施工积累了丰富的经验（图 1.3.3-5）。

图 1.3.3-5 雄安站

北京丰台站基于“畅通融合、绿色温馨、经济艺术、智能便捷”的新时代客站，自主研发的国内首个主体钢结构全生命周期平台，利用三维模型为载体，包括项目总览、智慧工地、进度管理、安全管理、质量管理等模块，覆盖钢结构从设计、深化设计、工厂加工、物流运输、现场安装和结构交验共 6 个阶段和 16 个环节的施工管理，实现了丰台站主体钢结构全生命周期质量可追溯。在铁路客站建设中首次采用了站—桥连接过渡区关键技术，有效降低站—桥结构相对横向变形；首次形成了大跨重载型钢混凝土梁新型设计施工方法，有效提高了型钢和钢筋的利用率，控制了混凝土裂缝的宽度，提高的结构耐久性，降低了结构造价；首次在运营中的地铁隧道上部设置大跨双层铁路站房，实现了既有地铁结构上部实施双层车场铁路站房“双卡双待”功能；首次采用了新型抗震滑移缝，保证了结构安全；世界首创的双层立体车场布局，既能节约利用土地，又能缓解交通，实现社会效益、经济效益共赢（图 1.3.3-6）。

图 1.3.3-6 北京丰台站

杭州西站是杭州亚运会重要交通保障工程，是“轨道上的长三角”重要节点工程。建成后致力于打造“综合交通示范点、科创走廊会客厅、绿水青山园中站、世界名城新名片”，对于贯彻实施长三角一体化发展国家战略、提升杭州铁路枢纽的地位与能力，具有重要意义。站房施工中屋盖钢结构提升采用全域大规模三维激光扫描技术、基于 4D-BIM 技术的施工网格化管理技术、反射型辐射制冷膜技术、钢结构虚拟预拼装技术等一系列新技术，为行业技术发展起到了积极的推进作用（图 1.3.3-7）。

图 1.3.3-7 杭州西站

铁路客站施工技术创新是在继承传统、借鉴其他行业技术的基础上，通过引进和吸收先进技术而形成的成套施工技术。铁路客站技术创新成套体系主要有以下四个方面：一是施工管理技术的不断进步。数字建造、智能管理、智能设备、网格管理等现代管理手段与现代施工技术结合，创新了新的施工管理模式和方法；二是施工技术措施得到了革命性的进步。钢筋的成套加工技术、钢结构的数字化加工技术、高性能混凝土的集约化生产、新型快速成套模架的应用、大型重型垂直运输设备的应用、超深超大直径桩基设备的发展、施工模型计算机化等，为铁路站房的发展提供了设备支持；三是结构本身的技术日益先进。大直径高强钢筋的应用、高强高性能混凝土技术的发展、现代新型预应力技术的发展、重钢结构的技术发展、复杂钢结构安装技术的发展、桥梁技术在房建工程中的创新应用等，为实现大跨度大空间复杂结构体系提供了技术保障；四是工业化装配化等施工技术进一步发展。装配式站台、装配式雨棚、装配式机房、装配式通风空调系统、装配式幕墙、装配式内装单元等新工法不断创新，为绿色建筑的发展提供了技术支撑。

1.4 新时代铁路客站施工技术的发展与变化

党的十八大以后，随着国铁集团“交通强国、铁路先行”目标的提出，高速铁路客站施工技术迎来了创新发展的新时代。国铁集团党组针对铁路客站建设提出了“畅通融合、绿色温馨、经济艺术、智能便捷”的十六字指导方针，提出了建设“精心、精致、精美”的精品站房的总体要求，围绕着国铁集团新的理念、新的思想、新的指导方针，站房设计进一步创新，使施工技术的发展也进入了全新的阶段。

1.4.1 畅通融合背景下技术的变化

畅通融合主要是针对站房设计提出的要求，新时代背景下，铁路客站的建筑形态要与城市特征、地域文化、区域环境相融合，车站的功能要与城市定位、城市交通、城市发展相融合，车站的物业布局要考虑新的模式、新的业态，赋予交通建筑新的生命力。

“畅通”是交通枢纽的基本属性。是铁路客站内在的基本要求，布局合理，流线顺畅，验检、候乘方式灵活多样化的铁路客站，能降低旅客出行时间和出行成本，也能缓解城市交通压力。如车站内、外部交通组织；车站内部验、检、售、候车与换乘；车站与市政配套、物业开发客流组织、换乘衔接；货运及运维检修流线；与周边路网、市政配套、水、电、热等管网接驳；与市政配套信息互通等方面是否通达顺畅。

清河站（图 1.4.1-1、图 1.4.1-2）总建筑面积 13.83 万 m^2，站场规模 5 台 10 线，是京张高铁最大站房，2022 年冬奥会始发站。秉承“大交通、零换乘”的理念，采取了地铁站与高铁站同场的设计方案，实现了国铁与三条地铁的零换乘，完美诠释了交通枢纽“畅通”的理念。

图 1.4.1-1　清河站交通枢纽鸟瞰图

图 1.4.1-2　清河站站房结构剖切图

“融合”是铁路和城市发展的共同要求。客站终究要融入城市，成为城市的有机组成。完善的客站枢纽功能布局，促使铁路与其他交通方式紧密衔接；客站建筑艺术与城市风貌、城市景观完美融合，使其成为城市窗口名片；客站枢纽作为片区中心辐射周边地块，能为车站商业及周边物业开发提供巨大商机，也能综合提升城市片区品质，如车站与市政配套、物业开发；车站、站区房屋建筑造型与城市风貌；站区一站一景与市政广场、城市景观、自然环境等方面是否融合，相互协调。

哈尔滨站（图 1.4.1-3）改造工程，以“复兴”为主题，在原址上拆除重建，总建筑面积 16.5 万 m^2，其中站房面积 7.36 万 m^2，站台雨棚面积 7.16 万 m^2，站场规模 8 台 16 线，具有典型的欧式风格。黄墙、红顶、墨绿外窗的建筑主色调，与哈尔滨米黄、灰白、淡绿为基本色的城市色彩体系高度融合。

图 1.4.1-3　哈尔滨站改完成实景图

在畅通融合方针的指导下，大型枢纽型站房设计进一步朝着 TOD 交通综合体的方向发展，如目前在建的杭州西站、重庆东站、广州白云站等，都将车站与未来的城市发展有机地结合在一起，在站城融合方面进行了超前的探索。

重庆东站（图 1.4.1-4、图 1.4.1-5）站房建筑面积 119999m^2，站场规模 15 台 29 线，站房设计广泛提取重庆地域性元素和文化特点，充分利用重庆山地城市的特殊地形地貌，巧妙运用站场站房所处位置的地形高差，采用高架桥的方式建设站场和站房，高架桥下方用来建设综合交通中心，桥上布置铁路站房、站场桥下布置配套公交、长途、出租等交通设施，桥上桥下建筑结构融为一体，形成“上进下出为主、下进下出为辅、立体流线疏解”的铁路综合交通枢纽体系。

图 1.4.1-4　重庆东站立面效果

图 1.4.1-5　重庆东站功能区域划分图

杭州西站（图 1.4.1-6）作为站城融合的标志性工程，站城综合体总建筑面积约 130 万 m^2，分为南、北区两个项目，充分利用站房两侧传统车站广场，高度集约、节约用地，规划配置商业、酒店、办公、公寓、文娱、会展、科创等业态，集旅游、购物、文化、休闲等多种功能于一体，高强度开发，既利于铁路运输功能与城市综合服务功能复合，又大大提升城市空间品质。杭州西站通过技术管理体系的创新，多专业融合的协同设计优化，通过融合建筑、结构、机电、景观等多专业，过程中充分应用“四新”技术，将杭州西站打造成一座“站城一体”的 TOD 枢纽超级综合体。

图 1.4.1-6 杭州西站综合枢纽

1.4.2 绿色温馨背景下技术的变化

"绿色温馨"的提出是响应国家绿色发展的理念。车站是旅客对铁路服务认知的终极场所，体现着铁路运输部门对旅客的关心关爱，国铁集团提出"绿色温馨"的建站方针，为建筑设计和如何建设一座旅客满意的车站提供了明确的方向。

"绿色"，是指铁路客站建设要按绿色标准，落实节能环保措施，开展绿色设计、绿色施工，实现绿色建造；同时也要重视多样化候车乘车需求，适宜的空间、温馨的色彩、柔和的光线、自然通风等。

"温馨"，既要满足规模人群和大众需要，安全、方便、快捷、舒适、同时具备购物、商务等功能，有温馨感，有美好的出行体验，也要满足小众群体和小众需要，考虑无障碍同行、儿童乘车、医疗救助、健身娱乐等；要注重建设客站硬件设施水平的提升，也要注重提高服务质量、服务水平，让旅客始终有宾至如归的感觉，体现在建筑空间环境、声环境、色彩规划、洗手间设置、四区一室、综合服务中心、综合服务台、无障碍、机电单元综合利用、手机电脑充电、阅读、商业广告、室内绿化、家具配饰设计、细部细节等方面。

平潭站（图 1.4.2-1、图 1.4.2-2）建造过程中，重视配套设施的建设，在绿化、走廊空间、室外景观、栏板等各种配套细节方面均做了全方位的优化，为旅客和车站工作人员提供一个温馨宜人的环境。洗手间设计低调、内敛、动线丰富，追求素雅简洁中的温馨感。盥洗区以独立中岛式洗手台，解决通视问题；优化人流动线，通过功能分区、环形路线、绿植引入、文化软装点缀、儿童洗手台、化妆台引入等，致力于为旅客带来舒适体验。

图 1.4.2-1 平潭站车站内庭广场实景图

图 1.4.2-2 平潭站卫生间洗手池

新福州南站（图 1.4.2-3、图 1.4.2-4）以“榕荫聚福、丝路方舟”为设计理念，从建筑外形上沿用了闽南古厝屋脊线型的文化元素，与地域文化相互呼应。正立面采用大跨度超白幕墙玻璃增强室内透光性，临近站台一侧引入自然光，使站房内自然通透，减少室内照明，充分表达建筑绿色、施工绿色的思想。福州又名榕城，东侧候车大厅打造榕树造型钢结构支撑体系，将榕树意象运用于内装优化设计中，展现生态文化气息。福州南站候车大厅优化设计中以素雅的黑白灰为基底，将木黄色和榕绿色作为主要点缀色，同时，候车大厅内组团式座椅采用木黄色与榕绿色跳色处理，与榕树柱相互辉映，环境绿色、色彩温馨。

图 1.4.2-3 福州南站东侧大厅

图 1.4.2-4 福州南站候车厅

铁路客站建筑施工技术的发展，在绿色方针的指导下，大规模运用“五节一环保”等先进技术，也进一步研究与绿色、低碳、减排相结合，充分运用其规模特征，发展小区段快流水施工技术、模块化施工技术、装配式施工技术、跳仓法施工技术等，运用先进的技术装备，以节约材料，降低能源消耗；在创造温馨环境的方针指导下，积极发展大空间远距送风中央空调技术、可调节分布式照明技术、自然光导入技术、建筑色彩视觉调节技术、安全舒适的座椅系统、建筑细节的安全适宜性技术等，进一步促进了机电工程、装饰装修技术的发展和创新。如北京丰台站（图 1.4.2-5）在建造过程中采用钢筋集中加工、钢结构工厂化加工、虚拟预拼装技术、跳仓法等，运用先进的技术如全自动焊接机器人等，广泛应用大空间远距送风中央空调技术等技术，充分践行“绿色温馨”的发展理念。

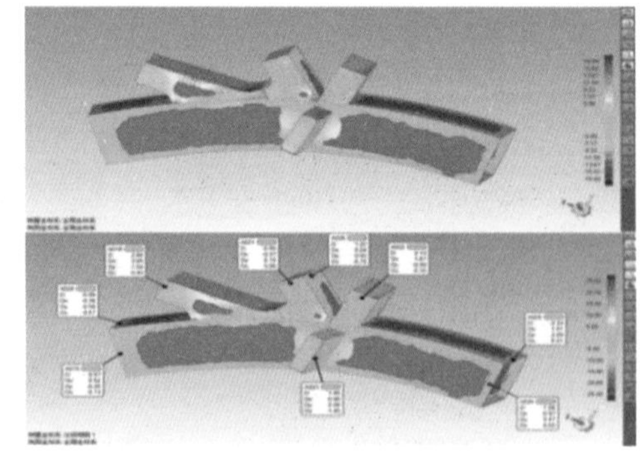

图 1.4.2-5 丰台站钢结构虚拟预拼装技术

1.4.3 经济艺术背景下技术的变化

国铁集团提出“经济艺术”的指导方针，既是对建筑形体的外在要求，也是对客站装饰的内在要求，既要有文化性、艺术性，还要保证经济性，要有效地控制投资、降低成本，设计和施工要讲究性价比。铁路车站作为交通的窗口、城市的门户形象，必须经得起历史和岁月的检验，为世人留下时代特征下建筑艺术的丰碑。按照“经济艺术”的定位，铁路客站应在外观形体上传承创新历史文化、地域文化，提升城市形象；在旅客聚集、候车等重要区域，设计创新适应时代发展、传承历史文化、承载人民美好愿望的空间环境；在高铁站场、旅客疏散等非聚集环境，简化设计和装饰，利用不同的空间特征，达到有序引导旅客的目的。

“经济”是既要考虑建设成本，投资控制，又要重视客站合理的规模和利用率，客站服役时长，资产使用价值等，更要重视全生命周期设备运营维护成本、能耗水平等，如重结构、轻装修、简装饰的建筑表达，清水混凝土建筑应用，全生命周期运维保养，四新技术应用，土地集约化利用和上盖开发等。

安庆西站（图 1.4.3-1）地下出站层全面优化调整管线位置，极限抬升顶部高度，采用局部装饰与裸结构结合的方式，扩展空间的视觉高度，提升空间效果。同时充分利用结构空间，运用清水漆技术，体现结构美，实现经济效果。丰台站（图 1.4.3-2）大量采用环保可循环再生材料，如暖金色陶土烧制陶板幕墙，代替传统的石材幕墙，不仅呼应了站房“丰收、喜庆、辉煌”的装修风格，而且可极大减少建筑垃圾对自然环境的后续污染。

图 1.4.3-1 安庆西站出站层

图 1.4.3-2 丰台站陶板幕墙

“艺术”是提升建筑品质和反映人们精神层面的更高需求，要注重建筑本身的艺术表现，如建筑造型、空间形态、艺术雕塑、文化元素等，也要关切人们情感和精神层面的需要，如良好的环境，温馨的色彩，协调的文化艺术气息等，如建筑造型艺术、建筑空间艺术、建筑材料艺术、色彩搭配艺术、站房内饰艺术，以及站区房屋、围墙、景观艺术等方面。

南通西站（图 1.4.3-3、图 1.4.3-4）深挖城市特色文化底蕴，提升站房文化表现，候车大厅吊顶应用南通非遗文化蓝印花布和板鹞风筝的元素，创作了“江风海韵”“海安花鼓”“双凤呈祥”三个主题，提升了站房的文化艺术性。顶部条形风口采用玉兰花蕾图案，下部设置蓝色线条，形成手托玉兰花的寓意，既保证了通风效果，又充满了对美好生活的向往。出站厅结合南通地域和历史文化，创作了纺织、教育、实业、交通、公园、三塔、模范县等七个卷轴主题图，结合蓝印底色，丰富了出站厅的艺术表现。

图 1.4.3-3　主通道顶部连续玉兰花形

图 1.4.3-4　出站厅实景图

“经济艺术”的指导方针，为施工技术的创新提供了新的发展方向。在这一方针的指引下，结构施工精细化、精准化、标准化大幅提升，管线综合施工技术、预制装饰挂板施工技术、仿清水漆施工技术、清水混凝土施工技术、彩色混凝土施工技术、建构一体精品钢结构施工技术、超薄型防火涂料施工技术、建筑膜技术等蓬勃发展；陶土板、传统砖瓦、天然石材、水磨石瓷砖、印刷玻璃、轻型铝蜂窝板等新型装饰材料应用日趋广泛。雄安站房的首层候车厅、城市通廊等高大空间的梁、柱均采用了清水混凝土（图 1.4.3-5、图 1.4.3-6）。在建造过程中浇筑一次成型、不再添加任何装饰，更好地体现出“建构一体”的思想理念。

图 1.4.3-5　雄安站清水结构现场实体

图 1.4.3-6　雄安站装配式站台

安庆西站洗手间精致现代，一体化墙面采用水磨石瓷砖，轻盈现代，温馨美观，极具观赏性、文化性和艺术性（图 1.4.3-7）。

杭州南站站台雨棚不设吊顶，突出灯具裸装做法，避免形成营业线安全隐患，又充分迎合了结构美学的特点，简洁大方，美观实用（图 1.4.3-8）。候车厅十字柱采用超支化纤维胶泥进行结构塑形，使十字柱达到棱角清晰，平滑顺直的效果，同时，在柱顶将灯带改为定制方形筒灯照射柱身，更显轻盈挺拔，充分展现了结构自然美（图 1.4.3-9）。

图 1.4.3-7 安庆西站水磨石瓷砖效果

图 1.4.3-8 杭州南站雨棚裸装技术

图 1.4.3-9 杭州南站十字柱实景图

1.4.4 智能便捷背景下技术的发展

“智能便捷”方针的提出，适应了现代信息化社会发展的需求，与新时代人民追求美好生活的愿景高度契合，更进一步便捷了群众出行和车站管理。智能便捷的理解，既可以拆开来分析，也可以综合起来运用。智能可以理解为建造智能、出行智能、服务智能、管理智能、设备智能，便捷可以理解为出行通畅、服务便利、管理便捷、乘降快捷；智能信息的发展为便捷提供了技术支持和便利条件。

丰台站重视影响安全和服务质量的重点设施设备、衔接市政设施的接口，确保交通顺畅、便捷通行。同时，为特殊人群提供个性化服务，大力推广信息化、智能化在客站的应用，推动互联网、物联网、大数据、人工智能和高铁客站的建设、运营、维护全过程的深度融合。在实现智能建造、智能建筑、智能服务。智能建造方面，大力推广应用 BIM 技术、VR 技术、OA 技术，探索数字化模拟预拼装技术，针对特殊工种、关键环节探索运用机器人技术，在智能规划与设计、智能装备与施工方面达到先进水平。智能建筑方面，将客站建筑结构、设备安装、运营维护管理等系统进行综合集成，提供一个高度智能、温馨舒适、节能高效的客站建筑综合体。深度开展客站结构安全监测、智能综合视频、智能设备监控、节能管理、智能调度、智能应急指挥、智能运营维护、旅服集成平台、移动 App 站务、机器人巡更等智能运营装备的研究运用。智能服务方面，以自动识别旅客的显现和隐现需求，主动、高效、安全、绿色地满足旅客需求为目标，深度开展智能票务（图 1.4.4-1、图 1.4.4-2）、智能导航、智能安检、智能候车、智能求助等创新型技术研究和应用。深度开展智能化大件行李服务、商务出行服务、重点旅客服务等综合型商务服务功能。

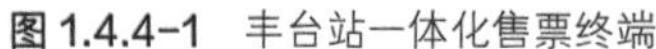
图 1.4.4-1　丰台站一体化售票终端

图 1.4.4-2　丰台站检票口

杭州西站利用站场拉开的间隙，创新性地设置“云谷”空间，将传统的一字形城市通廊扩展为十字形综合交通系统。结合周边开发，在不同标高形成立体交通网络，将传统铁路与城市点对点的联系，扩展为多层次的交流融合。其城市通廊空间贯彻“以人为本”，通过零距离换乘、空间可读、无障碍通行和完善的现代化配套设施等各个方面体现站房空间布局的功能性、系统性。采用成云端站房的设计理念，提出“云谷”“云路”“云厅”的创新概念，通过“云谷”打造中央快速进站系统；通过“云厅”将站与城的功能更好地融合（图 1.4.4-3、图 1.4.4-4）。

图 1.4.4-3　杭州西站城市通廊与云谷流线图

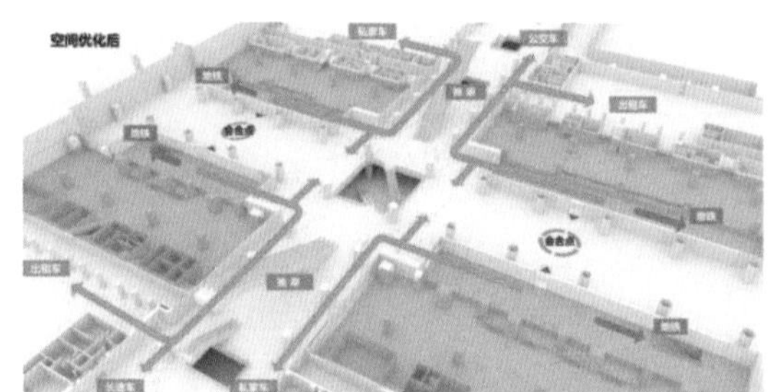

图 1.4.4-4　杭州西站城市通廊与云谷示意图

智能便捷方针的提出，不仅为客站服务指明了发展的方向，也为施工技术创新提出了更高的要求。智能便捷型车站的建设，不仅体现在软硬件设施上的发展上，也体现在施工技术的创新上。智能建造、数字化建造、智能设备的发展与创新应用，不仅为施工技术创新增加了新的技术含量，也为新时代铁路客站进入信息化、智能化，提供了基础条件，人脸识别设备、触摸查询设备、12306 服务平台、智能照明、智能空调设备、智能消防设备、远程监控管理系统、智能节能平台等信息化、智能化设备和技术的应用，使铁路客站能够以更丰富的措施、更高效的设备、更人性化的服务，满足旅客的需求。

清河站通过建立智能管控平台，积极开展信息化施工技术试点应用，开展新材料、新工艺、新技术、新设备、新装备应用研究，技术涵盖可视化数字工艺交底、智慧工地建设、基坑自动化监测预警技术、钢结构施工管控、智能工装应用、劳务管理、质量实时追溯、历史文物保护、环境监测技术、智能施工进度管控、虚拟现实技术（VR）、无人机航空摄像技术等方面，通过信息化技术在施工中的应用，有效地保障了工程进度，在提高工程的建造质量等方面取得了一定的成效（图 1.4.4-5）。白云站应用 18 款建筑机器人，减少人工，提高生产力，用实际行动，秉持“智能便捷”的建设理念（图 1.4.4-6）。

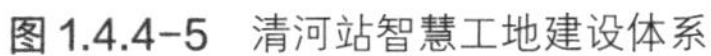
图 1.4.4-5 清河站智慧工地建设体系

图 1.4.4-6 地坪漆涂敷机器人

第 2 章
铁路客站管理新技术

2.1 绿色建造技术管理与应用

党的十八届五中全会提出的“创新、协调、绿色、开放、共享”五大发展理念，为建筑业确立了明确的发展方向。党的十九大进一步强调要形成绿色发展方式和生活方式，推广节约适度、绿色低碳、环保健康的消费模式，进一步强调必须树立和践行“绿水青山就是金山银山”的新理念，加快生态文明体制改革，建设美丽中国。2020 年 9 月 22 日，我国在联合国大会上提出，二氧化碳排放力争于 2030 年前达到峰值，努力争取 2060 年前实现碳中和。

对标新发展理念要求，建筑业必须加快发展变革，实现从绿色规划、绿色设计，到建筑材料绿色、建筑施工绿色和运行维护的全生命周期绿色发展模式，促进建筑业绿色发展、循环发展、低碳发展。推行绿色建造技术，符合绿色发展要求，是推动建筑业转型升级、高质量发展的必然方向。

铁路站房既是以房屋建筑为特征的大型公共建筑，又是根据国家铁路网的规划、依托于铁路运输而形成的、铁路工程必不可少的一部分，是房屋建筑与铁路工程的高度融合。2021 年，国务院发布《2030 年前碳达峰行动方案》，要求推进城乡建设绿色低碳转型。推广绿色低碳建材和绿色建造方式，加快推进新型建筑工业化，大力发展装配式建筑，推动建材循环利用，强化绿色设计和绿色施工管理。实现碳达峰、碳中和是一项广泛而深刻的经济社会系统性变革，是从中央到地方正在加紧推动的重大工作事项。绿色低碳建造作为建筑业节能降碳的重要手段，是铁路站房乃至建筑行业转型升级的必然选择。

2.1.1 绿色建造的理解和技术特征

1. 绿色建造的理解

建筑业占全球能源和过程相关二氧化碳排放的近 40%，而铁路作为国民经济的大动脉，在国民经济中占有特别重要的地位，我国已建成世界上最现代化的铁路网和最发达的高铁网。铁路客站建设要实现高质量发展，建造过程中推进绿色施工、降低碳排放，亦是必要和迫切的。

绿色施工，是在保证质量、安全等基本要求的前提下，通过科学管理和技术进步，最大限度地节约资源，减少对环境负面影响，实现“四节一环保”（节能、节材、节水、节地和环境保护）的施工管理活动。

绿色科技，是指施工过程中为了在节材、节能、节地、节水和环境保护等方面取得显著的社会、环境与经济效益，通过设计与施工“双优化”，应用和创新先进的适用技术。

绿色建造，是绿色施工和绿色技术的深度融合，是在建造全寿命周期内按照绿色发展的要求，通过科学管理和技术创新，采用有利于节约资源、保护环境、减少排放、提高效率、保障品质的建造方式，实现人与自然和谐共生的工程建造活动。绿色建造一方面是要尊重自然、保护自然，另一方面要因地制宜应用绿色技术，满足“人、建筑、环境”相互协调的需求，对人类、对自然、对社会负责。绿色建造的目标是实现建造过程的绿色化和建筑最终产品的绿色化，根本目的是推进建筑业的持续健康发展，本质是新时代高质量的工程建设生产活动。

绿色施工更多关注的是工程施工过程中对资源的大量消耗以及对环境的集中性、突发性和持续性的影响，而绿色建造更加强调人与自然的和谐共生，是在绿色施工的基础上，向前、向后进行了延伸，即涵盖了策划、规划、设计、部品部件生产和工程项目的绿色施工、绿色交付，使项目各实施阶段良好衔接，有利于实现真正意义上的工程总承包，基于工程项目的角度进行系统性的策划与实施，提高工程项目绿色化水平，保障工程项目的高品质。

绿色建造是促进建筑业转型升级的基础，是新时代高质量工程建设的生产活动，是践行“双碳”目标的重要一环，其包括了高度融合人工智能、先进信息技术的智能建造技术，融合标准化、工业化、智能化工业制造技术和绿色管理理念的装配式建造技术等。绿色建造技术不仅是对建筑业现有技术的创新，也是对建筑业相关联的信息技术、工业制造技术、绿色管理理念的综合应用。铁路客站绿色建造技术，是在建造的全过程，充分体现绿色化、工业化、信息化、集约化和产业化的总体特征。绿色建造技术在路径和方向上与新时代铁路客站“畅通融合、绿色温馨、经济艺术、智能便捷”的发展方针高度契合，是推动铁路客站高质量发展的有力支撑。

2. 绿色建造技术特征

绿色建造技术，是以资源的高效利用为核心，以环保优先为原则，追求高效、低耗、环保，统筹兼顾，实现工程质量、安全、文明、效益、环保综合效益最大化，它不是独立于传统施工技术的全新技术，而是用“可持续”的眼光对传统施工技术的重新审视，是具有可持续发展思想的施工方法和施工技术。

（1）设计与施工“双优化”

设计优化是在保证工程质量、安全的前提下加快施工进度和增加工程的经济效益。施工组织设计优化提出，在对项目实施条件及设计文件充分了解的基础上，在保证质量、工期、安全的前提下，通过采用“四新技术”，形成更完善、更先进、更合理的方案。

1）“双优化”遵循的原则

①切合实际原则：“双优化”必须从实际出发，根据现有条件，在深入细致做好调查研究的基础上对设计与施工方案进行反复比较优化。

②安全适用原则：“双优化”必须以保证工程质量、使用功能与结构安全为前提，杜绝工程在实施过程和使用生命周期中出现重大质量、安全隐患。

③科学先进原则：“双优化”必须保证施工技术、工艺的科学先进，杜绝采用落后的技术、工艺、材料、设备。

④经济合理原则：“双优化”必须保证经济合理，最大限度做到节约资源、能源，提高工效、降低成本。

⑤绿色施工原则：“双优化”必须保证“四节一环保”，最大限度实现节能、节地、节水、节材、保护环境等的综合效能。

⑥全员参与原则：“双优化”必须是项目员工全员参与，集思广益、深度挖掘优化

潜力，寻求最佳解决措施及施工方案。

2）绿色施工优化

应根据绿色施工策划进行绿色施工组织设计、绿色施工方案编制，充分考虑施工临时设施与永久性设施的结合利用，实现“永临”结合，减少重复建设；应采用适用的施工工法，制定合理的工序，减少现场支模和脚手架搭建；应积极推广材料工厂化加工，实现精准下料、精细管理，降低建筑材料损耗率；应监控重点耗能设备的能耗；积极采用工业化、智能化建造方式。

（2）绿色建材应用

绿色建材是指在全生命周期内可减少对天然资源消耗和减轻对生态环境影响，具有“节能、减排、安全、便利和可循环”特征的建材产品。

我国每年房屋新开工面积约 20 亿 m^2，消耗的水泥、玻璃、钢材分别占全球总消耗量的 45%、42% 和 35%；建筑的不可持续发展在很大程度上是因为建筑材料在生产和使用过程中的高能耗、严重的资源消耗和环境污染。因此，材料的选用很大程度上决定了建筑的“绿色”程度。

1）绿色建材分类

根据绿色建材的基本概念与特征，国际上给予绿色建材如下分类：

基本型：满足使用性能要求和对人体无害的材料，是绿色建材的最基本要求。在建材的生产及配置过程中，不得使用对人体有害的超标化学物质，产品中也不能含有过量的有害物质，如甲醛、氨气、VOC 等。

节能型：采用低能耗的制造工艺，如采用免烧、低温合成以及降低热损失、提高热效率、充分利用原料等新工艺、新技术和新设备的产品，能够大幅度节约能源。

循环型：制造和使用过程中，利用新工艺、新技术，大量使用尾矿、废渣、污泥、垃圾等废弃物以达到循环利用的目的，产品可循环或回收利用，无污染环境的废弃物。

健康型：产品的设计是以改善生活环境，提高生活质量为宗旨，产品为对健康有利的非接触性物质，具有抗菌、灭菌、防霉、除臭、隔热、阻燃、防火、调温、调湿、消磁、无放射线、抗静电、产生负离子等功能。

2）绿色建材的选用

① 节能节水型建筑材料

节能类建筑材料包括：生产能耗低的建筑材料，例如非烧结类的墙体材料，避免选用能耗高的烧结类的墙体材料；具备高能效、低能耗、污染小等特点的建筑材料和设备，例如高性能 LED 照明产品、空气源热泵、导光筒等；本地建材，节省长距离运输材料而消耗的能源以及降低造成的污染排放。

节水类绿色建材包括：高品质的水系统产品，例如管材、管件、阀门及相关设备、保证管道不发生渗漏和破裂；节水器具，例如节水水龙头、节水坐便器、绿地微灌系统等；易清洁或有自洁功能的用水器具，减少器具表面的结污现象和节约清洁用水量；透水铺装，将雨水留在土壤中，减少绿化用水。

② 循环性建筑材料

通过产品循环和回收利用，减少碳排放。例如：利用高炉矿渣作为水泥的混合材；利用工业固体废弃物生产墙体材料，发展预拌混凝土，扩大粉煤灰的利用量；对拆除旧建筑物的废弃物与施工中产生的建筑垃圾再生利用，实现废弃物“减量化”和“再利用”，解决建筑垃圾围城的环境问题。例如将结构施工的垃圾经分拣粉碎后作为再生骨料用于生产非承重的墙体材料和小型市政或庭院材料；用废热塑性塑料和木屑为原料生产塑木制品，具有木材的观感，可锯可钉，用于制作家具、楼梯扶手、装饰线条和栅栏板等；拆除的建筑垃圾制作建筑景观、再生混凝土和再生砖砌块等。

③ 健康型建筑材料

应用无毒无味的装饰材料，包括玉米胶、再生木材、纳米墙体涂料、塑胶地板等，使室内空气无毒无味无污染，满足室内环境健康、舒适的指标；选用有净化功能的建筑材料，利用纳米光催化材料（如纳米 TiO_2）制造的抗菌除臭材料、负离子释放涂料、具有活性吸附功能、可分解有机物的涂料等。

④ 高强、高耐久性材料

使用高性能的结构材料，节约建筑物的材料用量，同时材料的品质和耐久性优良，减少房屋全生命周期内的维修次数，从而减少建筑对材料的需求量，也减少废旧拆除物的数量和对环境的污染。例如使用高强钢筋替代普通钢筋，平均可节约 10% ~ 14% 钢材；将混凝土性能提高一个等级，可节约混凝土用量的 30% 左右。

（3）临时设施建设

临时设施工程，是为建设活动正常开展所必须建设的暂时性设施，开工之初建造，项目结束时拆除，多年来，临时设施基本上都属于一次性消耗或周转性消耗品，是资源的一种规模型浪费，近年来，围绕绿色施工，对施工现场临时设施的可周转、可回收、低消耗进行了大量的探索与创新。

①永临结合施工技术：永临结合施工技术主要是根据建筑市政、建筑物本身拟建的设施，提前施工，降低临时设施的反复消耗。永临结合主要是临时道路与市政道路的结合、临时给水排水与市政管网的结合、临时电力与正式电力的结合、楼宇临时用电与楼宇正式管线的结合、临时消防与正式消防的结合、临时用水与消防用水的结合、临时围墙与正式围墙的结合等，利用正式工程的相关设施，为建造提供临时性便利（图 2.1.1-1 ~ 图 2.1.1-5）。

施工现场临时道路规划时可与正式道路相结合，先行施工正式道路的路基及管网，暂不施工正式路面，用作施工道路，避免施工后期对道路的破坏，减少材料浪费和环境污染。

图 2.1.1-1 路基作临时道路

图 2.1.1-2 消防管道永临结合

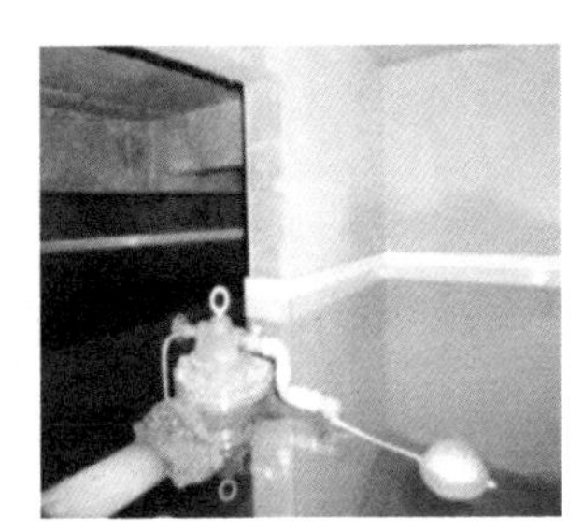

图 2.1.1-3 消防水池永临结合

图 2.1.1-4　正式管线作照明布线

图 2.1.1-5　排风管道作临时通风

②临时设施标准化：临时设施标准化的目的是尽可能降低一次性消耗，降低项目投入成本，减少浪费。主要是现场办公住宿临时房屋采用定制组装集装箱房；安全防护设施标准化、定型化、可周转；施工现场房屋定型化、标准化、可周转；施工现场临时围墙定型化、可周转等（图 2.1.1-6 ~ 图 2.1.1-10）。

图 2.1.1-6　定型化防护设施

图 2.1.1-7　集装箱式活动房屋

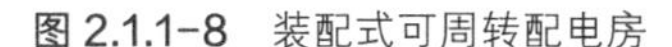

图 2.1.1-8 装配式可周转配电房

图 2.1.1-9 可移动式休息厅

图 2.1.1-10 装配式围挡

（4）节能与能源利用

施工现场能源消耗的管理，是节能降耗的重要方面。施工生产活动中，应优先使用节能、高效、环保的施工设备和机具，采用低能耗施工工艺，充分利用可再生清洁能源。施工现场照明应广泛使用太阳能设备和灯具；利用屋面、场地等限制空间建设小型光伏电站；采用太阳能热水系统或热泵（电、地源）热水系统；室内外广泛应用LED 节能照明和灯光自动控制系统；用能用电设备采用节能自控装置；采用低压、直流电源及电源定时控制系统；配电设备应用峰谷电力调节装置；进行油料使用策划等（图 2.1.1-11 ~ 图 2.1.1-23）。

（5）节材与材料资源利用技术

节材与材料资源利用技术，主要是降低现场材料使用量、尽可能利用废旧、多余材料，达到节材、环保的目的。施工现场主要有三个方面，一是废旧利用，如建筑垃圾的减量化再利用、废旧钢筋再利用、废旧模板木方再利用、剩余混凝土和破桩垃圾再利用、碎砖再利用等；二是采用先进的技术减量，如钢筋全自动数控加工、预制拼装（钢板、混凝土）临时路面、木模板集中加工厂、定型化钢模板使用、高强塑料或模块化模板应用等；三是尽可能就地取材，根据建设需要，首选在建项目附近的材料资源供应厂家，减少交通能源排放（图 2.1.1-24 ~ 图 2.1.1-33）。

图 2.1.1-11　太阳能指示牌

图 2.1.1-12　太阳能路灯

图 2.1.1-13　分布式光伏发电板

图 2.1.1-14　太阳能热水器

图 2.1.1-15　空气源机组

图 2.1.1-16 办公区感应式双亮度 LED 灯

图 2.1.1-17 施工现场 LED 节能灯

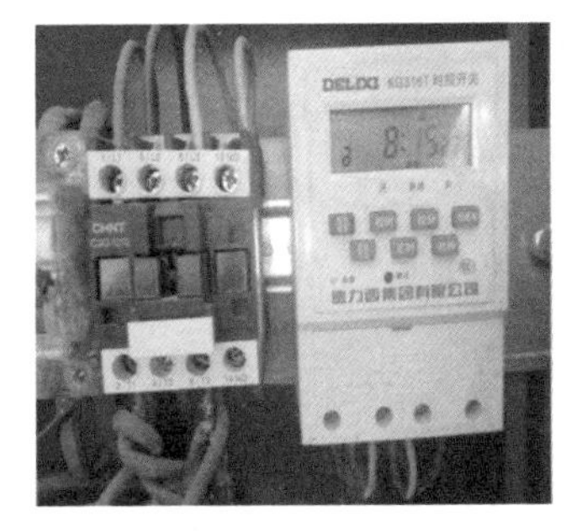

图 2.1.1-18 照明定时器

图 2.1.1-19 空调定时开关

图 2.1.1-20 塔式起重机限时器

图 2.1.1-21 声光延时开关

图 2.1.1-22 触摸式开关

图 2.1.1-23 USB 充电插座

图 2.1.1-24 桩头破碎技术

图 2.1.1-25 钢筋箅子

图 2.1.1-26 砂石分离处理系统

图 2.1.1-27　混凝土余料制作路缘石

图 2.1.1-28　混凝土余料制作钢筋垫块

图 2.1.1-29　钢筋数控加工车间

图 2.1.1-30　钢筋数控加工设备

图 2.1.1-31　拼装式可周转钢制路面

图 2.1.1-32　预制混凝土临时路面

图 2.1.1-33　嘉兴站湖心泥烧制的砖

（6）节水与水资源利用技术

节水与水资源利用，突出两个关键，一是现场节水，二是水资源收集和循环利用。施工现场用水主要是生活用水和养护用水、清洁用水，都应采取适当的措施予以节约。主要方法是合理利用基坑降水、采用先进技术截防地下水、采用可靠措施节省养护用水、进行雨水回收再利用、现场建立中水再利用设施、配置节水器具设备设施、再生水循环利用等（图 2.1.1-34 ~ 图 2.1.1-43）。

图 2.1.1-34　塑料薄膜养护

图 2.1.1-35　无纺布保水养护

图 2.1.1-36　感应式水龙头

图 2.1.1-37　感应式小便器

图 2.1.1-38　智能水控淋浴

图 2.1.1-39　雨水收集再利用

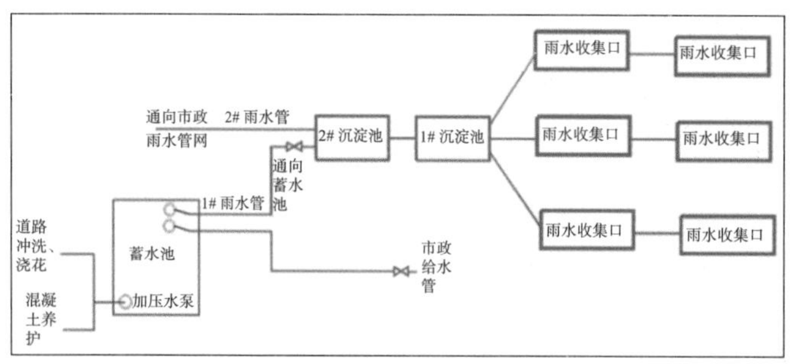

图 2.1.1-40　雨水收集系统图

图 2.1.1-41　污水处理站

图 2.1.1-42　三级沉淀池

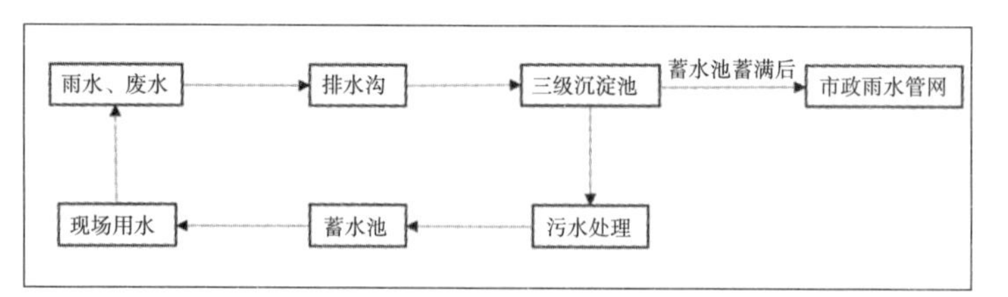

图 2.1.1-43　水循环流程图

（7）节地与施工用地保护

节地与施工用地保护，主要是减少对自然环境的破坏、降低施工资源的过度消耗。主要分三个方面，一是节地，减少临设租地或征用，使用绿化、透水砖等，尽可能减少场地硬化，降低资源消耗；二是使用 BIM 技术，合理布局现场设施，减少施工环境的重复建设、提升场地使用效率；三是控制环境，减少对场地的污染和对地质环境的破坏（图 2.1.1-44）。

图 2.1.1-44　基于 BIM 的三维总平面图布置

（8）环境保护

施工建造活动是导致大气污染、地下水污染、环境污染的重要因素。建设过程中，应对扬尘、噪声、光污染、水体污染、垃圾处理等采取环保、可靠的措施，降低对环境的污染和影响。

①扬尘控制措施：主要有塔式起重机高空自控喷淋系统、智能送风雾炮机系统、临

时围挡自控喷雾系统、车辆密闭清洗系统、脚手架自控喷雾系统、基坑自控喷雾系统、木工设备防尘系统、裸露土场覆盖设施等（图 2.1.1-45 ~ 图 2.1.1-53）；

图 2.1.1-45　塔式机重机高空喷淋系统

图 2.1.1-46　智能风送式雾炮机

图 2.1.1-47　车辆冲洗设备

图 2.1.1-48　现场喷淋

图 2.1.1-49　新能源洒水车

图 2.1.1-50　支撑梁悬挂安全网

图 2.1.1-51　裸土覆盖

图 2.1.1-52　基坑喷雾降尘

图 2.1.1-53　木工机械布袋除尘

②噪声与振动控制措施：主要有加工棚防噪隔音密闭措施、混凝土输送隔音降噪技术、定型化隔音墙或隔音屏阻挡措施、噪声监测控制措施等；对产生噪声和振动的生产加工活动，采取适宜的方式进行控制，推进工厂化、标准化，采用水力切割、金刚线切割、液压破碎、膨胀挤裂、重载碾压等先进的技术或工艺（图 2.1.1-54 ~ 图 2.1.1-56）。

③光污染控制措施：光污染是环境污染的重要组成部分，现场产生光污染的源头主要是照明和焊接作业。照明光污染防止措施主要是灯罩防护定向照明、采用 LED 光源泛光照明、安装自然光可变调节装置等；焊接作业采取的措施，主要是推进工业化，采取装配式作业，减少焊接；必须焊接的，采取封闭措施，避免焊光外溢（图 2.1.1-57、图 2.1.1-58）。

图 2.1.1-54 木工加工棚

图 2.1.1-55 隔音墙

图 2.1.1-56 噪声监测控制

图 2.1.1-57 罩式镝灯

图 2.1.1-58 焊接防护棚

④水污染控制：水污染控制主要是污水的沉淀净化处理再排放、封闭密闭型隔油池化粪池设施使用、生产生活污水的定期封闭处理、油料涂料的集中存储使用、生产生活垃圾的封闭管理等（图 2.1.1-59 ～ 图 2.1.1-61）。

图 2.1.1-59 污水沉淀池

图 2.1.1-60 成品化粪池

图 2.1.1-61 成品隔油池

⑤建筑垃圾控制：要坚持垃圾的分类管理原则。首先要坚持垃圾的生产、生活分类，其次要坚持生产垃圾的回收利用、生活垃圾的干湿分离。生产垃圾中的混凝土、短钢筋、碎砖头、落地灰、碎木屑等现场尽可能回收利用，钢筋头、包装袋、包装板、捆扎带等由第三方集中回收利用；干、湿垃圾根据环保部门的要求，袋装分类后由相关部门集中处理（图 2.1.1-62、图 2.1.1-63）。

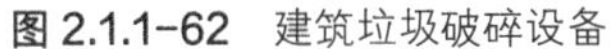
图 2.1.1-62 建筑垃圾破碎设备

图 2.1.1-63 垃圾分类

2.1.2 绿色施工策划

绿色施工的管理行为和管理活动贯穿项目建设的全生命周期，建造期间的绿色施工策划活动，有三个关键方面要重点把握：一是认真策划现场管理的四节一环保分项措施，二是认真研究采用先进的绿色技术措施，三是管理责任的落实、过程的精细化管控。

（1）绿色施工策划原则

1）全员参与：绿色施工管理活动是一个系统行为，项目建设的各参与方、各利益体，都应履行绿色建设的义务和责任。

2）全过程实施：绿色施工活动从开工至竣工交付，贯穿于项目建设的全过程，要对全过程绿色实施进行策划。

3）技术适用：绿色施工活动所采用的方案、措施，应以合理为前提，不应为了绿色而绿色，产生更多的资源消耗。

4）先进技术：要坚持设计和施工双优化，以项目目标实现为前提，采用先进、合理的技术方案和措施，以降低资源消耗为准绳。

5）资产导向：项目实施的资源投入，以资产管理的方式思考，实现工厂化、标准化、可周转，低成本。

6）环境导向：以降低消耗、减排节碳为出发点，考虑技术和措施的综合性环境效益。

7）目标实现：采取的措施和技术，要综合考虑项目合同目标的实现，在完美履约的同时，践行绿色低碳的社会责任。

（2）绿色施工策划程序

影响因素调查和分析→归纳、系统化研究→对策制定→绿色施工组织设计、施工方案、绿色施工专项方案制定→绿色施工评价方案制定→结合分部分项工程进行绿色施工交底。

（3）绿色施工策划基本内容

绿色施工策划的基本内容应包括但不限于以下内容：

1）绿色施工概况；

2）绿色施工目标；

3）绿色施工组织体系与职责；

4）各分部分项工程绿色施工要点；
5）机械设备及建材绿色性能评价及选用方案；
6）绿色施工保证措施；
7）绿色施工技术应用与创新；
8）绿色施工支撑性资料收集整理；
9）绿色施工评价及改进等。

策划文件应按正常程序组织审批和实施。

2.1.3 绿色建造先进技术实践

1. 白云站绿色建造先进技术

白云站建筑总规模45.3万m^2。其中站房工程14.45万m^2；铁路配套地下停车库14.85万m^2；地铁集散、城市换乘通道及配套工程11.7万m^2；其他4.3万m^2。白云站站型为线上正式特大型旅客车站，站场规模11台24线，其中国铁车场10台22线，城际车场1台2线。白云站站房施工过程中采用泥浆零排放技术节省施工场地、减少环境污染（图2.1.3-1）；采用绿色装配式护坡施工技术减少空气污染、水污染和土地污染；采用承插型盘扣式钢管脚手架施工技术减少钢材用量、节约人工；采用地下止水帷幕施工技术减少地下水排放等，认真践行绿色节碳社会责任。

（1）泥浆零排放系统

白云站在基坑开挖、桩基施工阶段采购3套泥浆零排放系统，安装于现场各分区，对各区施工过程产生的泥浆进行压滤处理，确保项目达到泥浆零排放的目的。

现场采用成品泥浆池对施工过程产生的泥浆进行循环、收集，废弃泥浆传送至各区泥浆零排放系统进行压滤处理，过滤出来的水用于喷淋、工程用水，压制出的泥饼直接外运，节省泥浆排放场地、降低环境污染、有利缩短项目工期。

图2.1.3-1 泥浆零排放系统

（2）绿色装配式护坡施工技术

白云站采用绿色装配式边坡支护技术，替代传统钢筋网片＋喷射混凝土的支护形式。绿色装配式面层技术是采用装配式复合面层＋钢丝绳＋紧固构件的形式，材料环保，耗材少，施工过程不会对环境造成污染（图 2.1.3-2）。

图 2.1.3-2　绿色装配式护坡

（3）承插型盘扣式钢管脚手架施工技术

根据使用用途可分为支撑脚手架和作业脚手架。脚手架立杆之间采用外套管或内插管连接，水平杆和斜杆采用杆端扣接头卡入连接盘，用楔形插销连接，能承受相应的荷载，具有良好的作业安全和防护功能。盘扣架属于工具型、标准化模数脚手架，承载力高、搭设快速便捷，能有效地节省用钢量（图 2.1.3-3）。

图 2.1.3-3　承插型盘扣式钢管脚手架

（4）地下止水帷幕施工技术

地下连续墙是基础工程中兼具止水、截水和支护功能的施工技术。具有占地少、工效高、工期短、质量可靠、振动小、噪声低的特点，能够有效地防止施工场地外的地下水过度流失。本工程国铁站房及地铁预留工程采用地下连续墙支护，分段长度 6m，墙高 16 ~ 20m（图 2.1.3-4）。

图 2.1.3-4　地下连续墙 + 钢筋混凝土内支撑

2. 雄安站绿色建造先进技术

雄安站是集高铁、城际铁路与地铁等综合交通于一体的高架车站，站场总规模为 13 台 23 线，分为京港台场、津雄场，津雄场东侧并行城市轨道交通，总建筑面积 47.5 万 m^2。

雄安站建设秉承绿色发展理念，借助“BIM 技术平台”以及“工地智能平台”，从“六化”“四新”“二控”三个方向开展绿色施工管理；建立人文绿色导向模式，融入绿色管理理念，使建筑垃圾、水污染、大气污染、水土保持、噪声污染均得到良好防控与治理；从选用新材料入手，积极研发新技术、开发新工法、引进新设备，节约资源，保护环境，实现“四节一环保”。雄安站绿色施工核心要求是：以“人力”和“成本”作为两大管控对象，让绿色施工发展真正具有可持续性。

（1）装配式站台吸音墙采用预制拼装技术

工厂化预制生产具有吸声功能的装配式复合构件取代传统现浇挡砟墙，在不改变原有挡砟墙整体造型的前提下，将离心玻璃棉复合于墙体中部，通过墙体正立面预留密排孔洞吸收列车通过时产生的噪声声波，实现吸声降噪的目的。降低消耗指标为：墙体厚度减少 40mm，节约钢筋、模板、混凝土等材料成本 554.57 元 /m^2，节约钢筋绑扎、模板支设、混凝土浇筑等人工成本约 149.64 元 /m^2。

（2）绿色可回收边坡支护体系施工技术

绿色可回收边坡支护体系是一种采用绿色装配式轻质复合材料取代传统土墙钉钢网 + 喷射混凝土的支护技术，在不改变传统土钉墙支护机理的基础上，采用高分子复合面层取代传统土钉墙钢网 + 喷射混凝土面层。高分子复合面层在工厂加工预制、标准化生产，具有防雨水渗透功能，与混凝土压顶结合，能很好地保持基坑边坡土体的稳定性，提高基坑边坡的安全系数。施工时要遵循从坡顶向下滚铺的原则，保证面层材料在边坡上不出现空鼓、翘边等缺陷（图 2.1.3-5）。

（3）超长混凝土灌注桩钢筋笼快速接长技术

超长桩基钢筋笼快速对接技术是采用定位工装盘加工钢筋笼，并在两节钢筋笼纵向受力钢筋连接端端头预套标准剥肋直螺纹丝头，钢筋笼分节连接时采用“双螺套”连接部件，施工速度快、质量高，与传统焊接做法相比，减少了焊接过程中烟气的产生，绿色环保。

图 2.1.3-5 可回收装配式护坡

（4）地下室底板免剔凿施工缝

利用钢丝网形成的凹凸面实现新老混凝土有效粘合，从而避免二次剔凿，施工简便、质量可控，施工缝防水性能好。采用免剔凿施工缝省去模板支设及混凝土剔凿施工工序，可节约工期、防止渗漏、提升质量，减少剔凿废弃垃圾、节省人工及材料，具有良好环保及社会效益。

（5）劲性结构纵向钢筋组合式连接施工技术

劲性结构纵向钢筋组合式连接是一种采用双螺套和接驳器取代直螺纹套筒连接的技术。在不改变钢筋机械连接原理的情况下，纵向受力钢筋与两端钢骨均采用接驳器连接固定，中部钢筋连接采用直螺纹 + 双螺套连接器，形成劲性组合式连接方式，钢筋连接质量高，避免焊接、浪费焊材。

（6）临时道路装配式路面

现场主次干临时道路采用装配式混凝土预制路面、装配式钢板路面，路面材料周转使用，提高材料利用率（图 2.1.3-6）。

图 2.1.3-6 装配式路面

（7）中水回收再利用技术

施工现场增设污水处理设备、增加二次中水管网，设置中水水池，用于卫生间冲洗及洒水降尘、车辆冲洗等，部分冲洗水循环利用，减少排放；生活区设置雨水收集池，用于洒水车降尘；污水处理站配置绿化、鱼塘等景观设施，美化环境（图 2.1.3-7）。

图 2.1.3-7 污水处理及雨水收集

3. 丰台站绿色建造先进技术

丰台站改建工程是集铁路、地铁、公交、出租、社会车辆等交通设施于一体的大型综合交通枢纽，站房建筑外轮廓东西向 587m，南北向 320.5m，总建筑面积 39.88 万 m^2，屋面最高点标高为 36.50m。丰台站采用双层车场设计，普速车场位于地面层，采用上进下出的流线方式；高架车场位于 23m 标高层，采用下进下出的流线方式（图 2.1.3-8）。普速车场规模为 11 台 20 线（含正线 5 条），到发线有效长度为 650m，站台长度 550m，车站南北侧各设基本站台 1 座，站台宽度 13m，中间岛式站台 9 座，站台宽度 11.5m；高架车场规模为 6 台 12 线，6 座岛式站台，站台长度 450m，站台宽度 11.5m，到发线有效长度为 500m。

图 2.1.3-8 丰台站三维剖切图

结合工程特点，建设过程中开展有利于绿色施工的新技术、新设备、新材料、新工艺的研究和推广应用。优化施工组织设计和施工方案，达到节约资源、缩短工期、增加效益的目的。施工组织设计与方案优化主要方向包括以下内容：

（1）大范围采用装配式钢板临时道路

丰台站周边道路狭小、场地面积紧张，为解决现场道路和工程建设均需占用土地的矛盾，根据工程实际情况和进度安排，制定多种道路布置和调整方案，由于建设过程中需多次拆改和重建，因此大量采用预制钢板临时路面系统，具有拆装快速、节约环保的特点，节约混凝土 4500m^3（图 2.1.3-9、图 2.1.3-10）。

图 2.1.3-9　场区内钢板道路

图 2.1.3-10　基坑内钢板道路

（2）超长大体积混凝土无缝施工方案

丰台站中央站房筏板基础东西向长 364.5m，宽为 320.5m，最大厚度为 2.5m。为解决大体积混凝土基础收缩不一致、易产生裂缝的问题，研究超长结构温度应力控制机理，通过理论计算并采取综合控制措施防止大体积混凝土裂缝的产生。

优化后浇带布置，将大部分后浇带改为膨胀加强带，尽早实现结构封闭；取消临时防水板，节省施工缝、后浇带二次处理工作量，节约工期 15 天（图 2.1.3-11）。

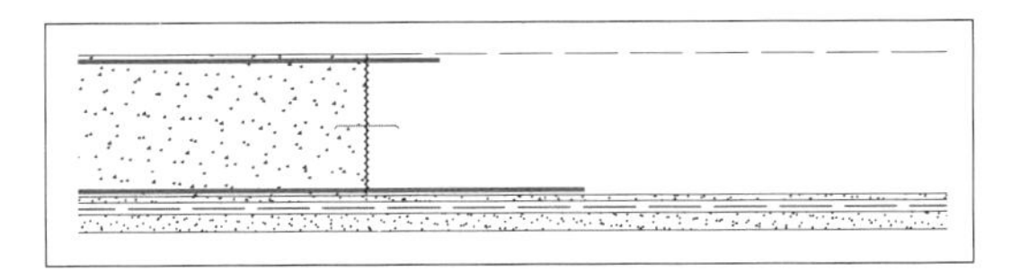

第一步：施工一侧底板结构，预埋止水钢板和竖向施工缝留设

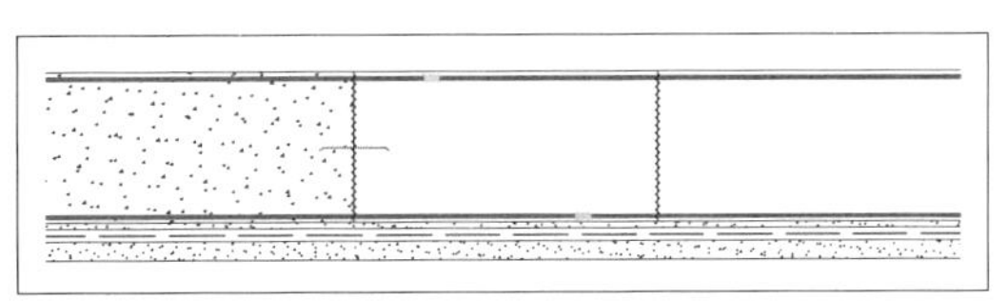

第二步：处理已施工完成一侧的施工，剔凿钢丝网，清理止水钢板上灰浆，安装第二流水段一侧钢筋，安装膨胀加强带与底板之间钢丝网（单层，无需安装止水钢板）。

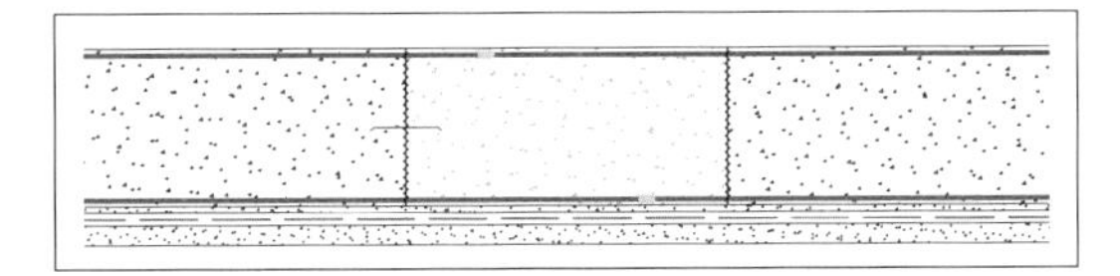

第三步：浇筑第二流水段混凝土和膨胀加强带混凝土（掺加微膨胀剂高一等级，与第一次浇筑混凝土间隔时间 7 天以上）。

图 2.1.3-11　膨胀加强带施工工序

（3）优化预应力方案，将有粘结预应力改为缓粘结预应力

与设计单位共同努力，将原设计混凝土梁中的有粘结预应力改为缓粘结预应力（图 2.1.3-12），减少灌浆工序，节约人力和材料（节约人工 240 工日、水泥 55t），加快施工进度（节约工期 10 天）。

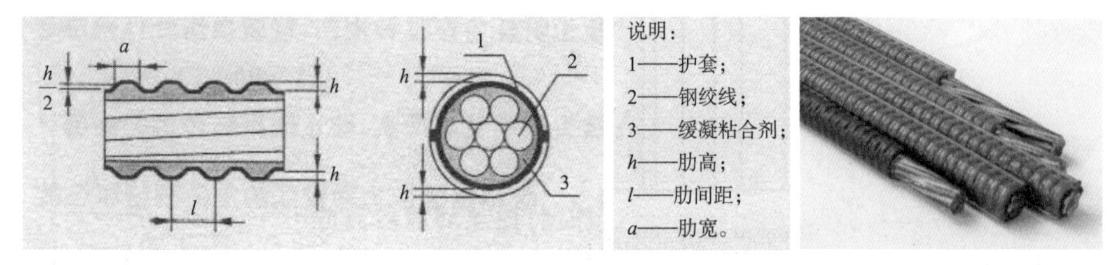

图 2.1.3-12 缓粘结预应力技术

（4）优化钢结构吊装方案，利用重型塔式起重机提升施工效率

结构施工过程中，多次组织内外部专家优化钢结构吊装方案，对重型塔式起重机吊装、履带吊 + 钢栈桥吊装、龙门吊安装等多个方案进行对比和分析，确定最优安装方案为：深基坑范围内钢结构采用重型塔式起重机，浅基坑范围采用履带吊，实现经济和工期的最优组合（图 2.1.3-13、图 2.1.3-14）。

图 2.1.3-13 重型塔式起重机方案

图 2.1.3-14 履带吊方案

（5）优化钢筋马凳构造措施

根据钢筋混凝土结构构件的尺寸和钢筋布置情况，优化马凳定位措施，保证钢筋定位准确，减少钢材浪费，达到安全经济、施工便捷的目的（图 2.1.3-15、图 2.1.3-16）。

（6）优化砌体结构施工方案

工程具有层高高、开间和进深大的特点，二次结构墙体高度和厚度大、构造柱间距小、基础地连梁多，经与设计单位共同努力，将加气混凝土砌块墙体优化为加气混凝土条板墙体，结构稳定性好，施工速度快、标准化定型化程度高、省工省料（图 2.1.3-17、图 2.1.3-18）。

图 2.1.3-15 型钢马凳

图 2.1.3-16 钢筋马凳

图 2.1.3-17 原设计加气块墙体

图 2.1.3-18 优化后加气混凝土条板墙

（7）优化设备管道布置

利用 BIM 技术对管线布置进行优化和简化，施工管线布置更规范、设备布置更合理、空间利用更充分。以中央站房 4-1 区地下室冷热源机房为例，机房深化前管道（此处指大口径管道，直径 200mm 以上）共 819m，深化后管道共 635m，节省管道 184m；机房深化后节省母线约 26m，母线弯头 8 个，强电桥架较深化前节省约 38m（图 2.1.3-19 ~ 图 2.1.3-22）。

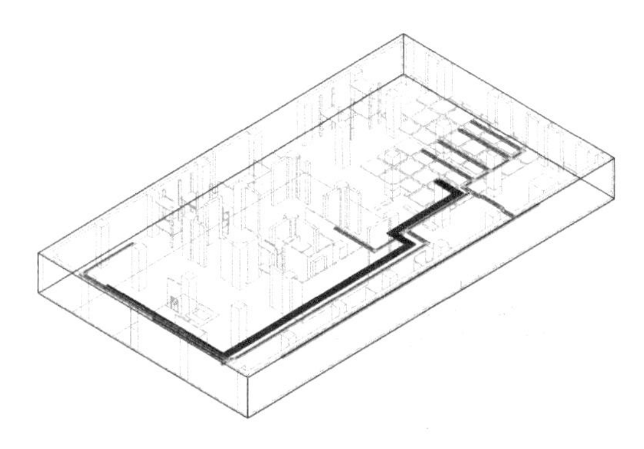

图 2.1.3-19 深化前桥架母线

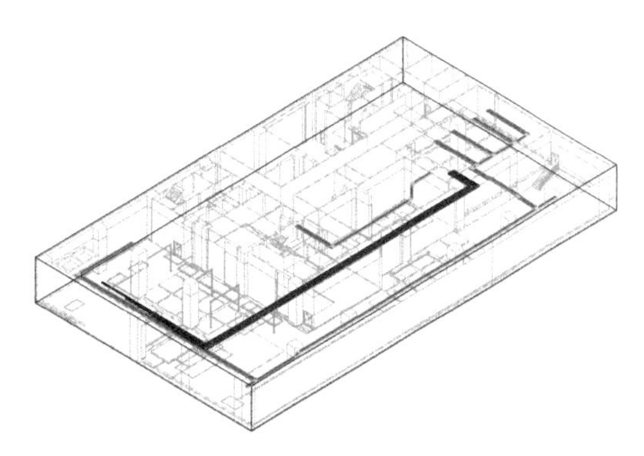

图 2.1.3-20 深化后桥架母线

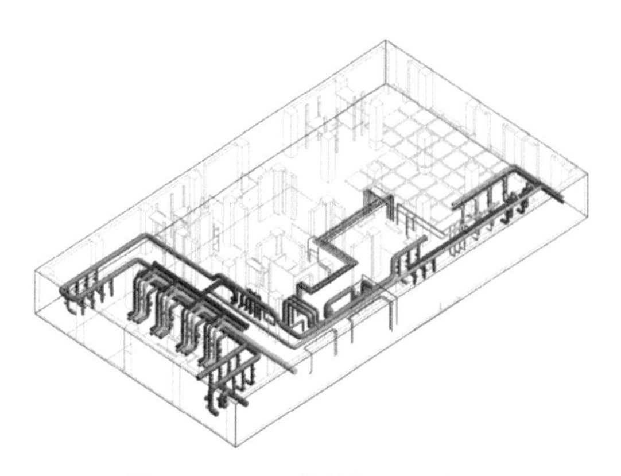

图 2.1.3-21　深化前给水排水管道

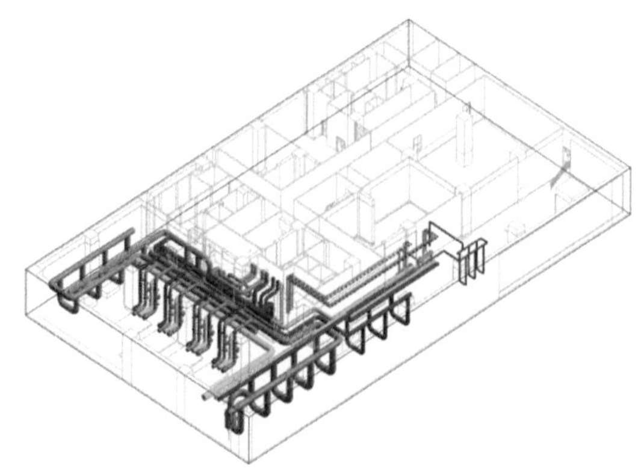

图 2.1.3-22　深化后给水排水管道

（8）优化结构构造层做法

基础底板垫层做法为 100mm 厚 C20 混凝土垫层 +20mm 水泥砂浆找平层，经过与设计单位共同努力，改为 100mm 厚 C20 混凝土垫层表面一次性磨平找毛，节约砂浆找平层 9.5 万 m^2（图 2.1.3-23 ~ 图 2.1.3-25）。

图 2.1.3-23　垫层表面压

图 2.1.3-24　刷防水底油和附加层

图 2.1.3-25　防水层

（9）优化顶板模板支撑体系

丰台站钢筋混凝土结构复杂，超限模板范围广。经过多次组织专家论证，对顶板模板支撑体系从经济性、施工便利性、安全性等方面进行优化，确定最优方案。外防护采用结构支撑架外挑一跨，节约材料和人工（图 2.1.3-26）。

图 2.1.3-26　盘扣脚手架

（10）优化基坑支护体系，节约施工占地面积

丰台站周边场地狭小，没有修筑临时道路的场地条件。经过反复研究，优化基坑边坡设计方案，在基坑内修筑临时道路，用于车辆运输。节约土方开挖量 1.3 万 m^3，节约场地 8000m^2（图 2.1.3-27）。

（11）优化土方平衡方案，减少开挖土方外运

站房基础埋深最深处处于自然地坪以下 20m，东西长 500 余米，南北宽 400 余米，开挖土方总量 168 万 m^3。对丰台枢纽各标段进行土方综合管理，大部分站房开挖出的土方用于站场回填，减少土方外排；优化施工组织设计、调整施工流水，将部分土方回填到一期地下室作为房心回填，实现土方挖填和合理利用；为了确保回填土的质量，将开挖土方中的天然级配提前存入存土场中，根据工期安排进行房心和肥槽回填（图 2.1.3-28）。

图 2.1.3-27　基坑支护优化方案

图 2.1.3-28　土方开挖

（12）优化地下室顶板支撑体系，结合临时道路设置支撑体系

项目北侧场地狭小，无法实现道路循环，因此在南区施工时，优化地下室顶板支撑体系，提前预留内部行车道路，打通南北两区之间联系通道（图 2.1.3-29）。

图 2.1.3-29　模板支撑与临时通道相结合的贝雷架体系

（13）优化钢筋与钢柱连接方式

丰台站项目部分主体为劲性钢结构 + 钢管混凝土柱，梁为钢筋混凝土 +H 型钢骨梁。施工过程中优化钢筋布置，减少钢筋根数，优化排布方式，利用接驳器和连接板两种方式组合，作为钢筋与钢柱连接方式（图 2.1.3-30）。

图 2.1.3-30 钢筋与钢柱连接方式

（14）优化钢柱内自密实混凝土浇筑方式

丰台站钢管混凝土柱内为 C50 自密实混凝土，钢管混凝土柱中设置中隔板（工程设计中最多每根柱中有 8 块隔板），通过现场制作工艺试验，将高抛免振和顶升施工工艺进行对比分析，隔板的存在不影响混凝土的密实度，不会形成空腔。考虑到部分钢管混凝土柱中配置了钢筋，且钢筋布置较密，混凝土浇筑方式优化为：当钢管柱中配有钢筋时，仍按原设计采用顶升法；无钢筋时，采用高抛免振混凝土法，加快工程进度，节约人力资源（图 2.1.3-31）。

图 2.1.3-31 钢管混凝土浇筑方式工艺样板试验

4. 杭州西站绿色建造技术

杭州西站是集多种交通方式于一体、功能配套齐全的特大型综合性交通枢纽中心，工程总建筑面积约 51 万 m^2，主要包括站房及客运服务设施、城市配套工程，其中站房建筑面积约10万m^2，站房主体地面5层，地下2层。站场总规模11台20线，其中，湖杭场规模6台11线（含正线两条），杭临绩场规模5台9线（含正线两条），设侧式基本站台2座，岛式中间站台9座。项目自开工之初有效策划，开展“五节一环保”活动，采用绿色施工在线监控技术、临时设施与安全防护的定型标准化技术、全自动数控钢筋加工技术、反射型辐射制冷膜施工技术、非传统水源回收与利用等绿色科技施工技术等先进技术、先进材料和工艺，对实现绿色低碳具有重要意义。

（1）五节一环保措施

倡导环境保护理念，通过各种施工措施和科技手段达到了对建筑材料、水资源、能源、土地资源、人力资源的节约，间接减少对环境带来的影响。加强“空气污染、噪声污染、光污染、水污染、固体废弃物”等方面的控制，使对环境的不利影响降到最低。

1）节地与土地资源利用

施工现场平面布置按照土方开挖、基础结构施工、地上结构、装饰装修阶段进行动态调整，布置紧凑，充分利用土地资源，减少占地（图2.1.3-32）。

图2.1.3-32 平面布置紧凑合理

2）节能与能源利用

对施工现场的生产、生活、办公和主要能耗施工设备设有节能控制措施，制定了《临时用电管理制度》，按照规定要求严格执行。办公区各灯具开关处、空调设备等张贴“节约用电”标语，时刻提醒员工节能意识。办公区、生活区、施工现场全部使用LED节能灯具，节能灯具覆盖率达到100%。生活区洗浴采用空气源热泵系统，生活区、办公区路灯全部采用太阳能供电（图2.1.3-33）。

图2.1.3-33 节能管理

3）节水与水资源利用

现场出入门口进行大面积硬化用于收集雨水并设置车辆冲洗装置，沉淀池处设有水循环系统重复利用。建立了非传统水源利用系统，由非传统水回收、非传统水利用、高空喷雾三个子系统组成。非传统水源的利用，既节省了自来水，降低了工程成本，又减少了施工现场扬尘的污染，保护了环境（图 2.1.3-34 ～图 2.1.3-36）。

生活区设置废水回收系统，用于冲洗厕所、浇灌花木等。

图 2.1.3-34　杭州西站非传统水源回收系统

图 2.1.3-35　塔式起重机高空喷雾

图 2.1.3-36　节水保湿养护膜

4）节材与材料资源利用

对施工余料进行回收利用，如废钢筋做马镫、洞口安全防护，混凝土余料做垫块、墙砖，模板边角料做洞口防护、踢脚板、柱角成品保护等。

对建筑材料的包装袋按照纸质、塑料等分类回收，集中堆放，最后由废旧物资公司进行收集处理（图 2.1.3-37）。

图 2.1.3-37　废料利用

5）环境保护

在土方施工阶段通过投入洒水车路面洒水、出入口设置雾炮机、全自动一体化洗车池、出土车辆和厂区裸土全覆盖等措施进行降尘处理，确保施工现场扬尘控制符合杭州市政府的环保要求；在结构施工期间，混凝土浇筑地泵搭设隔音降噪棚，大型车辆进出场时设置指引员和场区鸣笛、限速标示和制度，减少昼夜施工对周边民众的干扰；在施工场区建设方面，围挡全部采用定型化，高度不小于2.5m，在施工现场设置垃圾分类处理区，投入可周转的加工棚和移动式的厕所，道路进行硬化处理，实行三区分离、提高办公区和生活区绿化率等措施，营造良好的施工现场环境，符合当地政府对施工工地的环境指标要求（图2.1.3-38）。

裸土覆盖

洒水降尘

扬尘在线监控

垃圾分类

污水沉淀

油烟净化器

现场绿化

有毒有害垃圾分类存放

图2.1.3-38　环境保护措施现场应用

（2）绿色施工建造技术

1）绿色施工在线监控技术

在工程周边部署环境在线监测系统，实时监测施工周围环境、噪声、温湿度等数据，当监测值超出报警范围后，与围墙喷淋等设备联动进行降尘降温，保证施工过程中的绿色环保（图2.1.3-39）。

2）临时设施与安全防护的定型标准化技术

临建工程以及现场临边防护，楼梯防护等采用标准定型产品，可降低造价、改善安全条件；材料重复利用，避免资源浪费。

职工生活区和办公区的房屋均采用集装箱式活动房拼接而成，该房屋运输、安装、移动方便，可周转使用。

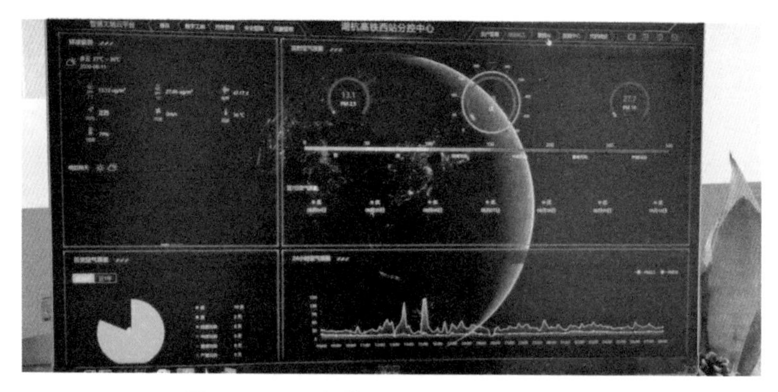

图 2.1.3-39　智慧工地平台 – 绿色施工管理

基坑边、通道口、预留洞口、楼梯口、电梯井口和楼板、屋面等临边部位设置标准化定型化安全防护围栏或盖板，可周转使用。

进出工地的入口采用钢结构搭建安全通道，上下楼层之间若无楼梯，采用盘扣架搭建马道，提升资源的使用效能。

3）全自动数控钢筋加工技术

钢筋全自动数控加工技术采用智能控制（图 2.1.3-40），使用先进的数控生产设备及工艺，提高了加工精度，降低了钢筋的废品率，提升了生产效率。钢筋场外集中加工的优势，一是实现了钢筋的统一集成制作，二是确保了施工现场整洁文明，降低了噪声污染。

图 2.1.3-40　全自动数控钢筋加工车间

4）工业化成品支吊架技术

基于 BIM 模型确认的机电管线排布，通过数据库快速导出支吊架形式，根据结果进行支吊架选型和设计，在工厂制作装配式组合支吊架，在施工现场实现装配式安装，减少现场测量、制作工序和钢材使用量，节约能源消耗、降低资源消耗（图 2.1.3-41）。

5）建筑信息模型（BIM）技术

杭州西站广泛运用 BIM 技术指导施工，在模型创建、虚拟建造、专业深化、可视化交底、4D 进度优化、管线综合及支吊架设计、提高净空、解决专业碰撞等方面进行了全面的研究和创新应用，优化施工流程、细化技术方案和解决设计冲突，对实现建造过程的信息化、智能化起到了积极的推动作用（图 2.1.3-42 ~ 图 2.1.3-44）。

图 2.1.3-41　工业化成品支吊架

图 2.1.3-42　BIM 应用平台界面

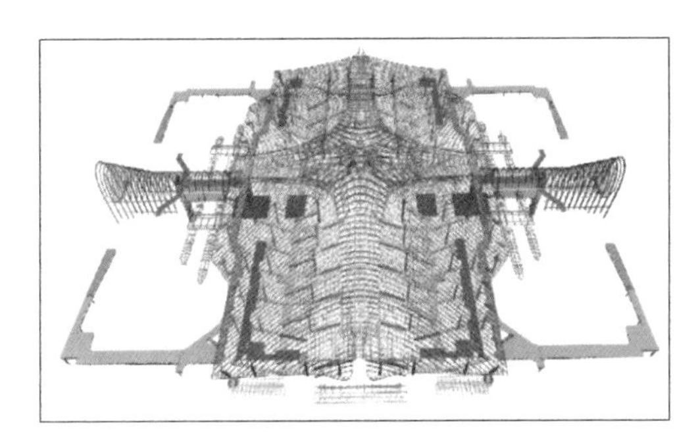

图 2.1.3-43　钢结构 BIM 模型

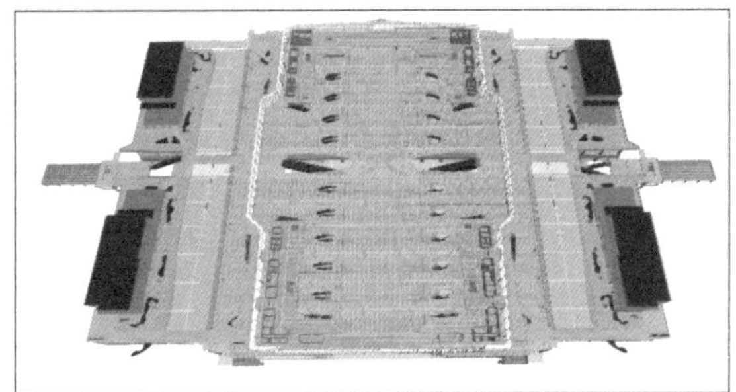

图 2.1.3-44　候车层 BIM 模型

6）新型智慧拌合站技术

智慧拌合站是对传统搅拌站的升级和创新，通过对现场拌合机数据的实时提取、二次加工，获取生产过程中混凝土的配合比、生产记录、拌合时间、产量查询、材料用量等综合信息，进行动态管理。拌合时间和材料用量是决定混凝土质量的重要指标，通过智慧平台实时监控，准确判断混凝土生产过程中的不达标现象，动态监控水泥、粗集料、矿粉、水、减水剂等原材料的用量。拌合站管理系统从源头上稳定产品质量、监测混凝土的生产过程，实现了生产过程中的实时数据分析、生产时间的自动控制（图 2.1.3-45、图 2.1.3-46）。

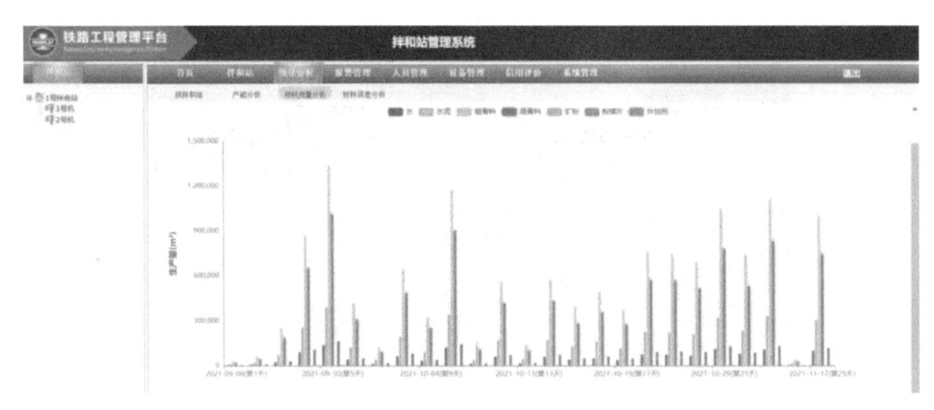

图 2.1.3-45　拌合站材料统计分析 1

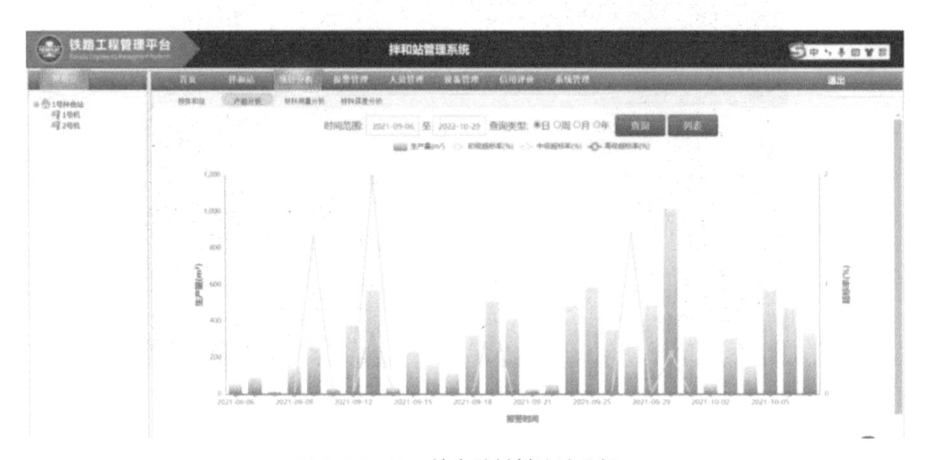

图 2.1.3-46　拌合站材料统计分析 2

7）钢结构整体提升技术

本工程网架屋盖采用正放四角锥网架 + 正交正放桁架组成大跨度空间结构。屋盖网架采用地面拼装、整体旋转提升技术。网架在候车层上采用重型塔式起重机拼装。拼装单元编号时根据南区、北区、桁架区、网架区的不同，分别用字母“N”“B”“H”“W”标识，具有唯一性，可精准定位（图 2.1.3-47、图 2.1.3-48）。

图 2.1.3-47　钢结构模型分区图

图 2.1.3-48　钢结构整体提升

钢结构整体提升，在节能方面，综合考虑各个区的施工方案，使吊装机械能够形成流水施工，避免多次进场及来回转运，达到节能目的；在节地方面，合理利用临时设施场地，绘制场地规划图，不设置大面积的空闲场地和停车场；在节水方面，施工现场合理布置灭火器、消防砂等灭火设备，减少消防水的使用；在节材方面，优化拼装胎架使用方案，前后区域施工形成流水作业，提高胎架的二次利用率，减少钢材消耗；底漆在工厂完成，施工场地硬化，达到环境保护的目的（图 2.1.3-49、图 2.1.3-50）。

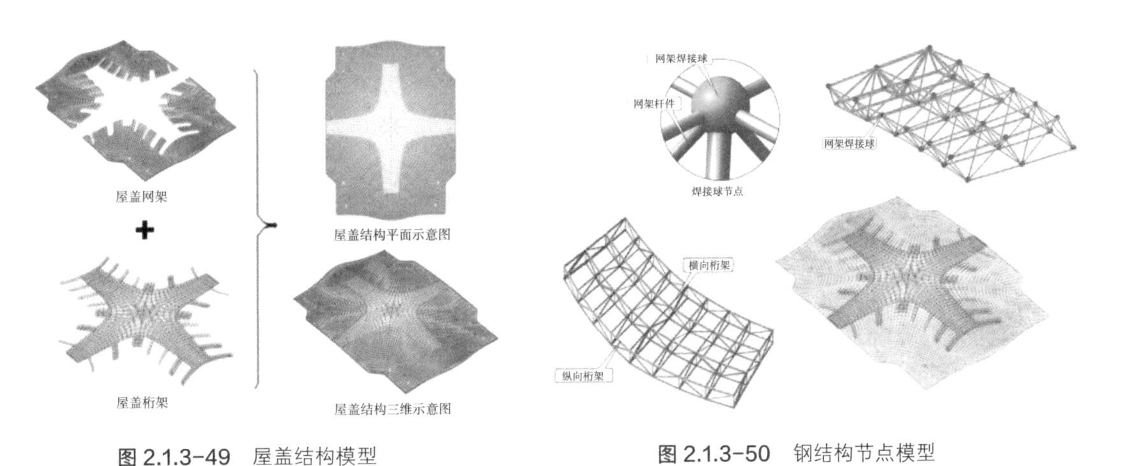

图 2.1.3-49　屋盖结构模型　　图 2.1.3-50　钢结构节点模型

8）承插型盘扣式钢管脚手架技术

盘扣式内外脚手架应用技术应用于本工程站房地上和地上主体结构高支模区域。施工采用盘扣式内外脚手架与钢管扣件脚手架相比，有两大优势分别为：首先杆件用量比较少。由于立杆采用 Q345 级钢，强度更高，杆件之间的间距可以更大，最大可达 2m。这样就减少了立杆的数量，从而达到减少造价的目的。其次使用时间长。由于杆件表面都是经热浸镀锌处理，从而具有更长的耐久性，使用寿命可达 15 年以上，并不需要经常维护，每 3 ～ 5 年维护一次即可（图 2.1.3-51）。

图 2.1.3-51　现场盘扣应用

9）现场绿化综合技术

工地绿化可以改善工地的卫生条件，有效地防治或减轻污染工地中的园林绿地，具有吸碳制氧、吸收有害气体、吸滞粉尘、杀死细菌、降低温度、调节湿度、消减噪声等多种功能的作用（图 2.1.3-52）。

图 2.1.3-52　现场绿化综合技术应用

10）缓粘结预应力技术

通过大跨度重载箱梁预应力施工，分析并解决现场预应力施工碰撞，合理安排施工工序，形成针对性施工工艺标准，为同类型结构施工提供行之有效的施行方案；通过分析预应力分批张拉对预应力损失及整体结构的影响，得出预应力施工张拉顺序对结构的影响规律；通过监测承轨层预应力箱梁在荷载、预应力及收缩徐变作用下的横向和竖向变形，总结“桥建合一”承轨层结构体系变形规律，佐证结构设计合理性，并为结构施工安全提供保证（图 2.1.3-53）。

图 2.1.3-53　缓粘结预应力技术现场应用

11）薄壁金属管道新型连接安装施工技术

薄壁不锈钢管道卡压式连接具有轻量化搬运施工方便、极大地缩短施工周期、使用寿命长、耐腐蚀、强度高、清洁卫生水质好、维修方便等优点（图 2.1.3-54）。

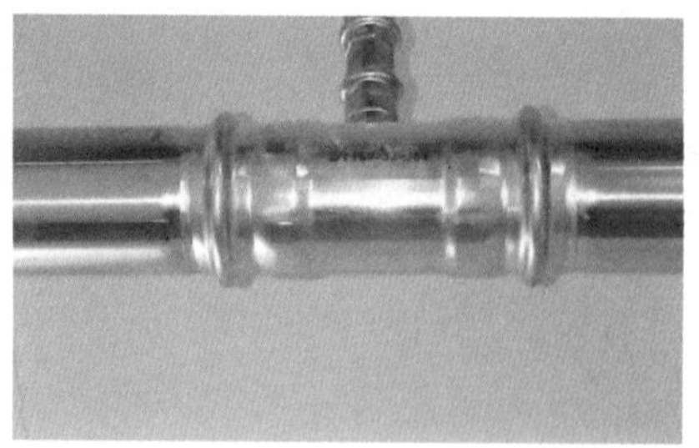

图 2.1.3-54　薄壁金属管道新型连接安装施工技术应用

12）内保温金属风管施工技术

内保温金属风管省去了风管现场保温施工工序，有效提高现场风管安装效率，且风管采用全自动生产流水线加工，产品质量可控（图 2.1.3-55）。

图 2.1.3-55　内保温金属风管施工技术应用

13）基于 BIM 的管线综合技术

在“机电管线排布方案”建模的基础上对设备和管线进行综合布置并调整，从而在工程开始施工前发现问题，通过深化设计及设计优化，使问题在施工前得以解决。

利用 BIM 施工模拟技术，使得复杂的机电施工过程，变得简单、可视、易懂。实时跟踪工程项目的实际进度，并通过计划进度与实际进度进行比较，及时分析偏差对工期的影响程度以及产生的原因，采取有效措施，实现对项目进度的控制（图 2.1.3-56、图 2.1.3-57）。

14）智慧工地

杭州西站构建基于智能技术综合应用平台，大力推广智能设备运用。探索云制造等新业态新模式，探索建造组织方式变革，应用基于 BIM+ 智能网络协同平台实现系统集成，实现项目管理流程再造、智能管控、组织优化，实现建设及运营所有信息系统的无缝集成，加快建造的运转速度，提高劳动生产率，提高高铁建设管理智能化水平（图 2.1.3-58）。

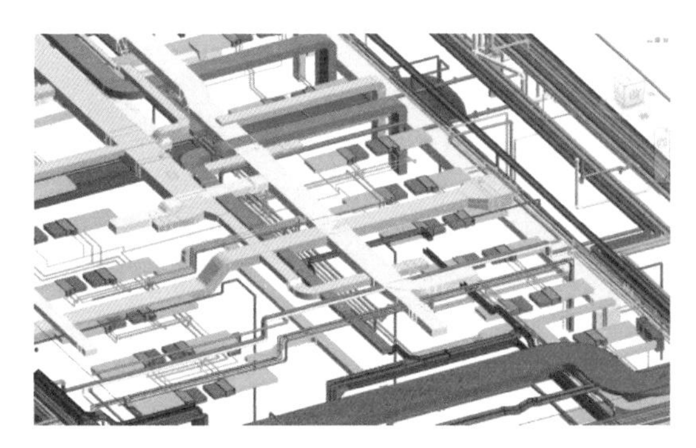
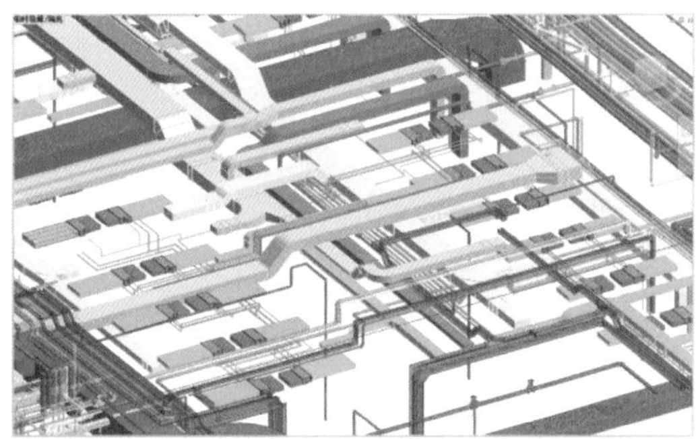

图 2.1.3-56　BIM 技术应用前后对比

图 2.1.3-57 BIM 技术应用后模型与现场对比

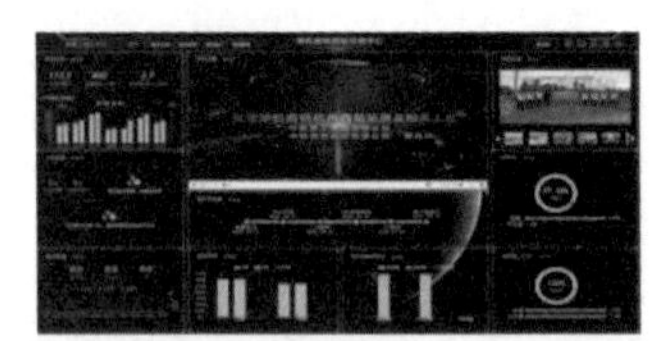

综合管理平台

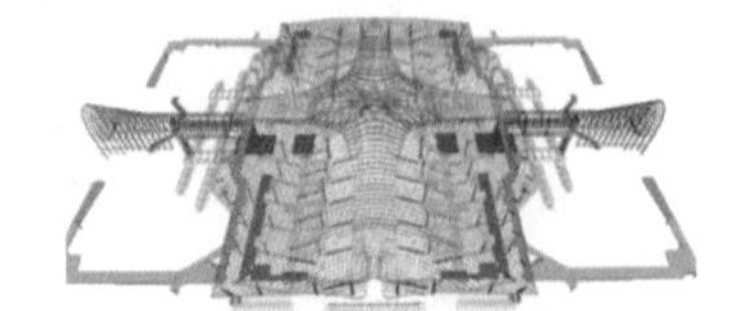

BIM 技术应用

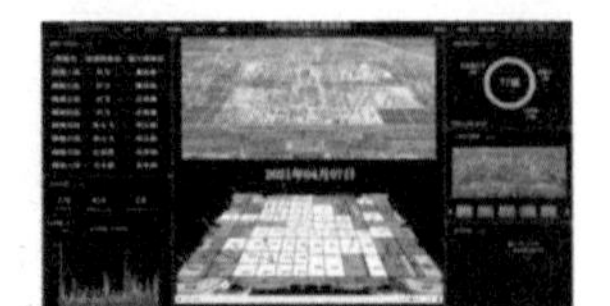

网格化管理应用

视频监控

塔式起重机及高支模监测

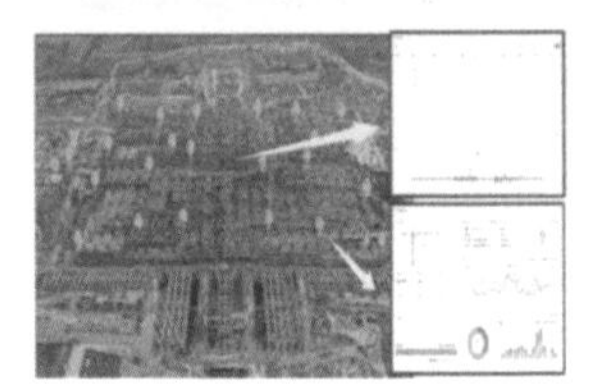

无人机 4D 进度模拟

图 2.1.3-58 智慧工地系统现场应用

（3）绿色施工设计

在绿色建筑施工设计方面。杭州西站通过公共建筑三星级绿色设计标识的评价，站房及相关工程做出了八大创新，例如在站城融合方面，通过“站场拉开”“站场抬高”“多维交通”复合型开发，弱化了车场对城市交通阻隔和空间隔离，更好地匹配公众出行需求，使多方主体共享城市立体空间的经济效益和开发价值，还设置云门、云谷空间，综合开发，在站区打造区域节点，为市民提供丰富的服务共享场所。

在空间共享方面，构建空中景观慢行道，实现站房、上盖开发、南北城市综合体之间紧密通连，最大限度减少步行距离，营造了多层次的观景休闲空间，另一方面，它首创利用两场拉开的夹心地设置景观绿化，桥下设置停车场及配套服务设施，提高了整体使用效率。新建高铁站通风防疫系统，在空调系统增设消杀模块，将气流组织与空气消杀相结合，确保旅客安心出行。此外，西站站房及相关工程在隔热、采光、空间利用等方面都兼顾智能、绿色。

1）站城融合

杭州西站枢纽“站城融合”的设计理念，将车站与城市空间紧密融合，高铁站的交通功能与城市公共服务功能有机衔接、互联互通。

在高强度的一体化开发下，通过“站场拉开”“站场抬高”“多维交通”复合型开发，弱化了车场对城市交通阻隔和空间隔离，平衡铁路客站“交通—场所”关系，更好匹配公众出行需求，使多方主体共享城市立体空间的经济效益和开发价值（图 2.1.3-59）。

图 2.1.3-59 杭州西站枢纽剖面图

在站房下部引入自然光线，形成贯通多层、视线可达性较好的贯通空间，中央进站又更有效提高旅客进站效率；设置线下进站、换乘夹层及停车夹层等复合功能组合；再结合四个象限综合开发垂直交通空间，从地下到屋顶都能够步行联通，实现站与城、城与城多维度立体化联系。不仅如此，西站枢纽还设置云门、云谷空间，综合开发，在站区打造区域节点，为旅客，也为市民提供丰富的服务共享场所，衔接站和城（图 2.1.3-60）。

图 2.1.3-60 云门效果图

2）改善建筑自然采光、通风措施

杭州西站枢纽两场站场中部由地下层至高架层贯通拉开形成了极具特色的“云谷”（图 2.1.3-61）。

“云谷”将湖杭场与杭临绩场天然分割，同时也成为贯通空间和中央进站空间，两端设计对开敞，作为上下贯通的采光通廊，将自然光线和景观引入室内。

“云谷”不仅大幅改善了室内自然通风采光条件、丰富了室内空间效果，还增加了地面广场层、站台层与候车厅的联系。目前，“云谷”设计还提交了实用新型专利申请。

图 2.1.3-61　云谷效果图

对于地下空间和站台，又通过设置下沉庭院、上方通风口，引入自然采光，促进自然通风，提升旅客的舒适度（图 2.1.3-62）。

图 2.1.3-62　下沉庭院效果图

3）开放共享空间

开放的建筑将为公众打造开放的绿色生活。杭州西站枢纽把单一交通集散空间转变为人能够停留、愿意停留、有活力、有温度的场所空间。

一方面，西站枢纽构建空中景观慢行道（图 2.1.3-63），实现了站房、上盖开发、南北城市综合体之间的紧密通连，大限度减少步行距离，又营造了多层次的观景休闲空间，为公众带来生活、工作方面的便利和舒适；另一方面，它首创利用两场拉开的夹心地设置景观绿化，桥下设置停车场及配套服务设施，提高了整体使用效率。

图 2.1.3-63　空中步道效果图

4）站台板空间利用

杭州西站枢纽创新性地在站台下管廊内设置上水、卸污系统，方便设备维护管理的同时，操作人员还无行车风险，更安全，线间界面更整洁干净，提高了旅客的出行体验（图 2.1.3-64）。

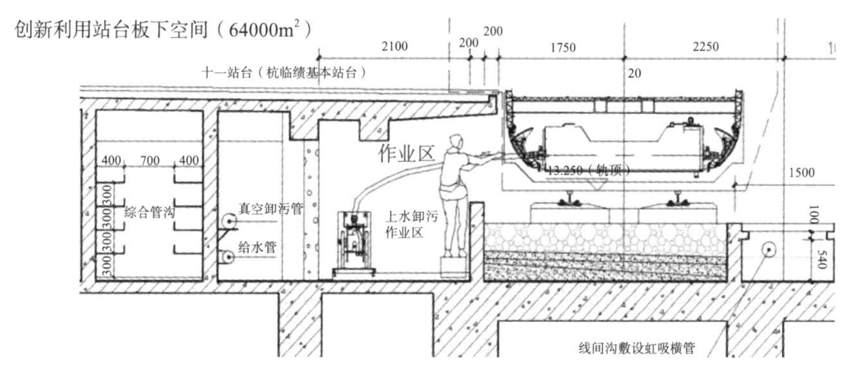

图 2.1.3-64　站台板下空间示意

5）智能电动开启扇

建筑物内的空气流通，最直接的是受到窗口大小的影响，需要进行科学设计。西站枢纽配备的智能电动开启扇（图 2.1.3-65），外窗可开启面积比例在 35% 以上，玻璃幕墙可开启面积在 10% 以上，室内能获得良好的通风效果。

它还更进一步，通过室内外感应器实时监测开启扇处的风力、风向、雨量、温度、湿度、PM2.5、噪声等数据，通过智能化系统分析，实时控制该区域开启扇的开启关闭及适宜的开启角度。还可接入车站 FAS、BAS 系统以及车站智慧中脑系统，实现智能化的消防排烟及日常自然通风功能。

6）智能遮阳百叶

建筑遮阳尤其是建筑外遮阳，对于建筑的保温隔热、装饰调光、环保节能具有十分重要的意义。

西站东西立面选用智能遮阳百叶系统（图 2.1.3-66），能实现动态阳光追踪降耗控制、室内光线恒照度控制、遮阳灯光联动控制、十年气象数据基础控制、实时气象数据控制、遮阳百叶位置动平齐校正、自由分区控制兼容消防联动，也可接入车站 FAS、BAS 系统以及车站智慧中脑系统，实现智能化的遮阳功能。

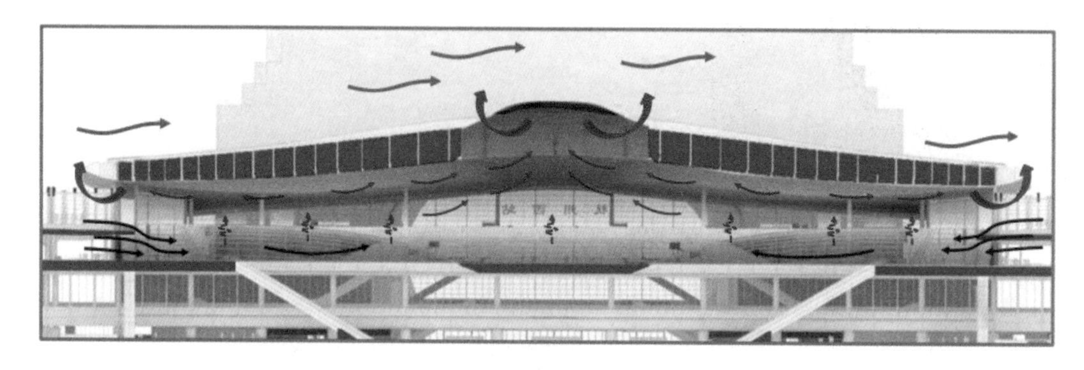

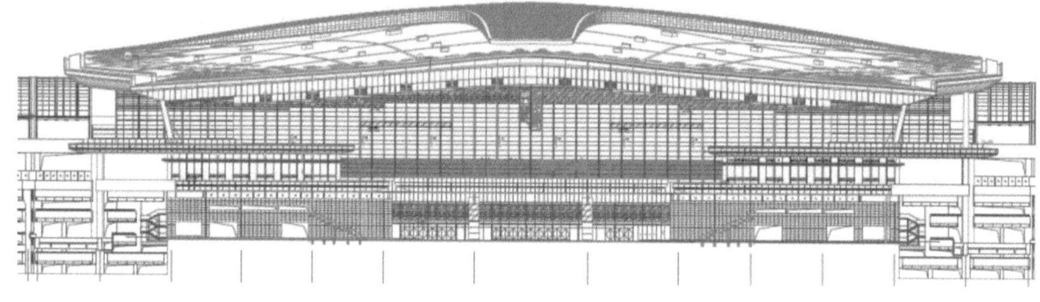

图 2.1.3-65　智能电动开启扇示意

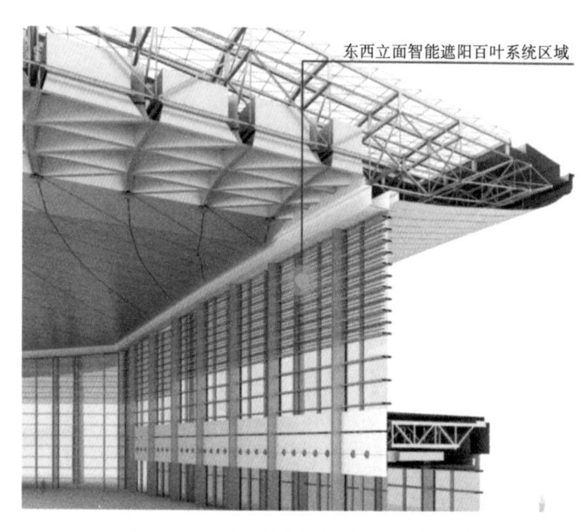

图 2.1.3-66　智能遮阳百叶系统示意

7）反射型辐射制冷膜技术

杭州西站屋顶外表面采用一种高效反射新材料—辐射制冷膜（图 2.1.3-67、图 2.1.3-68），将屋面的热量反射到空中，减少室外热量传到室内，同时能够提升金属屋面系统的抗腐蚀能力，提高金属屋面的使用年限。

该技术主要原理是利用红外辐射，将热量通过特定波段（8 ~ 13μm 波长）的红外电磁波反射至大气层，是建筑屋面节能技术的有效创新。数据显示采用辐射制冷膜，可实现整体空调系统综合年节能率约 35%～45%，电力需求削峰比约 60%。

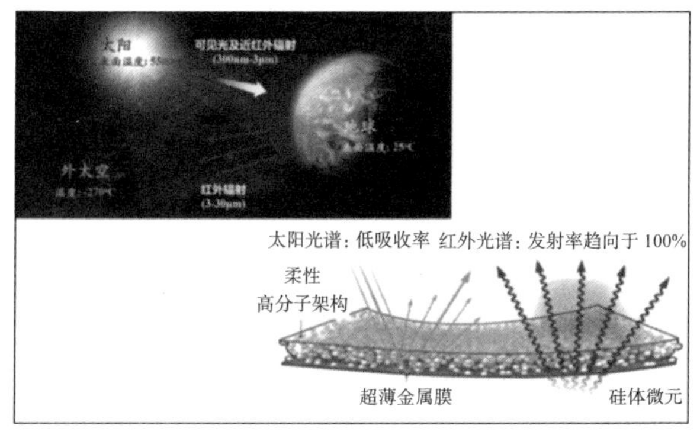

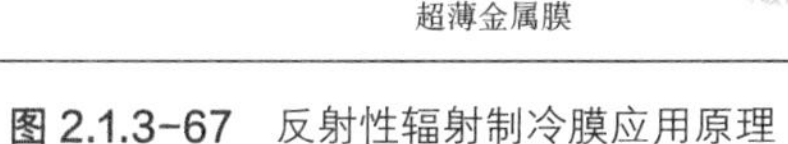

图 2.1.3-67　反射性辐射制冷膜应用原理

图 2.1.3-68　反射性辐射制冷膜现场安装

8）防疫应急通风系统

杭州西站枢纽新建高铁站通风防疫系统，在空调系统增设消杀模块，重点区域还因地制宜的“区块化”通风，将气流组织与空气消杀相结合，确保人民群众舒心出行、放心出行、安心出行（图 2.1.3-69）。

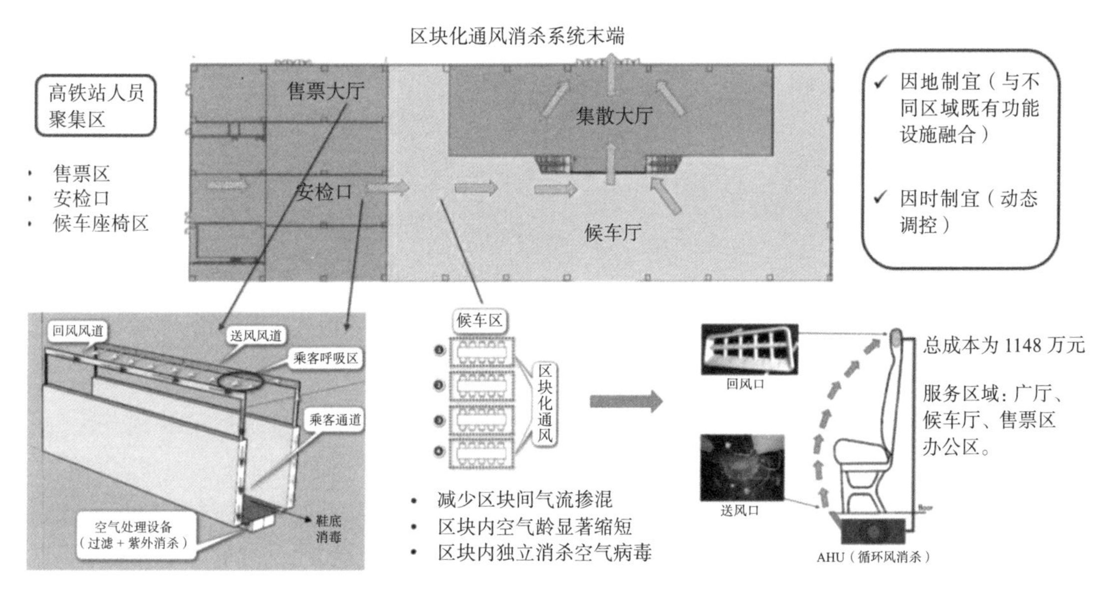

图 2.1.3-69　区块化通风消杀系统末端示意

9）屋面光伏板设计

杭州西站设计光伏发电板面积 1.5 万 m^2，共 7540 块 400Wp 单晶硅光伏组件，采用“自发自用、余电上网”的并网模式（图 2.1.3-70）。建成后，预计年均发电量达 231 万 kW·h，每年可节约标准煤 830 余吨，减少二氧化碳排放量 2300 余吨。

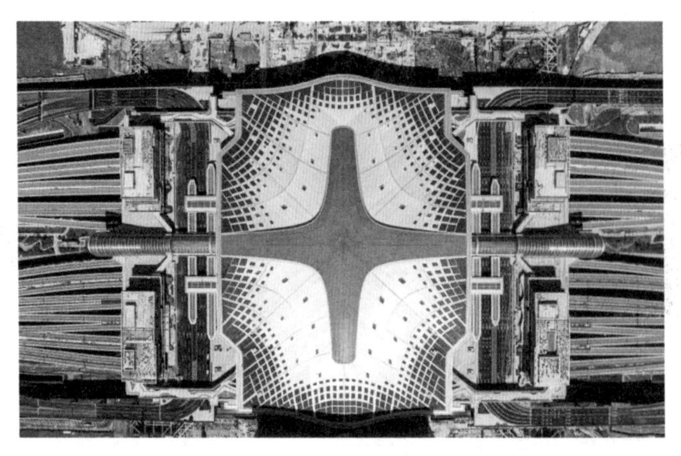

图 2.1.3-70　屋面光伏板实景图

2.2　信息技术管理与应用

为实现高质量的信息化管理，在 BIM+ 技术的支持下，应加快推进多源数据协同，包含不限于设计到施工的协同、施工阶段数据协同及施工到运维的协同，整合上下游数据资源，建立各阶段协同机制；应加快提升全面深化设计水平，包含不限于钢结构、幕墙、砌筑工程、机电管线及装饰装修深化设计，为进一步指导施工提供依据；应提前实施虚拟建造模拟，包含不限于施工组织、4D 进度、施工工艺等三维模拟，强化虚拟预拼装应用，保障工厂零返工；应加快打造构件数字加工，包含不限于钢结构、幕墙、机电、钢筋等构件的数字加工生产，提高场外预制加工效率、构件质量，加快施工工期；应加快构建全生命期管理模式，包含不限于钢结构、幕墙、PC 及机电等专业，打破信息孤岛，提高生产信息可追溯性；应激励数据智能分析应用，包含不限于空间、力学、能耗、碳排放等分析，推动项目全生命期数字资产在生产管理维度下的整合与应用。

2.2.1　多源数据协同

多源数据协同是基于信息管理平台进行的，铁路客站建造信息内容的缺损、丢失、过载以及传递过程的延误和信息获得成本过高等问题，严重阻碍了项目参与方之间的信息交流与传递，“信息孤岛”现象使得各方处于孤立的生产状态，多个主体的经验和知识难以有效集成。以工程数字化平台为核心的协同技术将打破建设行业的“信息孤岛”现象，以 BIM+GIS 模型为基础，通过服务集成，为项目各参与方、各专业提供信息共享、信息交换的空间，打破相互隔离的工作模式和合作关系，实现工程建造各主体之间的协同工作。

在设计—深化—生产—运输—现场施工—交验—运维等多个建造阶段中，数据协同主要可分为设计到施工的协同、施工阶段数据协同、施工到运维的协同。各阶段衔接紧密，协调难度大，工程数字化平台能够依托信息采集与集成技术，收集建造全过程数据，打通阶段之间信息流动，贯通数据传递链，实现横向、纵向之间的协同。另一方面，由于工程数字化平台连接了建造过程的多个主体，在前期设计阶段、施工深化阶段，就能促使施工人员乃至用户参与到设计中进行互动完善设计，实现多主体协同（图 2.2.1-1）。

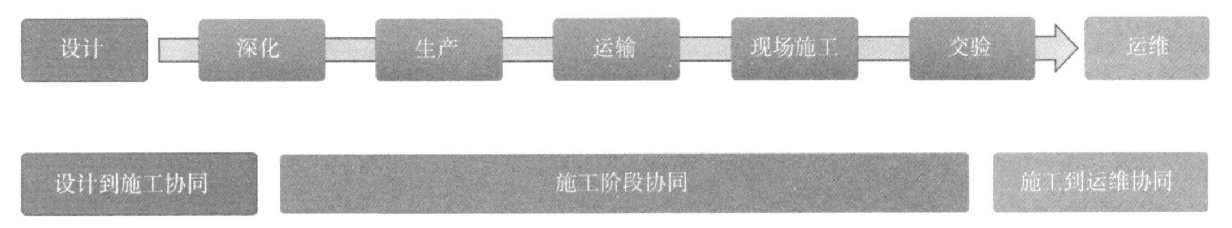

图 2.2.1-1　多源数据协同范围

多主体的协同，主要包括建设单位（业主）、咨询、设计、施工、供应商等，传统的业主—咨询—设计—施工—供货的多层级纵向工程项目管理组织结构，实际上是一种单向、线型的价值链。工程数字化平台的建立使参建各方打破原有的协同方式，转向以数字平台为中心，加强了信息的流通能力，使建造服务交易、运行、管理更透明，减少中间环节，缩短价值链，并基于数字化协同的方式，对建设过程中的数据资源进行充分整合，以高效科学的协同方式吸引不同的参与主体，打破传统的企业边界，缩短各主体间的距离，满足建设项目个性化的需求，最终实现多主体的共赢（图 2.2.1-2）。

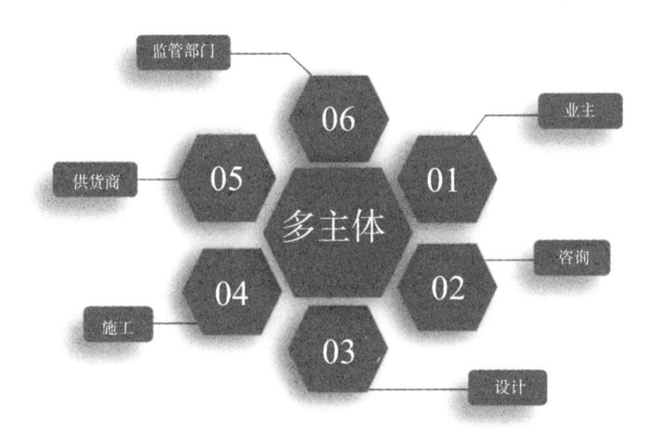

图 2.2.1-2　多主体协同

随着 BIM 技术应用范围和应用水平的不断提高，基于 BIM 三维模型所承载建设信息数据势必愈加庞大，高效实现数据的传递、集成、协同，让数据真正产生价值，是当前紧迫需要解决的问题，而发挥数据价值的根本需求是加快推进多源数据协同建设。

1. 设计到施工的协同

为实现精品工程的质量目标，总包单位必须充分理解、掌握设计意图和设计要求，从设计到施工的协同作为掌握设计意图的核心保障，对实现精品工程的质量目标非常重要，建立科学、高效的协同方式，有利于保障良好的工程质量和施工进度，降低工程投资。

设计到施工的协同，传统上协作模式多是通过邮件或电话等方式进行简单的沟通，信息共享、技术交流效率不高。实现设计到施工之间科学、高效的资源协作和信息传递，数字化协同应运而生。数字化协同的核心思想是基于设计与施工协同的核心内容，通过计算机网络的协调和运作，将设计成果、变更诉求、沟通协作组织起来，打破时间和空间约束，共同完成设计到施工的信息传递，缩短信息传递周期，提高效率和品质（图 2.2.1-3）。

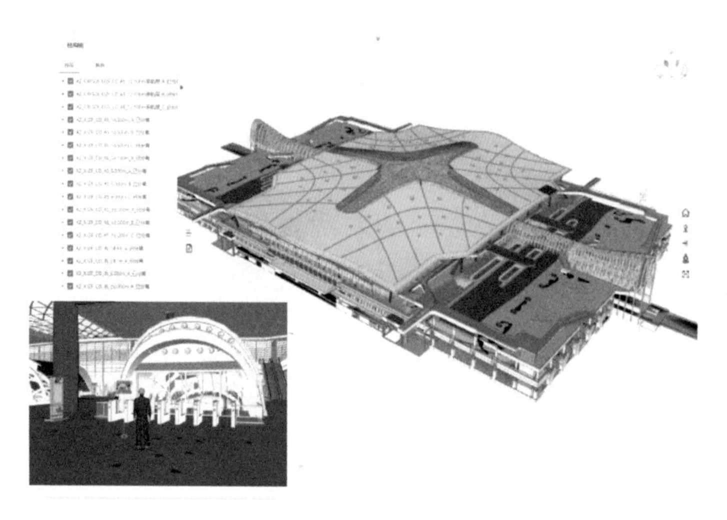

图 2.2.1-3 设计到施工的协同管理平台（杭州西站）

设计到施工的协同，主要包含设计阶段的图纸、模型等设计成果向施工阶段传递过程的协同，以及施工阶段反馈设计问题至设计方发起设计变更过程的协同。其中设计阶段的图纸、模型等设计成果向施工阶段传递过程的协同，应建立满足工程项目数据传递的数据传递标准，约束传递数据的格式、内容及流程。还应建立协同的方式，主要包括协同的流程、信息化工具及督促监管办法；其中施工阶段反馈设计问题至设计方发起设计变更过程的协同，应建立变更协同审批流程，建立施工变更的发起、审批及回复的协同方式与机制，以施工阶段 BIM 数据等成果的形成为结束节点（图 2.2.1-4）。

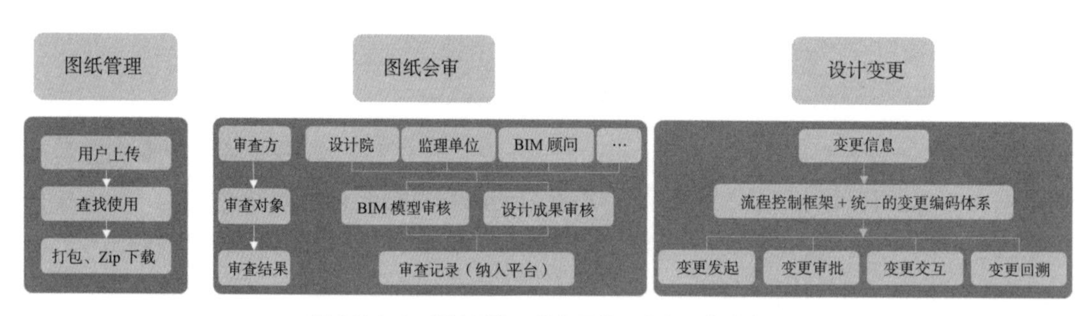

图 2.2.1-4 设计到施工的主要协同内容及传递流程

协同方主要由业主单位、咨询单位、设计单位、施工单位及监理单位构成，承担不同责任与分工。其具体的实现过程，主要依靠数字化协同制造平台来支持协同数据链的组织和运行。该协同平台是以提供设计图纸、设计模型等资源共享服务为主要功能的信息基础结构，可以是仅用于设计到施工阶段的数字化协同平台，也可以是多阶段协同的大型数字化协同平台。用户注册成为平台用户并登录后，即可作为不同参与角色进行协同工作的参与，按工程进度、职责及建设需求在协同平台上进行流程审批和沟通协作（图 2.2.1-5）。

图 2.2.1-5　基于 BIM 数字化平台的异地共享协同

2. 施工阶段数据协同

施工阶段数据协同主要是指基于施工阶段 BIM 模型，通过集合安全预警化、质量数据化、进度可视化等数据一体协同，使数据复合化、立体化，有效地支持施工生产决策的过程。

其中 BIM 模型为核心的数据协同应包含各专业 BIM 模型建模工具的数据协同，例如建立 Autodesk、Catia 等建模数据的交互、集成协同；模型构件编码原则、项目位置等信息的统一等。该阶段应建立 BIM 模型创建与编码标准、BIM 模型数据交互标准；建立跨平台的数据协同管理，例如 BIM+GIS 数据的协同管理，实现实景建模数据与 BIM 模型的融合与集成（图 2.2.1-6）。

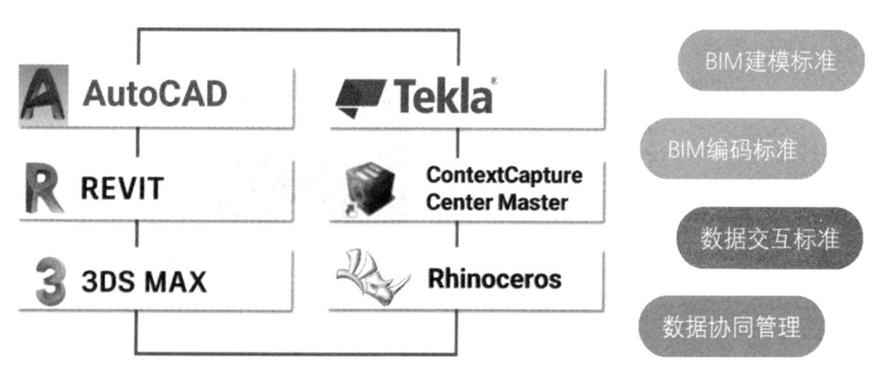

图 2.2.1-6　施工阶段建模软件数据交互与数据协同依据

在施工过程中，由不同专业的 BIM 建模人员，针对各专业 BIM 模型进行不断更新与完善，通过模型整合、碰撞检测等工作，有效地给各专业设计内容，对施工组织提出科学合理的指导意见及问题解决依据。基于 BIM 技术的专业协同相较传统模式节约 60% 的时间（图 2.2.1-7、图 2.2.1-8）。

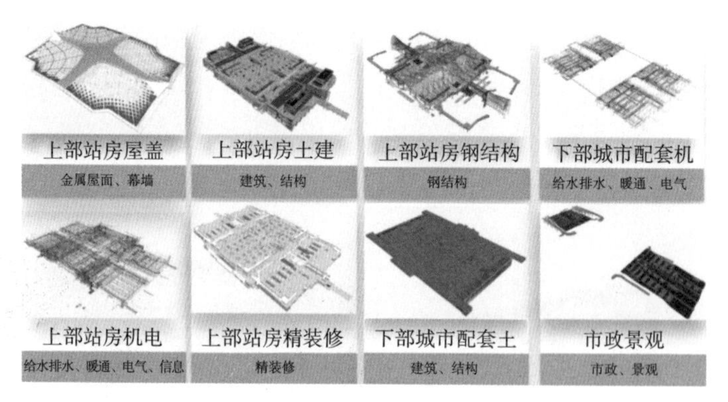

图 2.2.1-7　专业间 BIM 模型建制

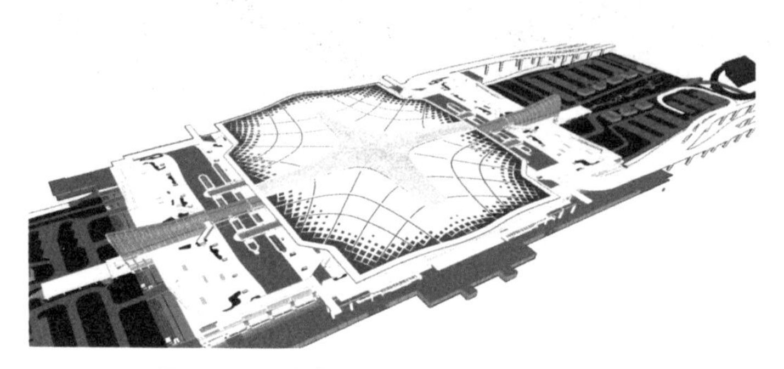

图 2.2.1-8　各专业 BIM 模型整合（杭州西站）

质量数据化协同，是新型智能化设备的应用，基于数据平台开展自动化数据监测与分析，为项目管理提供了一种新型质量管控手段，可通过手机端、电脑端进行质量问题隐患排查、日常巡检、月检、专项检查等。上报问题的检查、整改、消项，会自动整理形成检查台账，质量问题类型可修改，同时对接行业监管平台，满足质量监管要求（图 2.2.1-9）。

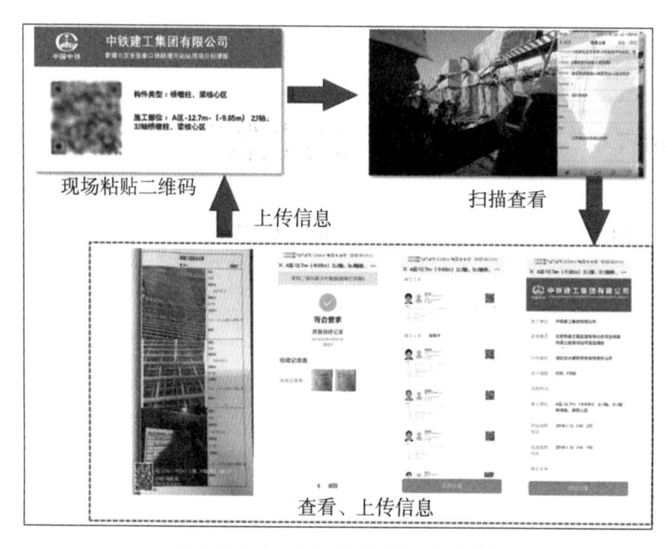

图 2.2.1-9　质量追溯系统应用示意

施工进度是否达到预期要求，是合同履约的重要内容。进度可视化协同可以帮助相关方清晰掌控施工进度情况，实现进度计划动态调整，提前预警，减少安全质量事故发生。施工现场的进度管理采用基于 BIM+GIS+IOT 技术的三维可视化方式，深度融合现场施工进度信息与数字平台，通过改变模型及构件几何或非几何信息、结合视频监控画面等方式直观表达现场实际施工进度，并做到计划进度与实际进度的对比分析。通过计划进度、实际进度的对比，进度系统定时定期检查任务完成情况，发生进度滞后时，向管理人员推送预警信息，进度滞后信息应包含滞后任务、任务计划及实际进度情况、责任人及联系方式等信息，进一步的，宜具备辅助或自动形成纠偏方案的能力，辅助管理人员作出科学决策（图 2.2.1-10）。

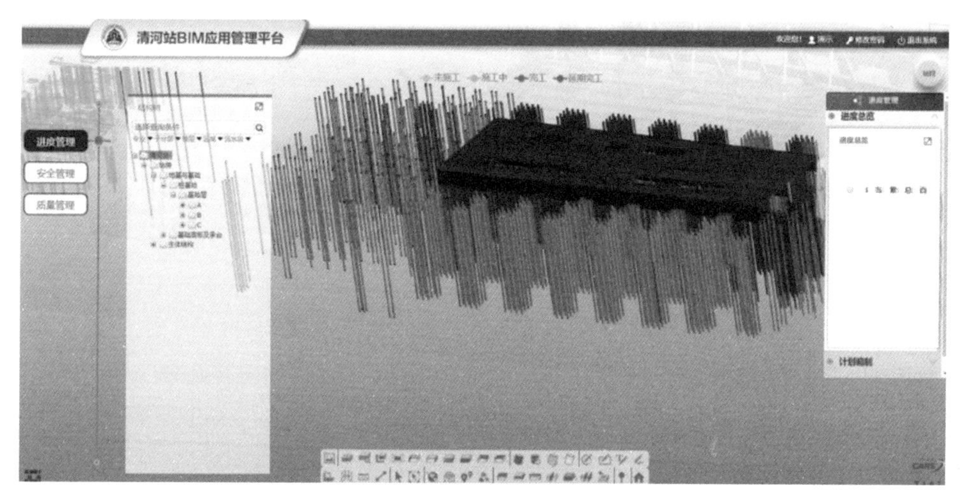

图 2.2.1-10　基于 BIM 技术的智慧施工进度管理平台界面

安全预警化数据协同相较于传统施工现场安全管理模式具备明显的优势。一是可实现实时监控，通过现场部署的大量智能终端和信号传感器，当监测到现场异常情况时，会第一时间发出警报，防止危险发生；二是预警准确，现场施工情况复杂，仅靠管理人员巡查很难发现隐蔽区域的隐患，而智慧工地监测终端可实现快速定位并进行准确预警，并且也能结合项目现场实际情况，动态调整预报警阈值，减少误报或系统“瞒报”；三是预警迅速，当系统监测到现场异常情况时，可通过可视化终端和现场声光报警终端等在极短时间内发出警报。基于智慧工地管控云平台系统的安全管理采用“1+N”的业务架构，即一个平台，N 个应用子系统（或子终端），通过各监测终端间平台通信，以及数据耦合，建立联动透明、全时全方位的在线预报警系统（图 2.2.1-11）。

3. 施工到运维的协同

施工到运维的协同主要包含满足运维信息要素的编码体系制定，基于该编码体系约束 BIM 模型拆分与组构，以及基于 BIM 模型由施工阶段向运维阶段传递编码、模型信息、施工生产信息等的数字化交付内容；宜建立由施工现场传感器、数字监管平台构成的结构健康监测体系，应对复杂结构的健康机制。

编码体系是由施工向运维传递数据的核心，也是追溯构件信息的基础，便于在运维

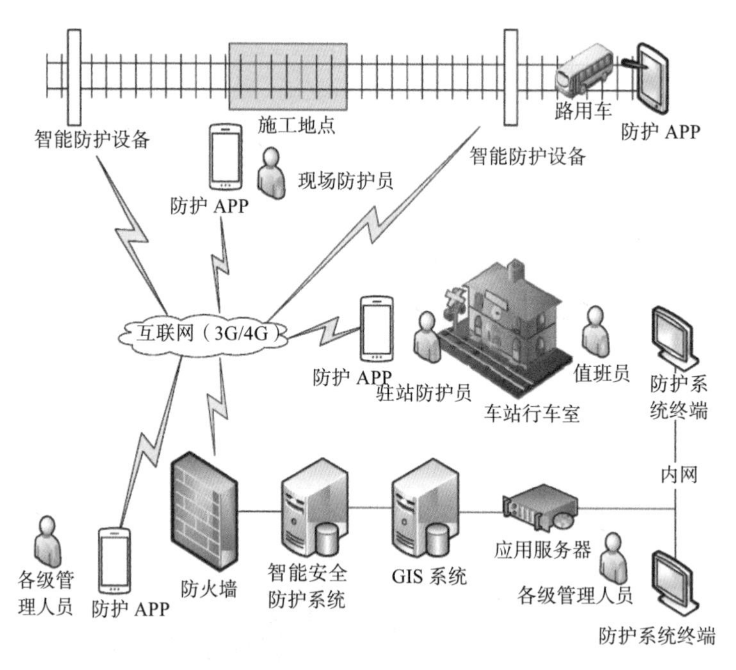

图 2.2.1-11　营业线施工智能管理系统示意图

阶段通过构件编码追溯部品部件净重、面积、规格、生产日期、批号、生产单位等信息，为运维管理提供决策依据。在编码体系的制定过程中，应明确编码范围，结合构件关键属性、工程实际信息等内容，规定编码中涉及的字段代码，记录每个代码的含义及覆盖区间，要求每一类代码全范围覆盖工程构件范围，为后续构件编码归类提供依据。

编码体系具备唯一性、可扩充性、简明性及可操作性，编码必须要具备唯一性，即一个代码唯一标识一个编码对象；编码可扩充性，即每编码一个新的构件，只需要把它按照一定特点放到相应层面的分类里，按顺序向下编码即可，同时，若需要增加构件新的特征描述，如两个构件同时满足所归类的编码，可增加通过流水号进行区分，并且对其他分类的编码没有影响；编码简明性，即编码结构应尽量简短，长度尽量短，以便节省机器存储空间和减少代码的差错率；编码可操作性，即编码应便于理解、识别、浏览和查询，编码应当按照一定的顺序排布（图 2.2.1-12）。

- 编码唯一性
- 编码可扩充性
- 编码简明性
- 编码可操作性

图 2.2.1-12　编码体系制定原则

数字化交付是实现数字孪生工厂的直接途径，也是未来实现建筑业与元宇宙结合的基石。数字化交付的主要内容包括数据、文档、三维模型，其中数据部分，指的是建设全过程积累的有效数据，包括建设、咨询、设计、施工、监理各方，以及供货商、专业检测机构等等，数字化交付就是整合、统一、筛选运维所需要的数据，重新组织并正确地加载到交付系统；文档则是建设全过程中有效的图纸、施工方案、图片、签证、合格证、维护说明等，以指定格式加载到交付系统；三维模型指全过程中有效的BIM模型，应涵盖建筑、结构、电气、管道、设备仪表等模型，模型构件应拥有准确的物理尺寸信息及必要属性信息（图2.2.1-13）。

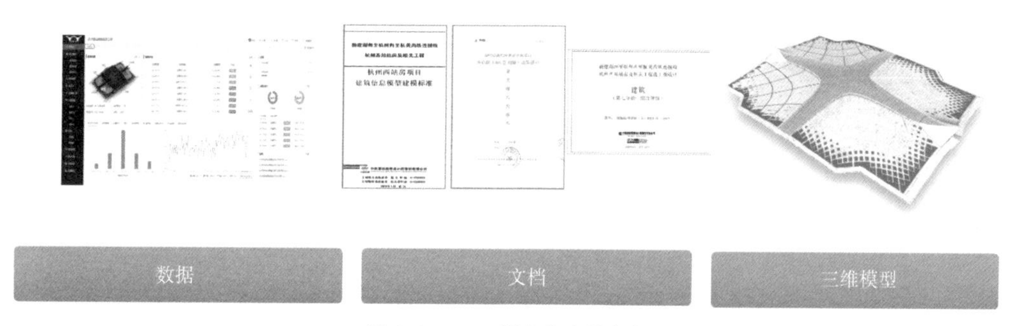

图 2.2.1-13　数字化交付内容

结构健康监测是智慧运维的重要组成部分。高铁站房属于重要的大型公共建筑，人流密集，公众关注度高。为保证车站结构的安全性、耐久性和使用性，对车站重点受力区域的关键构件，进行持续的应力、变形等的监测，掌握其各阶段的安全状况，对结构性能进行检查、评估，预测结构的性能变化和剩余寿命并做出适时维护，对提高结构的运营效率和延长建筑物的寿命，保障结构的安全非常必要。

结构健康监测系统主要包括数据采集与传输子系统、数据管理与分析子系统和安全预警与评估子系统、用户界面交互系统等，核心是实现在线预警和离线综合评估。通过基于BIM架构的可视化软件组件，向监控现场工作人员和授权客户端用户提供友好的人机交互界面，实现便捷的系统控制，以图形、表格、文字等多种方式展示数据信息，查询监测数据和在线分析，远程信息发布与共享，确保建筑安全和人民生命财产安全，降低维护费用（图2.2.1-14）。

4. 运维阶段数据协同

铁路站房运维阶段主要涉及行车转运室、旅客候车室、旅客站台、站台雨棚的维护以及附属的给水排水设备、电气照明设备、供暖设备、空调通风设备、电梯设备、消防设备、发电设备等的维修保养，确保这些功能各异、专业繁杂的系统和设备正常运行，实现数据协同共享，对于建设智慧车站具有重要意义。

站房设备管理单位主要包括国铁集团房建主管部门、各铁路局房建主管部门、房产管理所、房产建筑段等。铁路站房运维管理工作包括站房的大修、维修、技术、质量、安全及使用管理。通过BIM协同平台对各系统的集成和数据分析，能够很好地解决传统铁路站房运维管理中出现的问题，包括可视化水平不高、信息集成化程度低、部门间缺乏协同、专业性管理人才缺乏、管理过程中的主动性不足等问题。

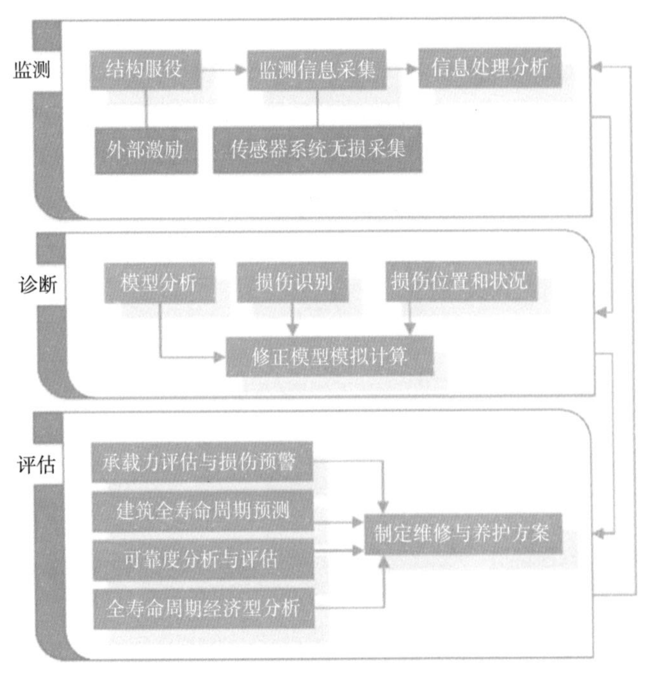

图 2.2.1-14　结构健康监测技术原理图

（1）运维管理中应用 BIM 的技术路线（图 2.2.1-15）

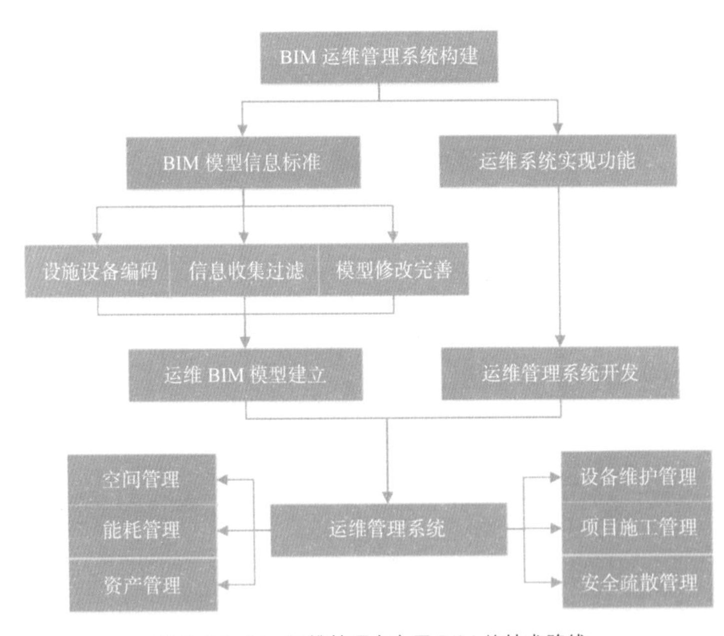

图 2.2.1-15　运维管理中应用 BIM 的技术路线

模型管理功能：基于 BIM 的模型管理，BIM 技术可以实现在模型中的快速定位，通过对浏览方式、模型的精细度、观测方位的选择，以及对相关构件的属性显示来满足设施设备维护管理的要求，同时可以对模型界面中的资料进行信息的后期完善，使运维变得可视化。通过 BIM 技术还能够进行节能模拟、日照模拟、风向检测模拟，直接实现对建筑物的智能化管理。

信息管理功能：数据是 BIM 信息模型构建的基础，BIM 技术结合互联网技术，能够实现强大信息集成功能，通过各平台数据的导入，BIM 系统对运维阶段的动态信息与资料进行收集与管理，实现项目运维各参与方之间的信息共享、反馈以及各部门协同工作，基于 BIM 也能够实现远程信息交流，信息同步更新，为不同参与方、不同阶段提供协同的工作平台。

（2）基于 BIM 的运维管理应用框架（图 2.2.1-16）

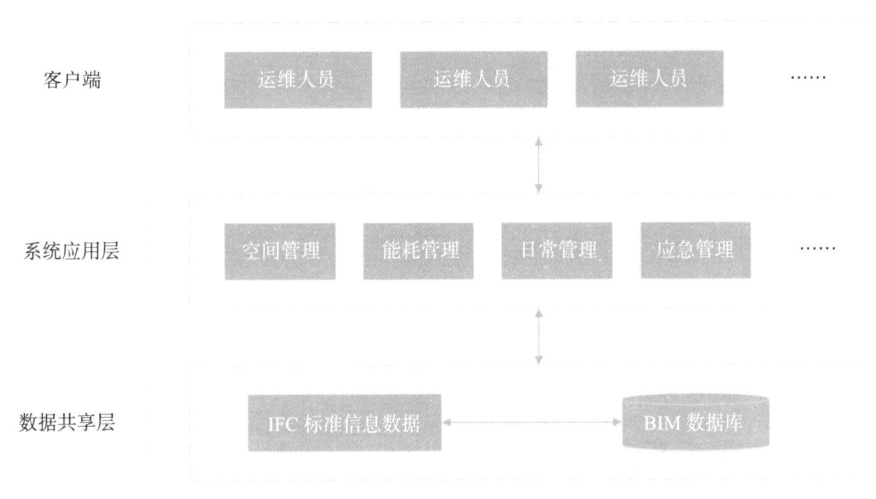

图 2.2.1-16 基于 BIM 的运维管理应用框架

数据共享层的主体是 BIM 运维数据库，运维数据库应包括深化设计和竣工交付的相关信息，以及各类设备在运维期内产生的状态、属性和过程信息，这些运维数据信息通过 BIM 数据库统一进行存储、读取和管理，数据共享层的目标是实现运维数据的集成和共享。

系统应用层建立在数据共享层的基础上，是各专业子系统的集成，反映了运维管理的不同应用需求，其中包括设备管理、日常管理、应急管理、空间管理和资产管理等。系统应用层的目的是面向不同的运维应用需求，提供相对应的运维管理应用。

在整体框架的最上层是客户端，其目的是允许不同权限的运维人员、管理人员或者利益相关方查看对应级别的数据信息或进行不同级别的管理操作。

5. 铁路客站多源数据协同应用

（1）杭州西站设计到施工的协同

杭州西站建设过程中，由建设单位主导，设计院牵头开发了一套设计 BIM 协同平台（图 2.2.1-17）用以整合各专业模型，同时兼做各阶段 BIM 模型交付平台，涵盖设计、施工、运维全生命周期。通过 BIM 技术对设计图纸进行校核，利用协同平台对设计问题进行追踪，实现设计图与深化设计阶段的协同，保证模型和图纸的一致性，提高设计品质及工作效率。

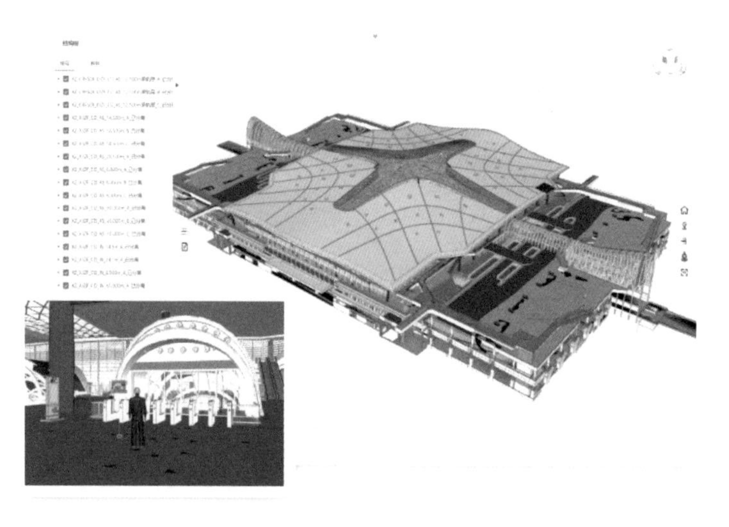

图 2.2.1-17　BIM 协同平台

为保证 BIM 技术的实施和落地。由建设单位牵头，铁路 BIM 联盟与设计院参照 ISO 19650 标准，以建筑模型中的信息管理为载体，共同规划制定了 BIM 执行计划，包括实施流程及模型协调等内容，从设计阶段全面介入 BIM 应用（图 2.2.1-18）。

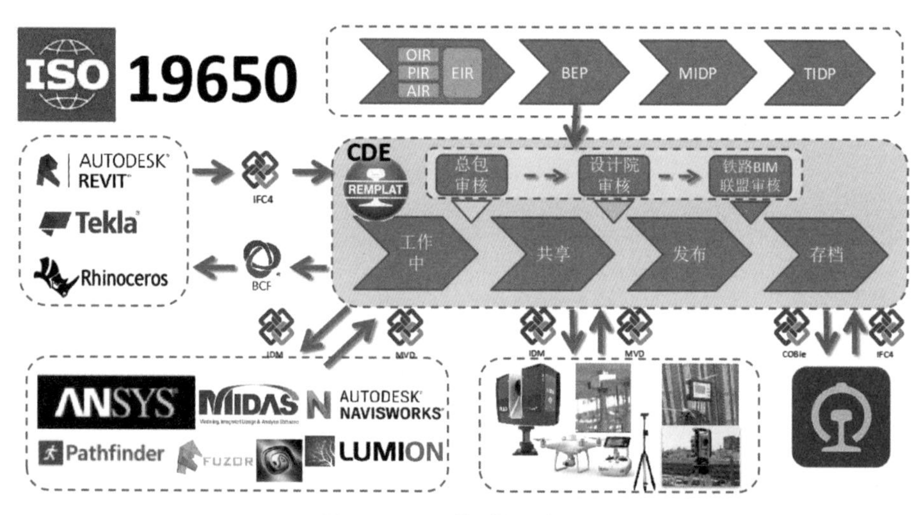

图 2.2.1-18　模型协调流程图

（2）雄安站施工图审查协同

雄安站工程 BIM 模型的建立，是依据最新版设计施工图纸分专业建立工程的初始 BIM 模型（图 2.2.1-19），形成统一、规范化的整体 BIM 模型，将全部二维施工图纸的平面位置、竖向高度和原始信息三维化表达，将由线、符号定义的信息源集成到 BIM 模型中。管理人员可以通过 BIM 软件点击模型查看相应部位的设计信息，立体化的模型有利于管理人员对工程整体设计的理解，避免信息分散化保存，是一次信息集合的过程。

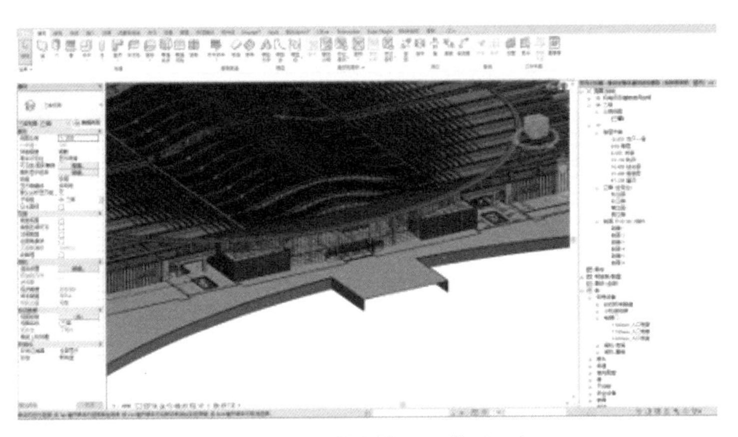

图 2.2.1-19　雄安站 BIM 模型示意

传统的图纸会审方式主要为单个专业管理人员对本专业图纸的有限审查，受制于施工经验和对规范的了解程度，很难短时间汇总所有专业的图纸信息，图纸会审的时效性和准确性无法保证，更多问题遗留到实际施工中进行处理，造成资源和工期的浪费，质量也容易存在缺陷，因此，在部署的 BIM 私有云计算平台架构下，各参建单位登录云计算平台，实时就 BIM 图纸会审需要的协同进行动态沟通，利用 BIM 技术所具有的问题可视化和碰撞检测功能，将问题和缺陷的发现交给 BIM 软件去实现，管理人员专注于问题的处理，大大提高了图纸会审的精度和效率，为精品工程的实现提供了技术保障（图 2.2.1-20）。

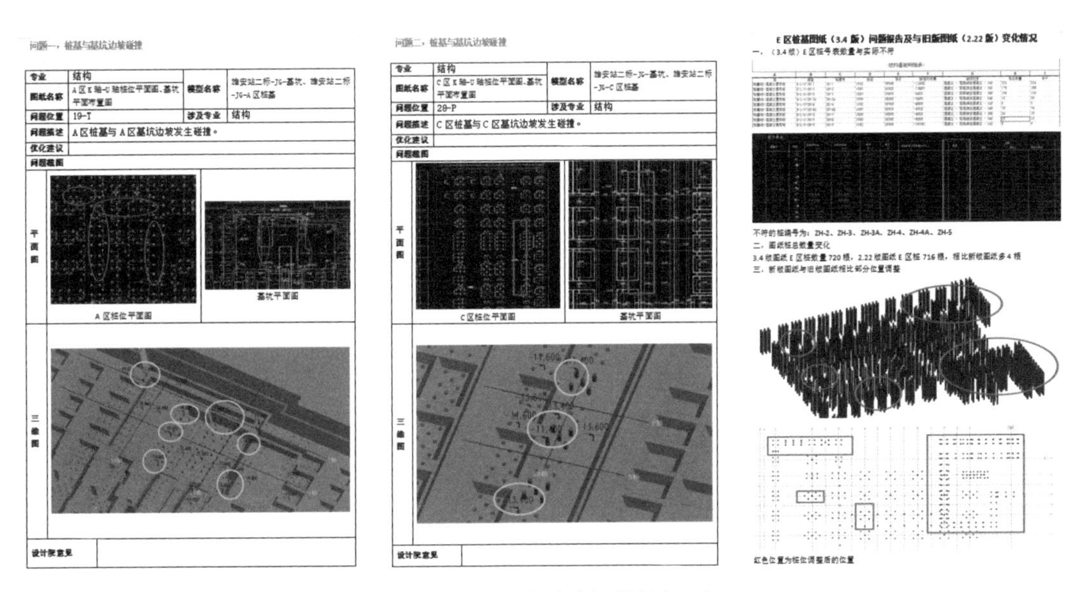

图 2.2.1-20　图纸会审问题报告示意

（3）丰台站深化设计协同

丰台站融合虚拟化、VPN、数据自动备份等技术，部署了私有 BIM 云协同平台，为各参与方提供便捷的原生 BIM 软件云操作环境，可在任一地点任一配置的计算机上进入内部 BIM 协同环境。同时基于域的内网文件夹权限精细分级与赋予，在满足 BIM 应用软硬件环境的同时，所有的 BIM 建模、文档传输、链接协同等均在封闭的虚拟网络中进行，相关成果和文档需要经管理人员审核后从指定途径拷出并做好自动备份，实现了虚拟成果与物理世界的软隔离，提升了数据安全和协同效率（图 2.2.1-21）。

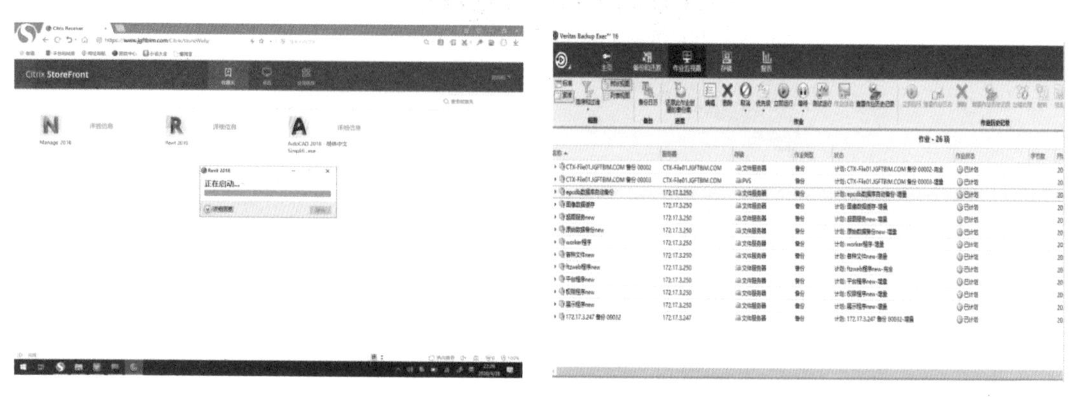

图 2.2.1-21　软件资源池及自动备份系统

云平台协同技术实现了“跨时间、跨空间、跨专业”的协同工作模式，可以在任何有网络的地方快速进入协同工作环境，减少沟通成本，降低信息壁垒，保障数据的唯一性和及时有效性，有效提高了工作效率（图 2.2.1-22）。

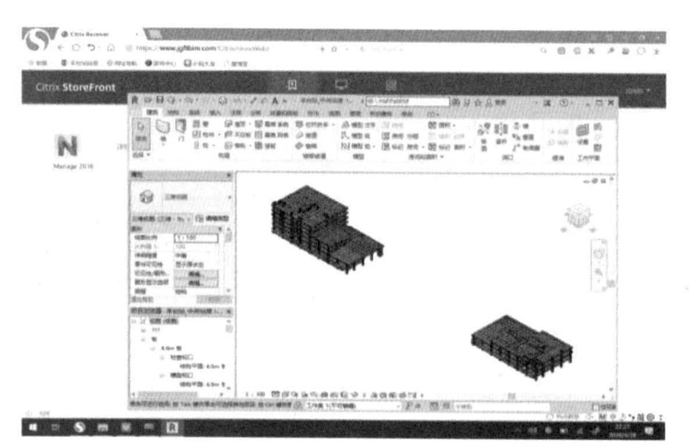

图 2.2.1-22　云端协同工作

云平台协同技术应用，是利用 Revit 的中心文件工作集、共享文件夹权限配置、云平台内单向考入、审核考出的权限设定，有效地保障成果文件的安全、准确。解决了传统工作中成果传递及时性差、协同工作效率低、成果文件权威性差等难题。

通过备份服务器，实现了对成果文件每日的系统自动备份，可以快速恢复误删的文件，可以回溯至上一版的成果文件，对于数据的追溯和安全至关重要。

（4）丰台站施工中的协同

在丰台站的施工过程中，项目针对结构的复杂节点建立了精细的 BIM 模型，针对墙体砌筑工程、机电管线等工程均进行了深化设计（图 2.2.1-23）。

在墙体砌筑深化环节上，对墙体进行了深入的建模，包括构造柱、圈梁、地梁、预留洞口等内容，确保深化内容符合规范、图集和其他专业之间的施工合理性，完成后通过软件生成相应的平面图和立面图，基于尺寸标注、标高标注的方式使BIM的三维深化又回到二维界面，降低了BIM使用效果；在机电安装专业中，对所有机电区域完整表达，开展三维管线综合，消除管线碰撞，预留好管线安装位置，但传统机电管综形成的成果多以平面图标注位置、剖面图标注标高和净空等二维方式，可视化多以三维画面截图为主，无法有效发挥BIM的信息检索与三维操作价值。

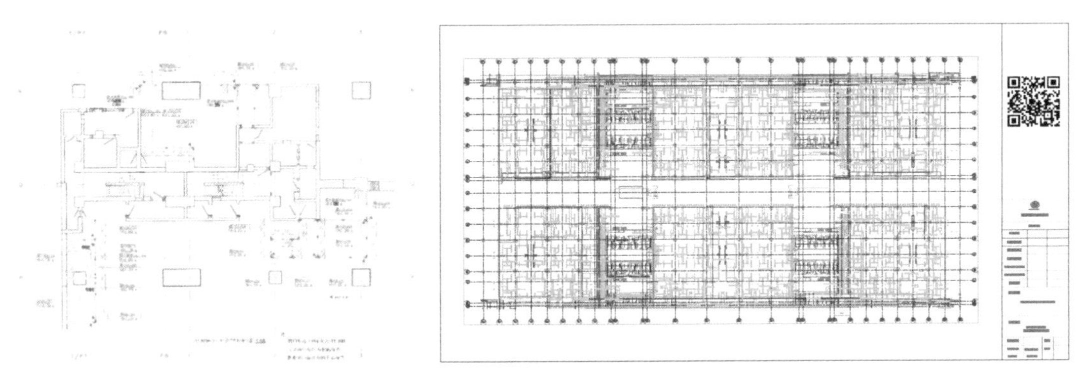

图 2.2.1-23　墙体砌筑及机电管线的深化

因此，在完成结构、砌筑、机电等部分深化模型后，采用传统建模软件上的插件，将BIM深化模型进行轻量化处理并同步到云平台中（图 2.2.1-24）。

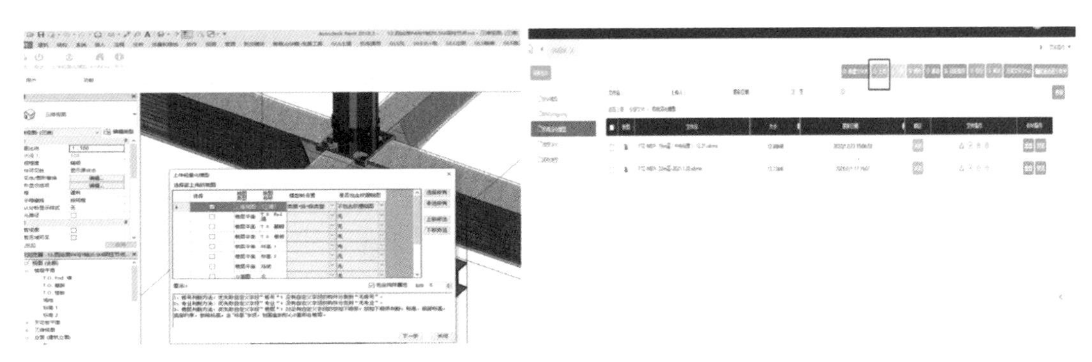

图 2.2.1-24　Revit 模型轻量化及轻量化云平台

为解决施工作业人员对深化图纸的解读困难，在轻量化云平台中输出包含轻量化模型二维码的图纸，管理人员可以通过扫描二维码查看对应的轻量化模型，而无需安装任何软件和插件，操作方便，运行流畅，大大提高了BIM进入施工现场的使用范围，便于现场施工作业人员对图纸意图的充分了解（图 2.2.1-25）。

BIM模型轻量化技术在丰台站建造过程中的完整应用，项目完成了48个复杂节点深化模型的整体轻量化处理，针对6万m^3砌筑墙体的预留洞口、圈梁、构造柱、砌体排砖等成果轻量化展现，生成了72组预留洞施工图纸，将40万m^2的机电管线综合分楼层、分区域进行整体轻量化成果展现，共生成 58 组机电模型轻量化成果，有力地支持了现场机电管线施工和过程质量检查。

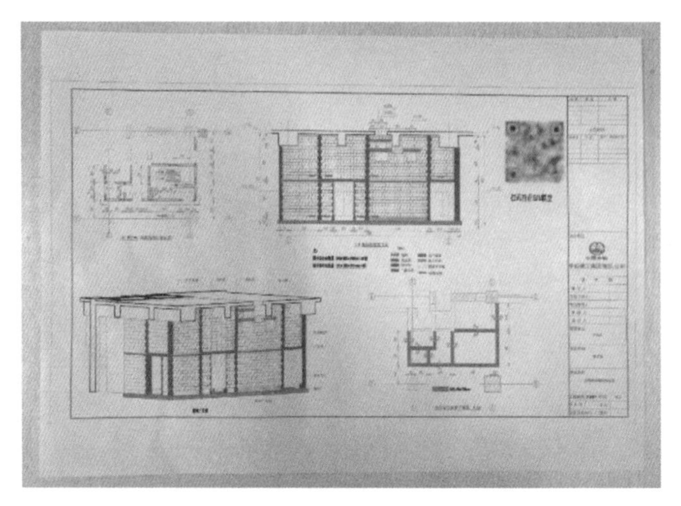

图 2.2.1-25　附加二维码的砌筑深化成果

（5）杭州西站施工到运维的协同

杭州西站根据业主实际运营要求提供站房项目信息模型，由智能化单位将项目信息模型转化为资产信息模型导入到客站建筑设备管理系统（BMS）中，接入杭州西站智能化管理系统，提供智能管控、集成数据展示等服务（图 2.2.1-26）。

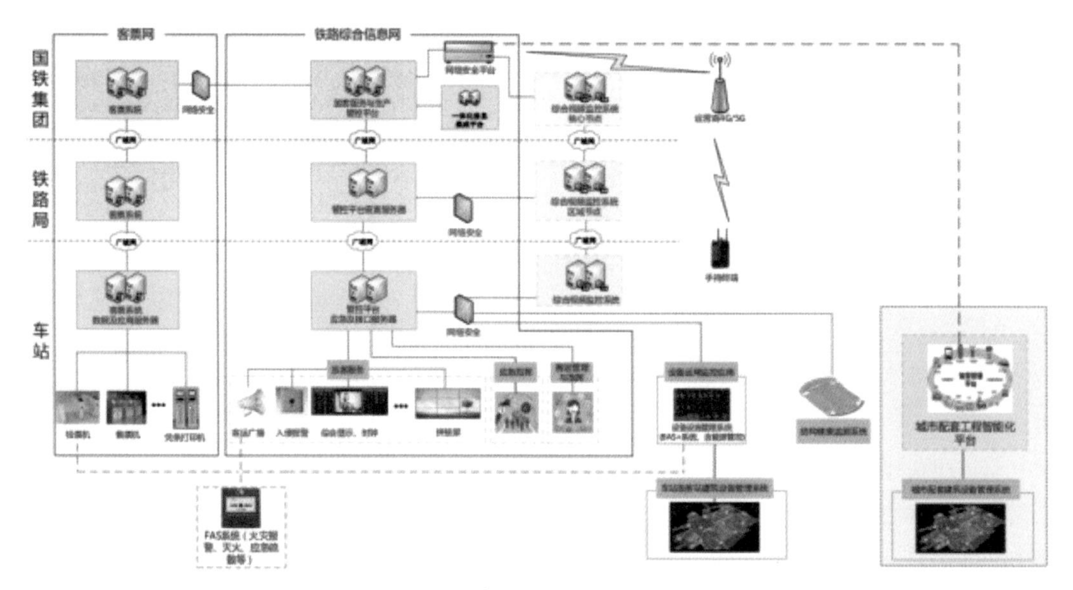

图 2.2.1-26　杭州西站车站智能化系统图

同时系统将提供数据开放接口与杭州城市智慧化政务平台进行对接协同，互相赋能，为站域枢纽管理运营、城域公众出行和商业应用等提供综合服务（图 2.2.1-27）。

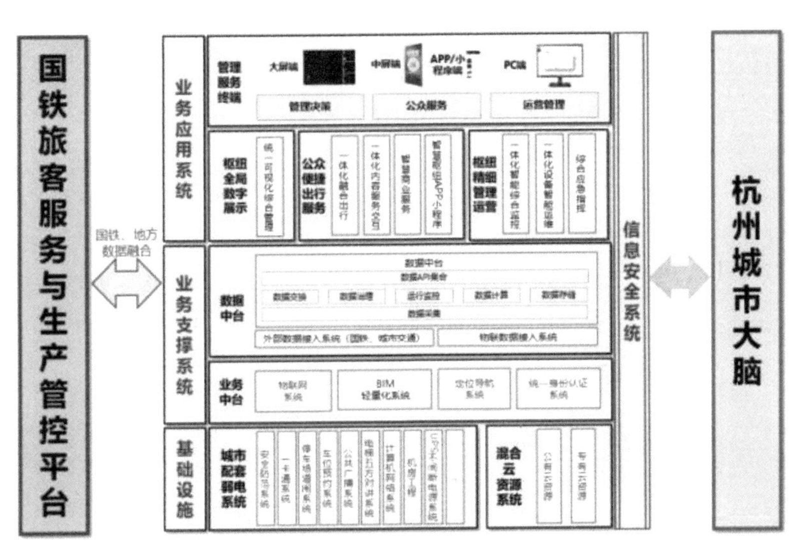

图 2.2.1-27　杭州西站城市配套信息系统图

（6）雄安站施工到运维的协同

雄安站建设中提出基于 AI 视觉定位技术的 AR 实景导航方案，旅客只需对站内的标识二维码进行扫描即可进行导航。AR 导航区别已有的蓝牙等技术，无需硬件支持，基于场内数字化地图空间，可在实景导览画面中叠加未来虚拟场景，形成基于雄安高铁站的数字孪生空间（图 2.2.1-28）。

AR 实景导航（AugmentedReality Navigation，增强现实导航）是一种创新的地图导航方式，其基于摄像头实时捕捉的真实画面，结合地图导航引导信息以及视觉 AI 识别场景目标，生成虚拟的 3D 导航指引模型，融合叠加呈现到真实画面上，创建出更直观的导航体验。从真实世界出发，经过数字成像，然后系统通过影像数据和传感器数据一起对三维世界进行感知理解，同时得到对三维交互的理解，3D 交互理解的目的是告知系统要"增强"的内容。

旅客可通过 AR 实景导航系统在车站内实现高精度室内定位，可轻松、有效解决大众在大型公共空间易迷路，室内导航误差大等难题，让公众出行更加便捷。同时可在 AR 实景中以 3D 模型形式展示路线指引、特情提示信息（比如防滑等提示）、重点设施等。

AR 实景导航系统设计时充分考虑未来功能的扩展性，系统可接入第三方获取信息并结合地图及导航进行相关业务功能展示、扩展。在后期 AR 实景导航系统可扩展到微信小程序平台，升级微信小程序平台后 AR 导航系统使用更加方便，用户满意度进一步提升。

同时支持雄安旅游信息展示工具，实现功能如：支持接入旅游、交通等信息进行跨平台联动，提升雄安新区各业务的关联性及用户黏度。

除常规运维服务外，针对 AR 实景导航系统提供视频补采更新服务，当站内出现较大面积装修、装饰变更时，将小范围采集现场最新实景照片、视频，根据最新实景素材更新实景模型。同时为提供后续运营阶段营销工具，实现功能如：系统可延展为品牌营销平台，成为运营方投放广告、为品牌方提供推广宣传的有效工具（图 2.2.1-29）。

图 2.2.1-28　现场实景

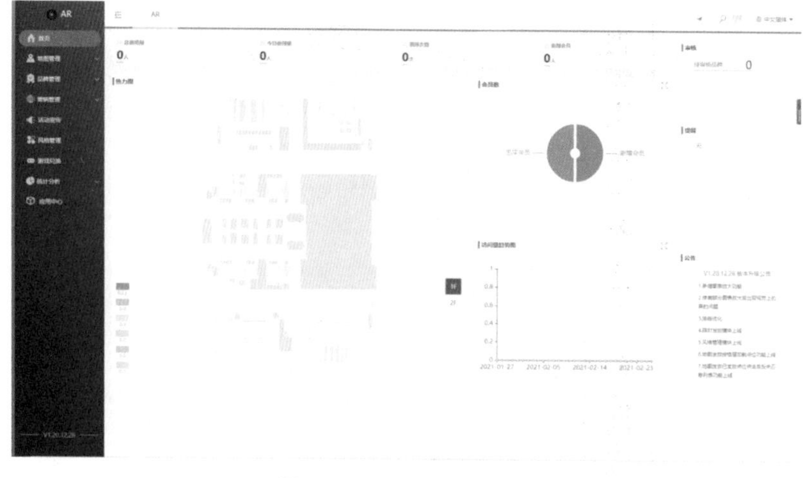

图 2.2.1-29　系统管理平台

（7）杭州西站钢结构监控监测

杭州西站针对钢结构工程建立了结构健康监测系统，将正式工程结构健康监测永临结合，根据施工工况增加测点保证施工安全性。主要监测内容包含位移监测、挠度监测、应力监测、加速度监测及不均匀沉降监测等（图 2.2.1-30）。

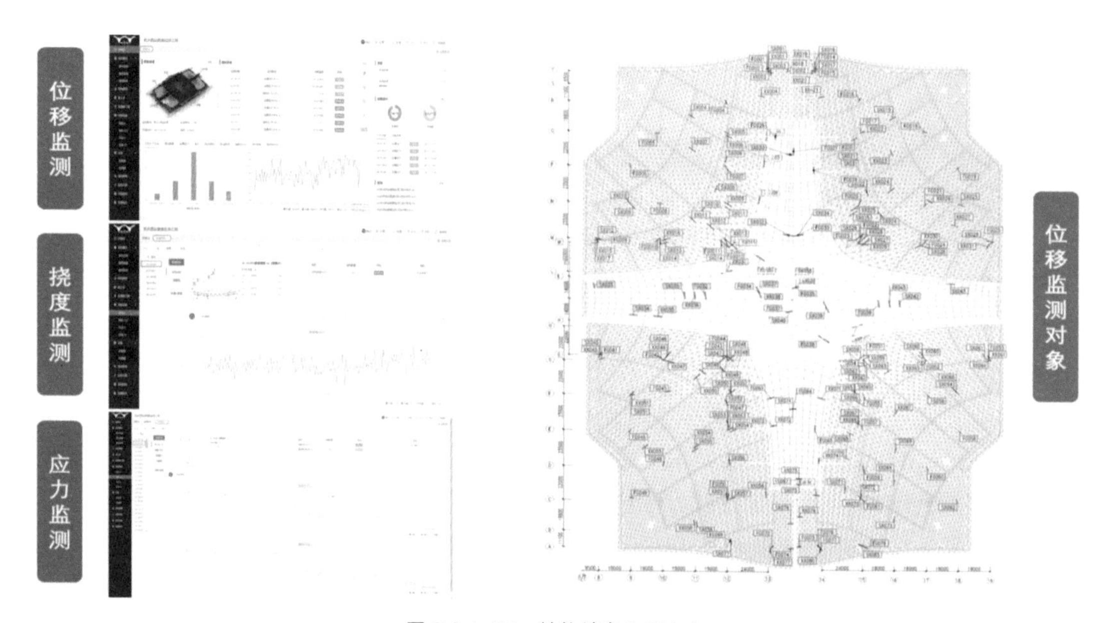

图 2.2.1-30　结构健康监测内容

2.2.2　全面深化设计

BIM 全面深化设计，主要包括基于 BIM 技术的钢结构深化设计、幕墙深化设计、砌筑工程深化设计、机电管线深化设计以及装饰装修深化设计。建筑施工中的钢结构深化设计、机电深化设计、砌筑工程深化设计、机电管线综合深化设计应采用 BIM 技术进行策划及实施。基于 BIM 模型的深化设计应进行全专业协同设计，从项目创建到模型建立、模型分析、模型优化、模型出图、图纸审核归档的全专业全过程协同中，利用模型浏览软件进行可视化，于多方案比选中发挥作用。建筑先行，全专业共同参与，减少专业间的技术壁垒，协作更为高效简单。站房项目空间复杂，造型丰富，各站都有其设计亮点和设计难点，现场实际要与深化设计相结合，要把现场真实情况反映到 BIM 模型，确保全专业 BIM 模型吻合后方可进行数据提取，反馈给资源组织方，避免返工。

1. 钢结构深化设计

钢结构深化设计主要包括 5 方面内容，对钢结构模型进行深化设计，对构件的构造节点予以完善。依据运输要求、吊装能力和安装条件，确定模型构件的分段。将构件的整体形式、梁柱的布置、构件中各零件的尺寸和要求、焊接工艺要求以及构件的连接方法等详细地反映到深化模型中，准确进行构件制作和安装。

（1）钢结构详图设计三维模型创建

首先，根据设计图纸建立结构实体模型；其次，依据设计和规范要求，综合考虑加工、安装、多专业协调等因素对杆件及节点做深化设计，建立三维模型；最后，对建好的模型进行“碰撞校核”，并由审核人员进行整体校核、审查，在施工前解决空间硬碰撞和操作实施的软碰撞问题。

（2）钢结构详图设计三维模型与其他专业的相互影响和相互协助

首先检查不同专业深化设计模型间的相互关联以及在施工空间上是否相互矛盾，如与幕墙专业、机电专业、土建专业或者与擦窗机、阻尼器等特殊装置之间的模型核模，检查相邻部位的碰撞情况，并在施工前加以解决。其次是各专业之间优势互补，如钢结构加工厂利用自身优势，在工厂预先制作幕墙专业、机电专业的连接构件，通过数据和模型对接，把现场的重点难点转移到工厂环节预先解决。

（3）主要节点和特殊节点的设计

包含通用节点、桁架节点和特殊节点设计，一级幕墙环梁支撑系统、滑移支座、塔冠特殊节点的设计等。

（4）基于设计三维模型的出图

基于设计模型，出施工图和加工图，包括设计分段方式、加工制作详图、预拼装图和用于现场安装精度控制的工厂标注方式和编号等。

对钢结构模型进行深化，对构件的构造节点予以完善。依据运输要求、吊装能力和安装条件，确定模型构件的分段。将构件的整体形式、梁柱的布置、构件中各零件的尺寸和要求、焊接工艺要求以及零件间的连接方法等详细地体现到深化模型中，准确进行构件制作和安装。

（5）钢结构全生命期管理

钢结构全生命期管理，是基于 BIM+GIS+IOT 技术，结合模型轻量化展示引擎，将现场管理、进度数据、现场物联网设备等多源数据进行整合，通过手机 App、二维码，实现信息数据共享和集成展示，充分体现施工方案模拟性、优化性和协调性，管理信息关联性和一致性，进度管理可视化等 BIM 应用特点。依据钢结构构件及构件焊缝编码体系，编制项目级钢结构构件编码、钢结构构件焊缝编码体系，使每个构件都有独立的编码，作为唯一的身份标识参与到构件设计直至最终验收的全过程管理；对高铁站房钢结构工程建设进行分析，开展钢结构全生命期 6S 管理平台研究，实现结构设计、深化设计、预制加工、物流运输、现场安装、结构交验的信息无缝传递，以及钢结构构件级别的可追溯性，做到项目管控重点内容的可视化、精细化，整体提升建造信息化水平。

钢结构全生命周期管理的核心应当包含钢结构构件及构件焊缝编码体系的建立、钢结构六阶段管理（以下简称 6S 管理）体系的建立。其中 6S 管理包括：设计阶段、深化设计阶段、预制加工阶段、物流运输阶段、现场安装阶段、竣工交验阶段（图 2.2.2-1、图 2.2.2-2）。

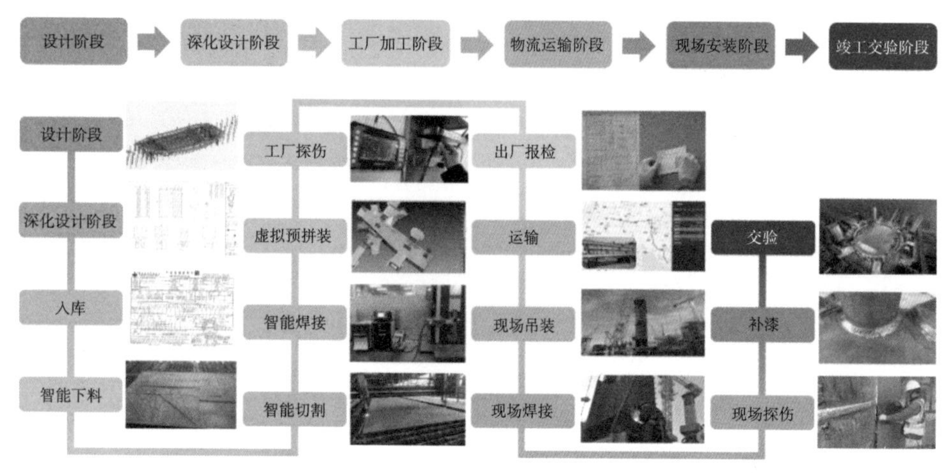

图 2.2.2-1　6S 管理流程

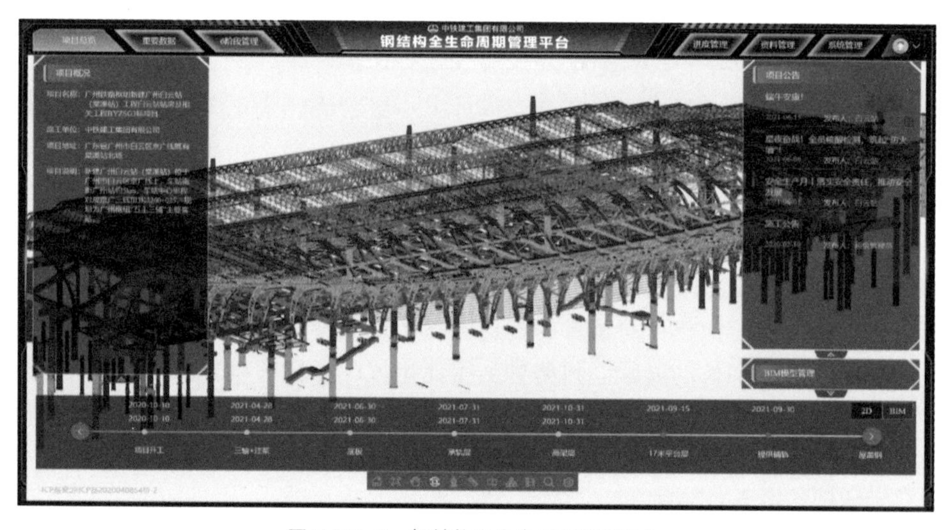

图 2.2.2-2　钢结构全生命周期管理平台

2. 幕墙深化设计

BIM 技术在幕墙行业中具有可视化优势，基于 BIM 技术的三维虚拟设计环境将设计信息、模拟信息快速地传递给项目协作伙伴，提高了协作方的沟通效率，减少了因设计失误返工带来的经济损失。可视化可用于幕墙边角、洞口、交界处、梁底收边等细部构造节点的设计交底。此外，通过可视化的展示，可以快速发现各专业之间的矛盾，有助于提高设计施工的质量。

幕墙深化设计是按照建筑设计效果和功能要求，在满足法律法规及现行规范的要求下，综合幕墙构造原理和方法、幕墙制造及加工技术等内容而进行的设计活动。BIM 技术可更好地提高建筑设计信息传达的可靠性，更合理地选择判定幕墙方案，深化设计出图等。幕墙深化设计主要内容主要包含以下 4 个方面：

（1）深化设计一体化

以信息化、数据化为基础的一体化深化设计理念，将施工全过程融合到一起，统筹考虑，保证现场施工的可实施性。在幕墙工程深化设计中，在模型检查及合模无误后，基于整体模型进行一体化深化设计。幕墙工程与其他各专业工程存在大量交接界面，一体化综合考虑的主要内容是以本专业涉及的收边、收口为基础，与设计单位和其他专业施工单位进行沟通，通过整体合模和细节的局部合模，解决存在的设计矛盾，一切以模型和数据说话，把存在的问题解决在现场施工之前，确保各分项在总体中的相对关系以及细部构造节点设计具有合理性和空间可操作性。

（2）设计变更快速响应

建筑工程专业众多，幕墙专业与其他专业存在彼此交织的复杂情况，往往一个专业的变更，会引起系列的变化，采用全局一体化的设计，可以利用模型的快速修改能力并结合参数化驱动能力，修正整体模型，快速解决图纸变更后的影响，保证深化设计过程的快速高效，让数据和信息发挥更重要的作用，达到事半功倍的效果。

（3）深化设计与现场数据、工厂数据的检查和循环

现场已施工完成的上道工序不可避免地具有施工误差和变形误差，需采集上道工序实际完成后的空间数据，合入模型，建立与现场实体相一致的模型，在此基础上，导出下料加工数据，用于加工制作，消灭上道工序误差。此外，幕墙材料加工制作过程中，也不可避免地带有加工误差，需采集加工后的材料数据信息，合入实体模型，查看匹配程度，最终保证设计模型的精确度，使得加工受控，保证材料到达现场后一次性成功安装。深化设计与现场数据、工厂数据的检查和循环，是深化设计管理功能的延伸，在复杂工程中得到成功运用。

（4）幕墙工程全生命周期管理

幕墙全生命周期管理，是通过制定幕墙构件及构件焊缝编码作为全过程管理唯一身份标识，采用 BIM 引擎技术，对幕墙构件进行轻量化处理及展示，研发幕墙全生命周期管理平台，主动抓取幕墙嵌板加工相关数据，利用 IOT 技术记录运输和安装等阶段信息，形成幕墙信息集成模型，打通幕墙数据的传递链条，实现建筑设计、深化设计、预制加工、运输、现场安装及幕墙交验的信息无缝传递，做到幕墙构件级的追溯管理，实现幕墙工程数字协同管理新模式。

幕墙全生命周期管理的核心应当包含幕墙嵌板构件编码体系的建立、幕墙六阶段管理体系的建立。其中幕墙六阶段管理体系覆盖了幕墙从设计、深化设计、工厂加工、物流运输、现场安装和幕墙交验六个阶段的精细化管理，并基于共性底层技术基础上拓展至幕墙进度、成本等的管理（图 2.2.2-3）。

图 2.2.2-3　幕墙全生命周期管理平台

3. 砌筑工程深化设计

利用 BIM 技术进行砌筑工程深化设计，主要有以下几个步骤：

（1）砌筑工程 BIM 模型建立

首先根据建筑结构图纸，利用 BIM 软件建立相应的建筑结构模型和相应族文件，并调整结构模型和建筑模型的相互冲突，解决好专业冲突。

（2）砌筑工程 BIM 模型碰撞检查

将初步优化后的机电管线模型和建筑结构模型进行组合，并利用 Navisworks、Fuzor 等软件进行建筑结构与机电管线的碰撞检查。根据碰撞检查的结果导出碰撞检查报告，按照规范和设计要求再次优化机电管线模型，对于机电无法调整的部分，可对砌筑工程柱、墙进行适当调整，以满足施工需要。

（3）砌筑工程墙体洞口预留

根据设计要求和现场实际施工情况，首先确定机电管线需要穿墙的位置，特别是一些需要先进行砌筑，再进行机电管线施工的位置。然后在组合模型上预留洞、槽。在保证管线安装不受影响的情况下，尽量减小墙体开洞尺寸，保证墙体的整体性。

（4）构造柱、圈梁、过梁等布置

在完成墙体的开洞开槽后，依据规范和设计要求，在模型中进行墙体构造柱、圈梁、过梁、压顶梁的布置，这也是砌筑工程深化设计的重点。构造柱的高度、宽度以及马牙槎进退尺寸、圈梁的布置高度、过梁锚入墙体的长度等在 CAD 平面图中难以表达的信息，在 BIM 模型中都能直观地表现。

墙体形状多变时，当墙布置完构造柱、圈梁和过梁等构造后，利用 BIM 软件进行排砖处理，以提高排砖效率和质量。特别是在与二次结构构造相连的位置，BIM 排砖模型能直观地体现出每面墙所用的砌块种类、砌块的砌筑方式以及砌块间的错缝搭接长度等，并可根据现场需要提取砂浆使用量和砌块的工程量。

（5）三维技术交底

经过 BIM 软件处理后砌筑设计模型，利用 Revit 软件直接导出平面图、任意位置的剖面图进行现场交底和指导施工。对于复杂节点，现场管理人员还可以利用手持设备打开模型进行三维技术交底，效果直观，真正实现所见即所得。

4. 机电管线综合深化设计

机电深化设计的主要任务是解决建筑、结构、装饰、机电内部各专业之间一级复杂部位管线交叉重叠和净高不足等问题，既要满足项目各专业的规范要求和技术需求，也要做到各专业管线系统的合理布置，为项目施工、运行、管理、维修以及管线与建筑物之间的空间关系协调创造有利条件。

机电管线综合深化设计，采用“3T”“6S”机电深化设计体系。

（1）“3T”管理体系

“3T”即三次深化设计阶段“Three Times”，指的是一个完整的机电深化设计过程通常要经过三个深化设计阶段，包括一次深化设计、二次深化设计和三次深化设计。

一次深化设计，即在工程主体施工前，根据现有施工图纸首先确定的一版深化设计方案。由于一次结构预留预埋质量不佳导致的剔槽、开洞甚至返工屡见不鲜，由此造成墙体渗水、封堵不严、机电安装困难。一次深化设计主要针对建筑主体的预留预埋，在工程前期，BIM 介入达不到一定深度，甚至图纸不全的情况下，根据现场实际情况，利用现有图纸充分与设计进行沟通，确定一个综合性的管线排布方案，通过 BIM 技术重点对穿越外墙、穿越剪力墙、穿越人防区或防火分区的主要管线进行排布，并用于指导现场预留预埋，保证主体施工顺利进行。

二次深化设计，即在工程主体具备条件，砌筑工程和机电安装即将进场前完成的第二版深化设计方案。这时的图纸版本已经基本稳定，不会再有大的设计变更。通过 BIM 技术，对所有公共区域、房间和设备机房的机电干线进行综合排布，为砌筑工程提供预留预埋图纸，为机电专业提供管线综合图纸，为大面积施工提供保障。

三次深化设计，即在机电干线基本完工，即将进入装饰装修阶段时的第三版深化设计方案。这时精装方案基本已经确定，精装图纸已经稳定，机电末端与精装修的配合将成为这一阶段 BIM 深化的重点。通过机电 BIM 模型与精装修模型配合，对机电末端点位进行定位，导出三次深化 BIM 图纸，用于指导现场施工。

（2）“6S”管理体系

“6S”即机电深化设计的 6 个步骤“Six Steps”，包括信息校对、图纸分析、节点方案、模型调整、模型审查和出图交底。

1）第一步：收集校对（Collection）

即对施工图纸、进度计划、技术要求以及施工过程中的设计变更进行收集，保证信息更新的及时性和所有参与者信息的一致性，避免出现信息不对等而造成的沟通障碍和低级错误。

2）第二步：图纸分析（Analysis）

对于收集到的变更，要及时校对与上一版本相比产生的主要变化，分析其应该采取怎样的措施才能将影响降至最小，将工作量降至最低。

3）第三步：节点方案（Scheme）

①方案编制：深化设计，宜先确定某一区域有哪些关键节点，然后针对这些关键节点进行管线综合排布，待方案确认后，再由几个节点拓展到整个区域，即“由点到面”。所以，节点的深化方案编制应为整体方案编制的重点。根据预先确定的深化设计原则，制定相应的深化设计标准，并按照标准要求对节点管线进行创建，并在整体原则的基础上按照最优的方案进行排布。

②方案内审：节点深化方案完成后，由BIM负责人召集各专业主管和专业分包，对节点方案进行审核，提出优化建议。深化人员应按照优化建议继续对深化方案进行完善，直至各方对方案无异议。

③方案外审：由建设单位主持，监理、设计、施工单位共同确认，确定方案的可行性，保证后续深化的进行和项目模型的流转使用。

4）第四步：模型调整（Readjustment）

以一个区域内的几个关键节点深化方案为样板，对模型进行调整，逐渐将深化范围延伸至整个区域。至此，本阶段模型深化基本结束。

5）第五步：模型审查（Check）

模型的审查应包含以下四个原则：

①合规性。规范建模是保证模型质量的基础。合规性检查的主要依据为本项目BIM实施标准，具体内容包括项目及构件命名规则；各个阶段建模的深度；确定模型拆分的规则；是否符合图集规范等。

②一致性。保证图纸与模型的一致性是建模最基本的内容之一。一致性主要包括：图模一致，保证模型中构件尺寸和位置的准确；保证模型中特殊空间定位标高准确；保证模型中构件的做法与图纸一致；保证交付文件格式与标准要求一致等。

③完整性。模型的完整性，更多的是在强调模型中构件的做法以及构件的一些参数信息是否录入完整，即模型精度和信息深度是否满足要求。如涉及后期有运维要求的机电设备，需要具备相应的技术参数和运维参数，以保证模型交付时的完整性。

④适用性。由于工程各阶段的需求不同，因此对模型的要求需根据阶段进行调整，如概念设计和初步设计阶段主要对模型的几何外观要求较高，而在深化设计阶段，模型非几何信息量会逐步加大，对于施工界面的划分、施工工艺的确定，以及深化后的模型碰撞和管线综合问题，都属于模型审核。

6）第六步：出图与交底（Print）

由深化设计模型导出可供施工使用的管线综合图纸，供现场工人使用。需要注意的是，目前国内施工单位技术交底的主要形式还是以口头、书面交底为主，面对日益复杂的施工工艺，传统的二维图纸配以文字叙述往往不能很好地将其表达清楚，导致工人理解出现偏差，现场施工时随意性较强，误差较大。可以采用二维图纸（包括平、立、剖、轴侧图）加三维模型相结合的交底模式，直观地对施工作业层进行交底，保证信息能够完整地传达至一线作业人员手中。

5. 装饰装修深化设计

铁路客站装饰装修工程是一项非常细致的工作，在操作过程中具有非常强的复杂性。

全面做好装饰装修工程施工管理，必须明确施工作业内容，正视施工难点，做好施工前的准备工作，编制可行的施工进度计划，正确采用四新技术，加强施工过程质量控制。在充分理解原设计意图的基础上，依照各专业的设计、施工规范，满足集中布置、横平竖直、整齐美观；充分考虑装饰控制标高，领会装饰设计意图，优化装饰方案。

（1）核模阶段

铁路客站从初步设计开始便开始建模，施工过程中对现场出现的变更不断进行更新，借助管理平台不断使初始模型更加精确，将初始模型移交施工单位后，由施工单位根据现场的实际情况再次进行核对，对存在的问题由设计单位进行确认，形成核模记录。

（2）模型细化阶段

该阶段由施工单位根据现场施工实际情况对模型颗粒度进行细化后，在原始设计模型中加入各专业阀门、部件及专业设备，同时将装修中的细部构件（如构造柱、天花配件等）加入到模型中，再次对铁路客站设备管线与装修构件进行碰撞检测，对碰撞构件调整后，形成三维模型图，同时通过三维模型图纸对铁路客站装修风格等形成合理化建议。

（3）孔洞预留施工阶段利用二维孔洞预留施工图

派专业技术人员对现场孔洞预留施工进行现场指导，提高装修孔洞预留的精度；同时对管线施工过程中的先后顺序进行现场指导交底，避免因施工顺序不当导致的返工。

6. 铁路客站全面深化设计应用

（1）白云站钢结构深化设计

白云站钢结构总重 11.8 万 t，造型多样，除了结构钢管柱和钢梁外，还有三维曲面造型的钢结构屋面，包含南北侧波浪形“彩带”和东西侧光谷“花瓣”，其中屋面桁架最大跨度 64m，花瓣悬臂梁最大悬挑 28m，大体量和复杂结构是本工程施工的重难点，施工前期对钢结构从柱角埋件到结构屋面进行全方位优化。

根据钢结构加工及安装要求，基于施工图设计模型和设计文件、施工工艺文件，创建钢结构深化设计模型，针对重要节点、预留孔洞、预埋件、专业协调等进行深化设计，其中节点深化设计包括节点深化图、焊缝和螺栓的连接验算以及与其他专业协调等内容。输出工程量清单、平立面布置图、节点深化图等，指导加工及安装。在钢结构深化过程中，赋予钢构件标准化构件编号及坐标数据信息，以适应后续加工及虚拟拼装需求（图 2.2.2-4）。

深化设计过程，主要从实际施工角度出发，对于依照原始图纸进行钢结构施工所可能遇到的一系列问题作出细化调整，在正式开始施工前解决这一系列问题。钢结构深化设计对复杂典型节点进行深化放样，并出具构件图与零件图，明确直观地指导工厂加工与现场安装（图 2.2.2-5）。

在节点深化设计阶段，采用计算分析软件对模型进行机械行走工况、吊装工况下的结构变形计算，分析极限结果，对结构合理性进行判定及优化，确保施工方案的合理性（图 2.2.2-6、图 2.2.2-7）。

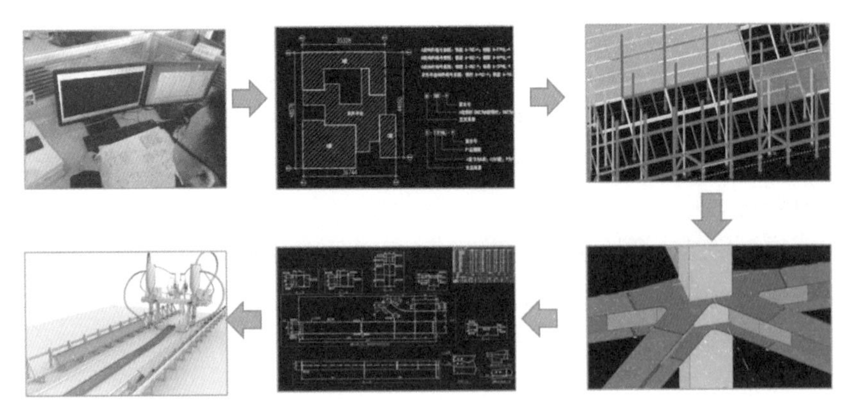

图 2.2.2-4　钢结构工程深化设计流程

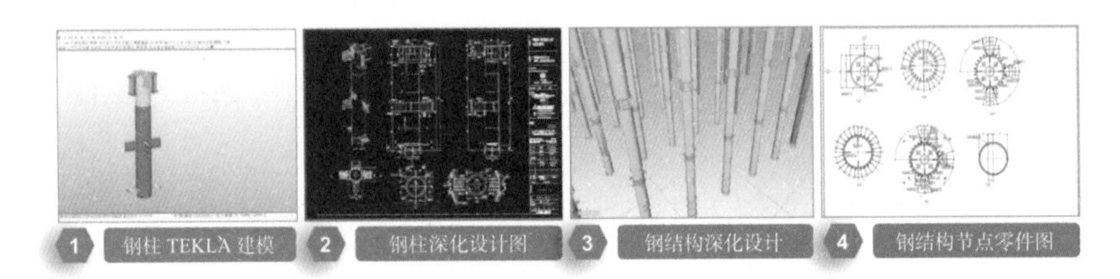

图 2.2.2-5　钢结构深化设计内容

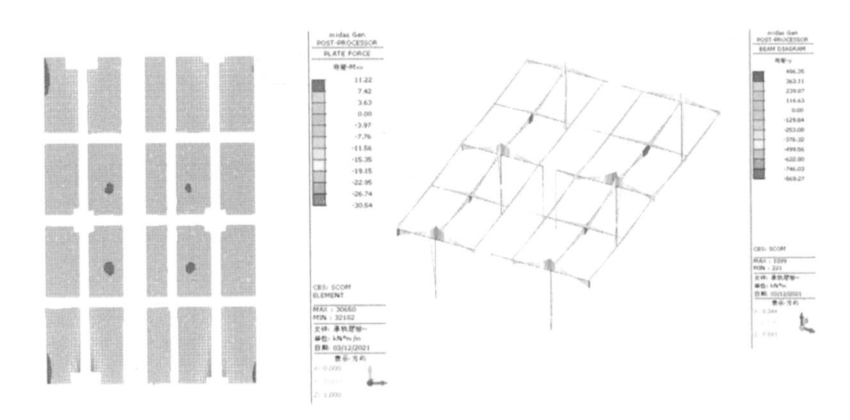

图 2.2.2-6　设备行走工况验算

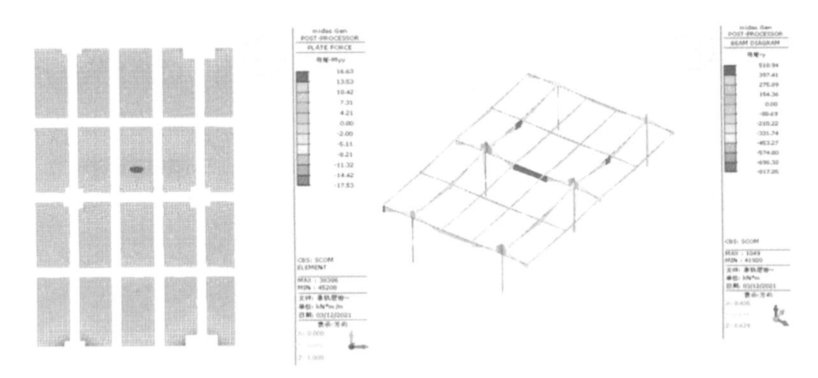

图 2.2.2-7　设备吊装工况验算

（2）白云站幕墙深化设计

白云站建设过程中，幕墙深化设计结合了建筑、结构等专业的施工图，要求对深化模型细度符合碰撞检测、构件算量统计需求，并能反馈出实际幕墙装饰效果。白云站幕墙深化设计中，采用了经济、便捷的建模精度，使构件尺度符合相应标准。通过不同途径获取的构件信息，保证了幕墙构件信息具有一致性和可拓展性。新建幕墙模型与构件不宜改变原有模型结构。幕墙构件细度满足工厂生产需求，并提供加工图设计模型。

在对幕墙进行深化的过程中，根据施工图中出现的几种主要构形要素进行特征梳理，集成在单个形体中进行参数化建模测试，在 Grasshopper 中对形体的控制逻辑进行优化梳理并尝试应用到项目的几何控制中（图 2.2.2-8、图 2.2.2-9）。

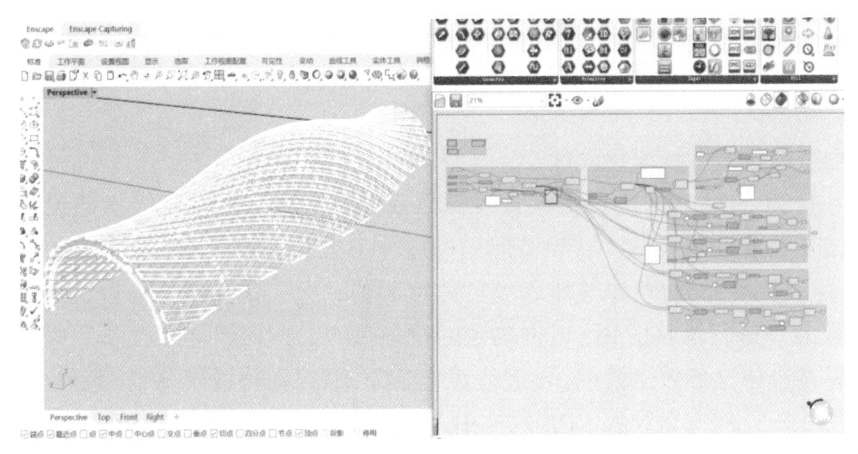

图 2.2.2-8　采用 Grasshopper 进行幕墙深化设计

图 2.2.2-9　基于 Grasshopper 的幕墙深化建模效果

（3）杭州西站砌筑工程深化设计

杭州西站针对砌筑工程，利用橄榄山插件生成构造柱、圈梁，通过与机电 BIM 协同深化设计，优化构造柱、圈梁及砌体预留孔洞的尺寸、位置及排布，然后出具有指导意义的 BIM 图纸，辅助现场施工（图 2.2.2-10）。

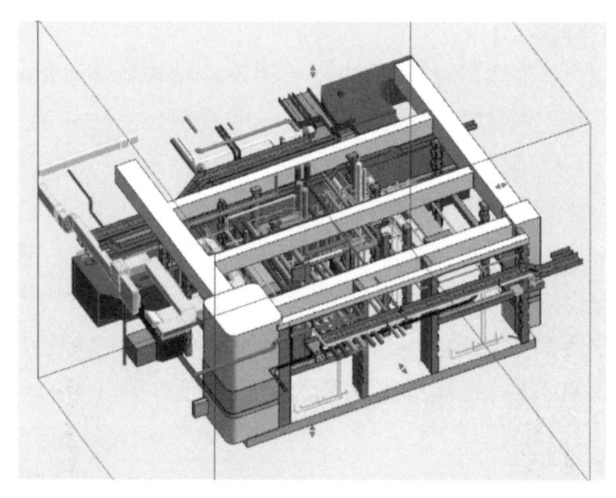

图 2.2.2-10　砌筑工程、机电 BIM 协同深化图

（4）白云站机电管线深化设计

白云站应用 BIM 技术进行机电管线深化设计，解决了复杂管线易碰撞、设备管线安装后净空不易保证等问题。在模型建立的过程中提前发现设计图纸存在的问题，形成 BIM 图纸会审记录；结合机电三维模型的碰撞问题，生成碰撞检查报告，结合各方专业意见和建议逐一进行调整优化；根据确定的设备型号，按照设计或设备厂商提供的基础数据对设备基础建立参数化模型，再进行优化布置，制定深化设计方案，完成模型的验证；将机房模型优化后的方案导入 BIM 软件中，利用软件测量工具中的净距测量功能对安装管道、风管、桥架、结构梁等进行净高测量，通过测量数据来判断和验证模型优化后的合理性；通过施工模拟直观表现施工进度计划与模型之间的变化，并对综合管线进行可视化施工模拟（图 2.2.2-11）。

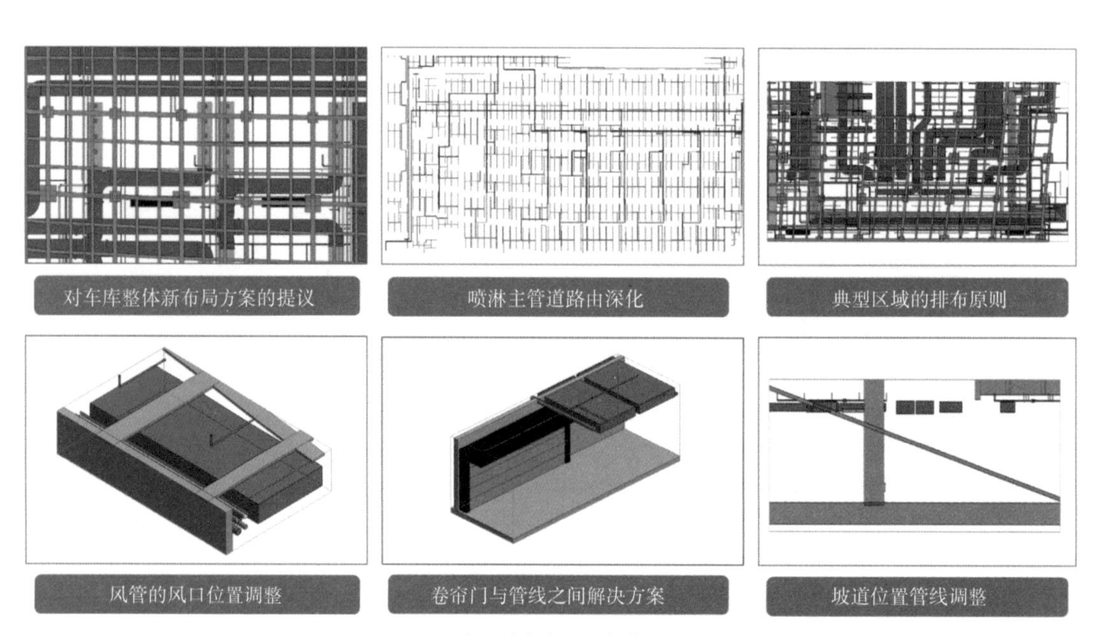

图 2.2.2-11　白云站车库重点部位机电深化设计

（5）杭州西站精装修深化设计

杭州西站建设过程中，利用BIM模型辅助精装修深化排版，实现深化方案的可视化交互，便于调整优化（图2.2.2-12、图2.2.2-13）。

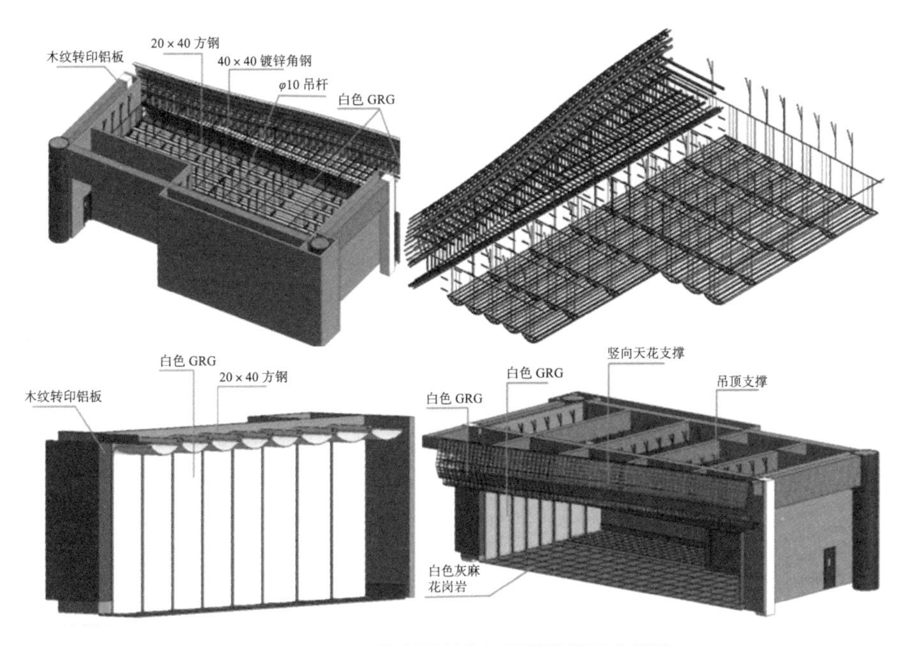

图2.2.2-12　杭州西站售票厅精装修深化模型

图2.2.2-13　售票厅效果图及实景照片

2.2.3　虚拟建造模拟

虚拟建造模拟主要包括施工组织模拟、施工工艺/方案模拟、虚拟预拼装、4D进度模拟，充分利用数字孪生技术，建立实体预虚化模型，辅以时间维度，在工程建设前期开展虚拟建造模拟，不断优化施工方案或施工组织。

1. 施工组织模拟

基于BIM信息模型的基础上附加建造过程、施工顺序等信息，进行施工过程的可视化模拟，充分利用模拟过程对方案进行分析和优化，提高施工方案审核的准确性，实现施工方案的可视化应用。

（1）施工模拟准备及步骤

1）各专业施工BIM模型；

2）收集与施工方案相关的文件和资料，一般包括：工程施工图纸、项目施工进度和要求、可调配的施工资源概况（如人员、材料和机械设备）、施工现场的自然条件和技术经济资料等；

3）采用的软件：3D max、Lumion、Fuzor、Synchro 4D等。

（2）施工组织模拟流程

1）收集数据资料，并确保数据资料的准确性；

2）根据施工方案的描述和安排，在技术、管理等方面定义施工过程附加信息并添加到施工BIM模型中，构建施工过程演示模型。该演示模型应当标示出工程实体和现场施工环境、施工设备的运行方式、施工方法和顺序、所需临时及永久设施安装的位置等；

3）结合施工工艺流程，对BIM模型进行施工模拟、优化，选择最优的模拟方案，生成模拟演示视频；

4）针对局部复杂的施工区域，运用BIM进行重点难点施工方案模拟，生成方案模拟报告，并会同技术部门、相关作业单位协调施工方案；

5）生成施工过程演示模型及会同技术部门形成施工方案可行性报告。

2. 施工工艺/方案模拟

利用深化设计模型，结合施工工艺信息，模拟资源配置计划、施工进度计划等，指导模型创建、视频制作、文档编制等工作。

施工工艺模拟是在施工模拟的基础上，辅以动画对复杂部位工艺进行演示，以视觉化的工具预先演示施工现场的施工顺序、复杂工艺以及重难点解决方案，指导现场实际施工，协调各专业工序，减少施工干扰，防止设计变更、人机待料问题的发生。

在可视化情况下，通过多视角观察，解决以往依靠二维CAD平面图纸难以完成的复杂节点或者有严格施工工艺要求的场景，使设计更加直观，同时减少返工带来的损失，确保后续施工的正常进行与信息的正确传递。

3. 虚拟预拼装

PC构件或钢结构虚拟预拼装，通过Tekla、Revit软件，依据工程设计图纸绘制出建筑结构各个构件的三维标准图，并建立三维模型图和标准图库。利用3D光学扫描测量系统对构件进行三维扫描，测量实体构件，导入计算机得到三维立体图像。在计算机内用ATOS软件进行处理，将实体构件测量结果与三维模型图进行比对，检验构件是否合格。构件合格后，用ATOS软件程序来处理数据，用实测构件数据模型进行模拟拼装，找出实测构件和模拟拼装构件之间的偏差数值。结合监测数据、实测构件模拟拼装合格的出厂，不合格的返回生产车间修正偏差。实测构件模拟预拼装检测合格通过后，出具构件虚拟拼装检测参数报告，指导现场安装。

4. 4D 进度模拟

4D 模型是在 3D 模型基础上附加时间因素，对 3D 模型的各构件附加时间参数后，形成 4D 模拟动画，计算机可根据所附加的时间参数模拟实际施工建造过程。通过虚拟施工，检查进度计划的时间参数是否合理，即各工作的持续时间和逻辑关系是否合理。

4D 施工模拟流程是将 Project 施工进度计划与 Revit 的 3D 模型构件链接，动态地模拟施工项目的计划过程，生成任意阶段建筑物施工状态的模型。分析建筑物施工过程中各结构构件之间、施工工序与结构构件之间、结构与材料之间、施工工序与场地布置之间等诸多复杂的依存或继承关系；各阶段计划之间、计划与实际进度之间的相关性；计划中各工作与施工资源的“时间 - 空间 - 数量”对应关系及定义这些关系的规则、动态变化规律及其对施工效率的影响等因素（图 2.2.3-1）。

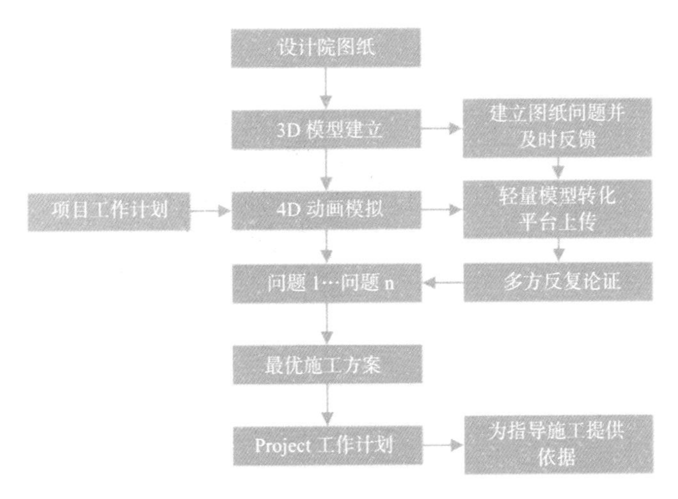

图 2.2.3-1 施工模拟流程

在工程初始阶段，建立基于 4D 施工模拟的资源平台，该平台包括项目管理协同平台、基于设计图纸所建立的 3D 信息模型、施工内容及各时间段内的资源需求。在 4D 建筑施工模拟中，通过 4D 软件定义模型中各种基本对象和操作的依存关系，各基本对象之间、对象与相应操作之间及各种操作之间的相互制约和相互依赖关系，如基坑拆除施工与地下结构施工中，各施工构件之间、构件的施工工序与结构构件之间诸多复杂的依存或继承关系，通过软件自动生成动画，模拟整个施工过程的动态变化，通过 4D 动态模拟不同施工方案对施工效率的影响。

将 4D 施工进度模拟与传统管理方式相结合，采用 Revit 建立结构的精确三维模型，并将模型按施工的先后顺序，对施工流水段细分，精确到每一天。将拆分的构件赋予时间、施工类型、方式等属性，采用动画播放，以 4D 直观的表现方式实现施工方案可视化，将抽象的二维横道图转化为直观的 4D 动画形式，在施工前即可达到施工方案优化的目的。

运用 4D 模型模拟整个施工进程，使管理者可对每一步计划和实施进行实时查看，及时修正施工组织计划中可能出现的缺陷，制定更为合理的计划，对于工程项目进度管理具有重要的作用。

5. 铁路客站虚拟建造模拟应用

（1）钢结构虚拟预拼装应用

①清河站

清河站作为大型交通枢纽建筑，项目主体为多层框架结构，屋盖为双曲、大跨度桁架结构，建筑高度 43.6m，最大跨度 84.5m，钢结构总用钢量 3.1 万 t。钢结构工程主要包括 A 区主站房、B1/C1 区高架落客平台以及 C4 区站台雨棚四个部分（图 2.2.3-2）。四个部分均采用装配式钢构件（工厂加工 + 现场焊接、栓接安装）。

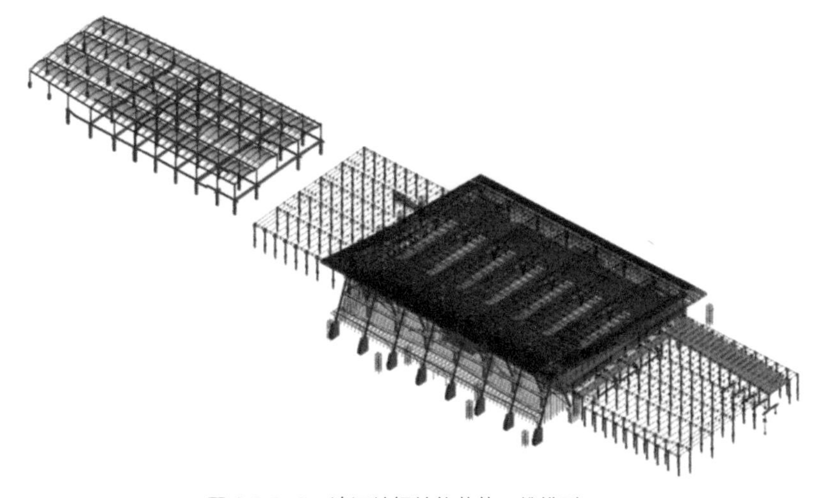

图 2.2.3-2　清河站钢结构整体三维模型

针对钢结构工程交叉施工频繁、加工精度要求高、安装难度大、受环境影响深等难点，为有序、合理开展钢结构施工，采用 BIM 技术进行钢结构的预拼装工作。前期运用 BIM 技术进行钢结构的深化，提高钢结构的精细化程度，优化钢结构连接节点，有效减少钢结构设计冲突问题；使用 BIM 软件进行钢结构的预拼装，更加直观地观察钢结构复杂节点的构造合理性与安全性，辅助进行钢结构施工方案的遴选，同时生成拼装模拟动画，指导后续施工过程（图 2.2.3-3）。

基于 BIM 技术的钢结构深化、预拼装以及施工管理，有利于实现建筑的标准化与工业化，有利于工期的保证，为建筑运维提供足够的数据支持（图 2.2.3-4）。

②丰台站

北京丰台站为双层车场，其中地面 0m 层普速场为 11 台 20 线，高处 23m 层高速场为 6 台 12 线，钢结构柱位于两条线路之间，上部 23m 层承轨层与 0m 层承轨层有 23m 的高差，钢柱外沿距线路误差不得超过 4cm，钢结构柱的加工误差有 2% 偏差的情况下就会造成侵占铁路限界，每层钢结构柱的上下连接非常关键。因此，对线间柱的加工和安装质量要求极高。传统针对钢结构柱的质量偏差测量主要通过选取关键控制点，以全

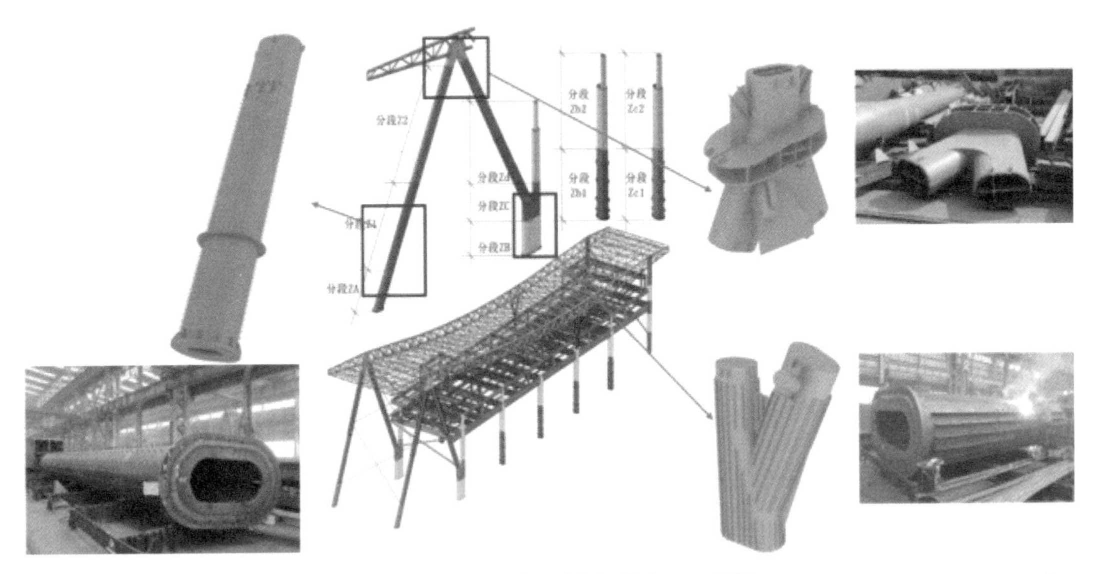

图 2.2.3-3 钢柱与主次钢梁节点 BIM 模型

图 2.2.3-4 钢结构预拼装模拟

站仪测量控制点的坐标进行代表性判定，对于造型复杂的构件测量点位多、测量效率低，且测量点位的代表性不足。因此研究基于三维扫描的构件全方位实体质量检查与虚拟预拼装，解决上述问题。

基于 BIM 及三维扫描技术，通过搭建三维模型、仪器设站、测量实体数据、建立实测模型、模型比较、模拟拼装、数据分析等流程，完成钢结构预拼装。其中模型搭建是通过 Tekla 软件和设计图纸对钢结构进行三维模型搭建；仪器设站是对需要进行虚拟预拼装的构件进行三维扫描站点设置，在被扫描构件的四周预先设置 8 个扫描点，在构件上放置不少于 3 个固定球形标靶，球形标靶均匀分布，相互通视，架设三维扫描仪器并进行调平，设置扫描档位；测量实体数据为使用三维扫描仪依次对预先设置好的 8 个站点进行扫描，保证每个测站位置能扫描到三个以上的目标球，获取扫描点的坐标值。设置扫描点位的方向角，找准球形标靶测量，记录下扫描点云的坐标数据；建立实体模型为将三维扫描仪主机与计算机连接，导出测得的控制点坐标数据，导入到 Excel

表格中，换算点的坐标格式，将换算完成的坐标点再导入到软件 Trimble realworks 中，使用 Trimble realworks 根据坐标点实现点云数据全自动精准拼接。通过软件 Trimble realworks 实现点云数据降噪，分割离散点，剔除非目标区域，保证无多余噪点，提取所需要的钢构件，建立实测模型；模型比较为将单个构件的点云数据导入 Polyworks 软件中，并和深化设计模型进行对比，分析出构件检测数据。模拟拼装为对点云数据和模型进行自动拟合对准，采用点对准方法对两个数据进行预对齐。预对齐后软件会自动做迭代计算，精细对齐两个数据，并且可以通过设置最大距离，采样率等参数将对齐精度控制在理想范围；数据分析为通过实测模型与 Tekla 模型拟合，得出预装配分析报告。通过分析数据，将合格的单个构件保存，形成记录以指导现场安装施工，对不符合规范允许的钢结构构件，在整改完毕后重新进行预拼装，直至符合精度要求，如果偏差太大，应该重新加工（图 2.2.3-5）。

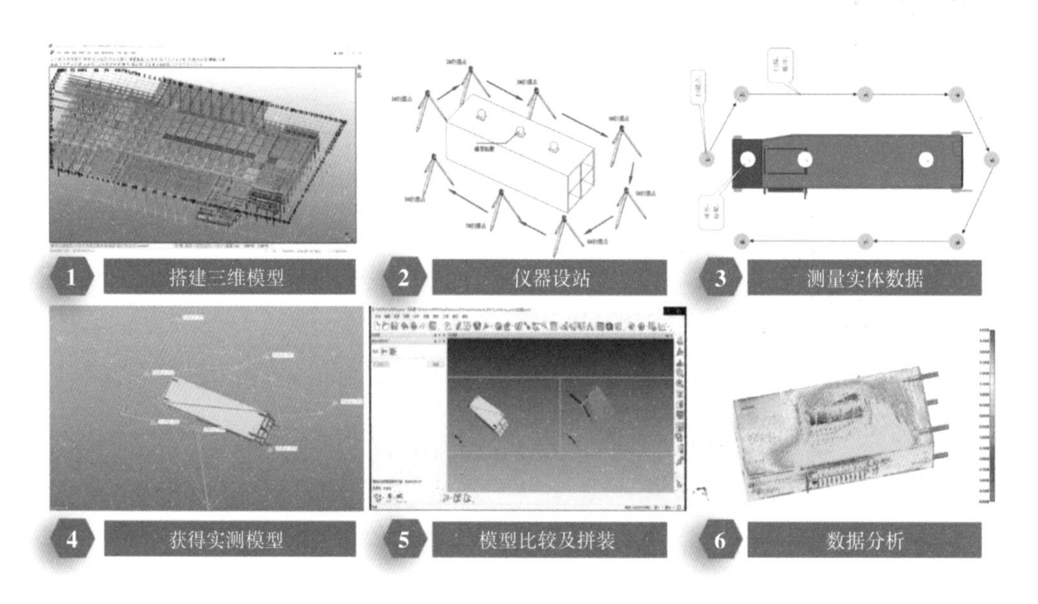

图 2.2.3-5 虚拟预拼装主要流程

基于三维扫描的钢结构构件实体质量检测和虚拟预拼装，丰台站线间 340 根钢结构柱加工质量合格，没有发生侵占铁路限界的情况，同时钢结构柱在吊装过程中均一次吊装就位，没有因无法焊接而返修的情况，有效地保证了钢结构的施工质量，形成了基于三维扫描的钢结构构件虚拟预拼装的方法和实践。

（2）雄安站 4D 进度模拟应用

传统项目进度控制方法一般基于甘特图或网络计划图，都属于进度管理的静态控制，雄安站由于规模大，施工现场形象进度时刻都在变化，传统进度管理方法中的文字表达不直观、动态关联性不强等问题，不能及时反映现场的动态、解决进度控制中的问题，基于统一的工程实体分解体系（WBS），将工程 BIM 模型和实体项目自动关联，将传统二维进度计划安排以 4D 动态、可编辑的方式展示，方便管理人员讨论进度计划的可行性。在施工过程中实时添加最小管理单元的实际施工完成时间，利用 BIM 软件完成实际进度与计划进度的实时对比，找出当前施工进度的提前项和滞后项，分析原因并及时调整施工安排，满足工期要求（图 2.2.3-6）。

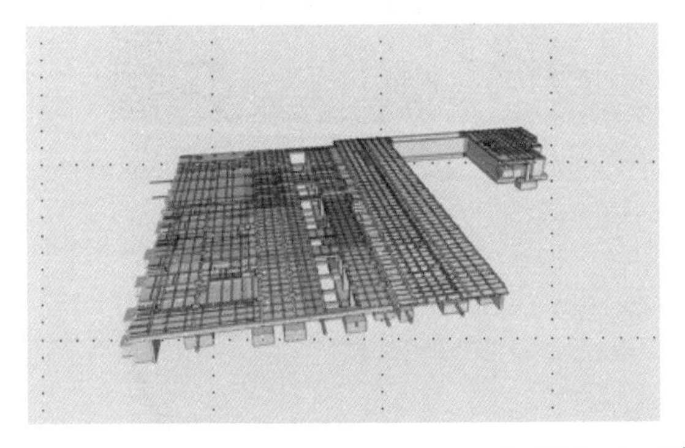
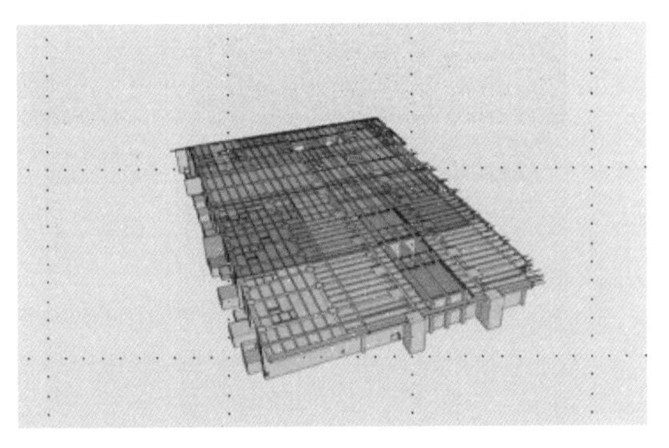

图 2.2.3-6　局部进度对比分析

（3）白云站施工方案模拟应用

白云站工程重难点施工方案、特殊施工工艺实施前，运用 BIM 系统三维模型进行真实模拟，从中找出方案中的不足并予以修改，同时，模拟多套施工方案进行专家讨论，选择最优施工方案。施工过程中，通过方案的三维模拟，为操作人员进行可视化交底，做到施工前的有的放矢，确保施工质量与安全。

白云站分别针对各项重点施工方案进行了模拟，并且实施时间安排如表 2.2.3-1 所示。

重点施工方案模拟　　表 2.2.3-1

序号	方案名称	实施时间
1	总控施工计划	实施前半个月
2	地下室结构总体施工方案	实施前一个月
3	主体结构总体施工方案	实施前一个月
4	主体建筑总体机电 - 装修施工方案	实施前一个月
5	地下室机电安装 - 装修工程总体施工方案	实施前一个月
6	室外工程总体施工方案	实施前一个月

例如，在地下室结构施工方案中，进行了“地下连续墙及土方开挖施工模拟”，在主体结构总体施工方案，进行了“地板浇筑施工模拟”“钢结构施工模拟”（图 2.2.3-7）。

其次，对项目需要专家论证的危险性较大方案、项目的重点部位、特殊关键点、机电安装等，均进行了 4D 虚拟动态模拟，3D 可视化交底实施，提高技术管理能力（图 2.2.3-8）。

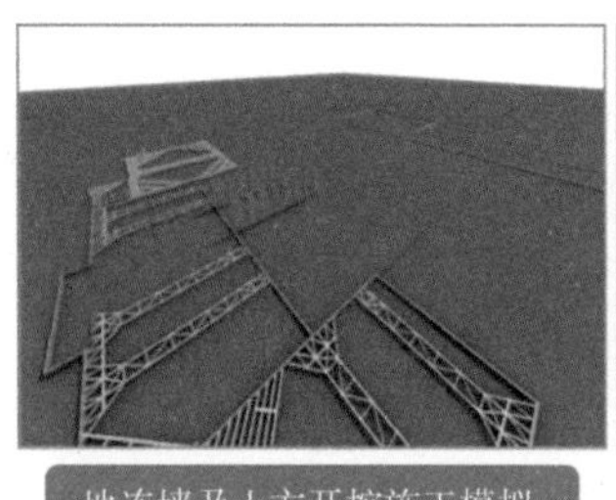

图 2.2.3-7　施工方案模拟

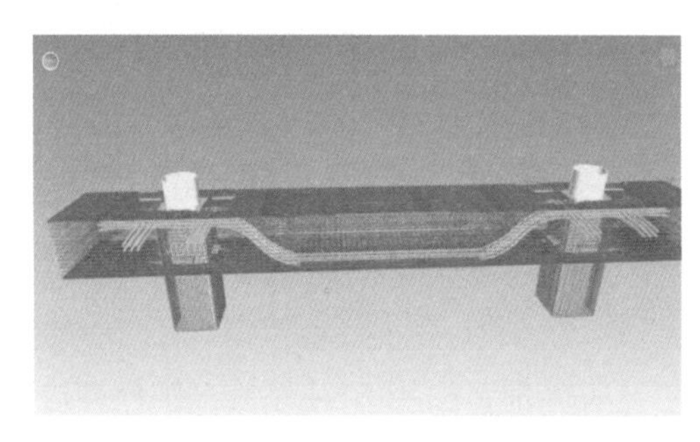

图 2.2.3-8　可视化交底动画

2.2.4　构件数字加工

进一步推进 BIM 赋能，将 BIM 深化设计的数据进一步延伸至工厂制造环节，打通数据传递链条，实现钢结构、幕墙、机电、钢筋等构件的数字化加工。

1. 钢结构构件数字化加工

（1）钢结构构件数字化加工流程

通过钢结构 BIM 模型与智能制造系统的融合，将设计信息直接转化为采购信息、加工信息、物流信息、库存信息等。使用智能套料软件进行材料盘点，准确反映实物资产情况；利用自动排板软件，可以直接从 BIM 平台中读取板材和零件数据并返回包括余料在内的各类排板信息，并提交至智能化切割、焊接设备进行加工，提高板材的利用率和加工效率。

（2）数字化排板

随着数字信息技术的发展，深化设计在整个钢结构施工产业链中已不仅是施工图和钢结构施工之间的载体和纽带，而且是后续数字化加工的信息源。基于钢结构深化设计模型导出零件清单和零件图，通过原材料数据库找到最匹配、料耗最低的钢板，自动生成材料限额单和排板图。限额单用于材料发放，排板图用于指导下料（图 2.2.4-1、图 2.2.4-2）。

钢结构数字化排板的常规工序如下所示：①在模型精度和信息深度符合要求的钢结构深化设计模型中（通常为 Tekla 模型），导出零件清单和零件图；②作业文件根据工艺要求制作余量；③根据作业文件数据在 ERP 系统中开出相应材料限额；④ Sigma 软件套料，导入零件图数据；⑤调整切割零件工艺尺寸；⑥导入零件清单数据；⑦排板套料；⑧自动生成 NC 切割程序；⑨生成套料图，导出排板图及切割指令用于加工（图 2.2.4-3）。

图 2.2.4-1 钢管构件智能生产线

图 2.2.4-2 H 型钢智能生产线

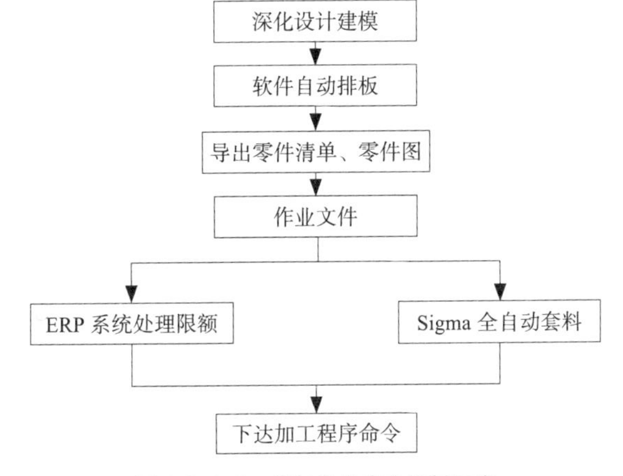

图 2.2.4-3 钢结构数字化排板工序

（3）数字化零件加工

零件加工质量直接影响后续构件的组装质量。采用数控等离子或者火焰切割设备进行节点板的下料，能将节点板的切割精度控制在0.5mm内，为后续节点板的钻孔组装奠定基础。采用数控平面钻进行节点板的钻孔加工，不但能提高钻孔效率，而且能确保钻孔精度。数字化零件加工流程如图2.2.4-4所示。

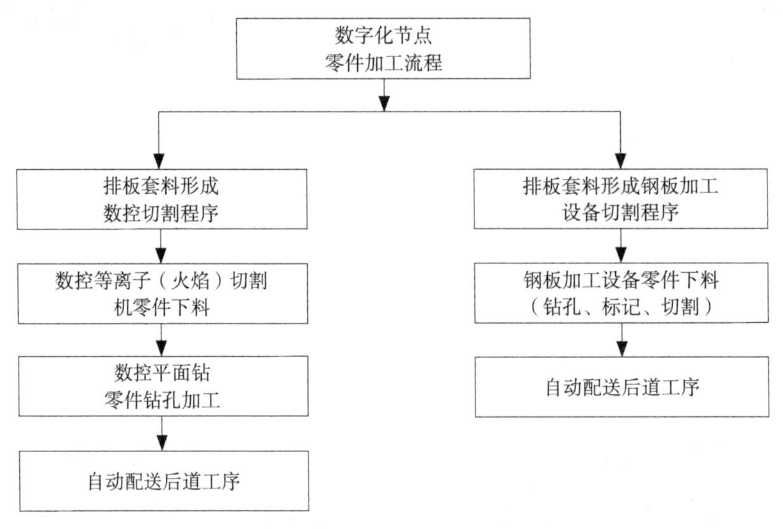

图2.2.4-4 数字化零件加工流程

（4）数字化型材加工

随着钢结构建筑体系向标准化和产业化方向发展，H型钢、圆管和方管等型材的使用率逐渐增多。H型钢数控三维钻、数控带锯和数控相贯线切割机等先进加工设备应运而生，这些数控设备具有精度好、效率高、操作便捷、易于流水化生产的特点，在现代钢结构加工企业中得到广泛应用（图2.2.4-5）。

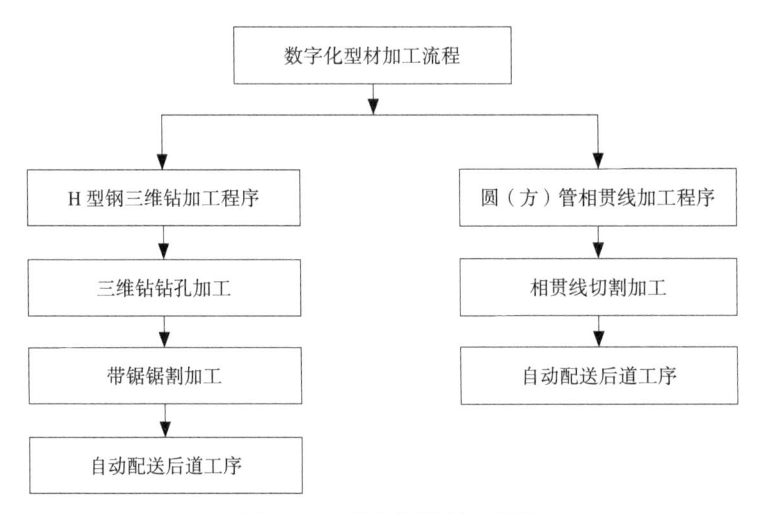

图2.2.4-5 数字化型材加工流程

2. 幕墙构件数字化加工

（1）幕墙数字化加工流程

单元式幕墙在建筑幕墙产业中最具工业化生产特质，最适宜运用数字化技术实现流水线生产和自动化加工。单元式幕墙，是将龙骨、幕墙嵌板、挂接系统、保温材料、减震和防水材料以及装饰面料等构件事先在工厂组合成带有附加连接件的幕墙单元，用专用的运输车运到施工现场后，再在现场吊装，直接在建筑结构上装配施工。采用数字化检测技术对下料的准确性、数控加工的精度和部件组装的成品进行严格控制，再辅以常规幕墙制作产品质量控制手段，可有效提高产品的质量。

对于复杂的幕墙系统，将BIM模型中幕墙构件的加工数据设置为参数变量，提取需要加工的构件，生成各种类型的构件加工图和下料数据，最后将BIM模型中精准的加工信息传输给数控机床等加工机器，实现构件的自动化生产，提高幕墙构件的生产效率和精度。

（2）幕墙下料

通过幕墙深化设计模型直接输出嵌板数据，计算出每种规格嵌板的数量、挂件的数量及相关的物理信息，实现材料厂商和幕墙设计的无缝对接，同步开展备料及生产工作。

目前常采用Rhino软件对进行幕墙深化设计建模（图2.2.4-6）。深化模型中提取各构件的坐标点位可直接用于放线定位、钢结构变形检测、龙骨定位复核、面板安装定位控制等。深化模型也可直接用于钢牛腿、龙骨、铝板石材下料，同时可统计各构件的工程量，用于施工组织、进度计划的编制、工程结算的依据等。

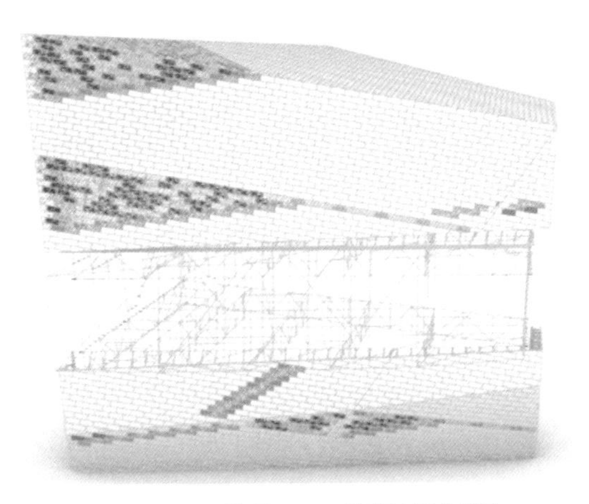

图2.2.4-6 基于Rhino的幕墙深化设计

（3）数字化加工工艺

基于BIM模型的幕墙构件加工，主要实现途径包括直接运用和间接指导两种。直接运用利用如DP、Pro-E等软件的支持，通过其强大的物料管理能力和良好的数据接口，为建筑概念设计到最终工厂加工的全过程提供解决方案。间接指导目前仍然是应用较多的手段，通过深化模型导出包含物理信息的中间格式，如CNC、NC等，再通过软件转化为机械通用语言导入数控设备，实现制造加工的自动化。

3. 机电构件数字化加工

（1）机电构件预制加工流程

机电构件预制加工是将机电 BIM 深化模型转化为预制加工模型，对特定区域内的风管、水管、支吊架等构件进行模块化划分，提取标准件及异形件的材料清单及可供数字化加工设备识别的 CAM、CNC 等格式文件，数字化加工设备调用相应数据文件进行机电构件的智能化、标准化生产。目前常用的机电预制软件有 Fabrication、Rebro 等。

（2）深化设计建模

确定厂家提供的各类阀门、管件的质量和尺寸满足专业的相关规定及设计要求，通过 Revit 软件创建各类构件参数化族，模型精度要满足构件加工要求，然后根据设计图纸创建 Revit 模型。

依照相关设计标准，运用 BIM 技术将原机房管线优化排布。对系统进行计算与校核，优化系统参数及设备选型，修正初设图或施工图错漏碰缺及不合理之处。在满足规范的前提下，满足控高要求，合理、紧凑地布置机电管线，并对机房内设备基础及预留洞进行精确定位（图 2.2.4-7）。

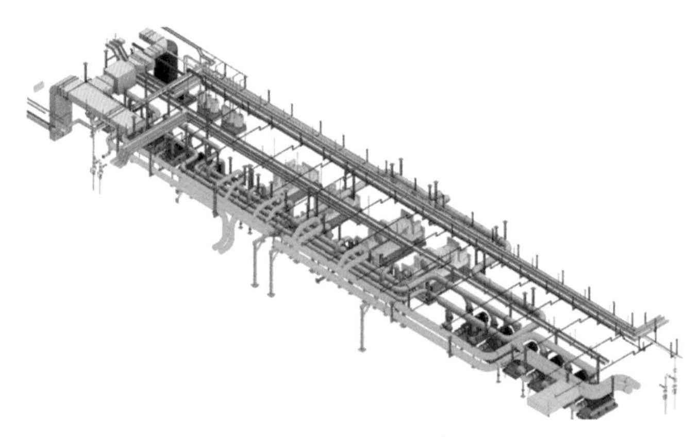

图 2.2.4-7　深化设计模型

（3）生成预制加工模型

根据材料特性、施工方法、运输通道以及作业环境等因素，对深化设计模型进行管线分段、装配模块划分，支吊架设置，通过预制软件将其转化为加工模型，导出模型的预制加工图纸和相关信息（图 2.2.4-8）。

（4）现场装配图设计

将转换后的预制加工模型划分为若干个管道模块，根据模块编号，结合构件自身的信息编制构件编码，再将构件编码打印成二维码，用以标识构件，方便快捷查询。对模块进行装配设计和模块的整体吊装方案策划。

根据模块安装图编制吊装方案。施工前根据现场情况对吊装作业全过程中可能出现的问题作充分的预估，并就可能出现的问题做出相应的防范措施，对操作人员和管理人员进行 3D 可视化技术交底和安全交底，确保管道安装过程保质、高效、安全（图 2.2.4-9）。

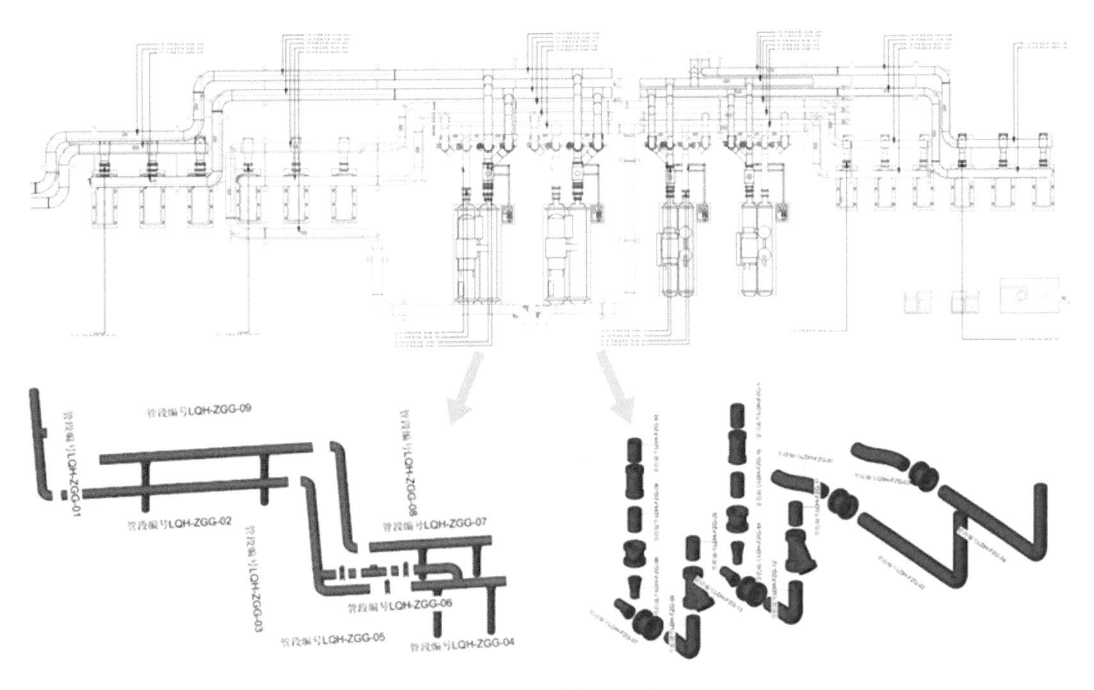

图 2.2.4-8　管道模型拆分

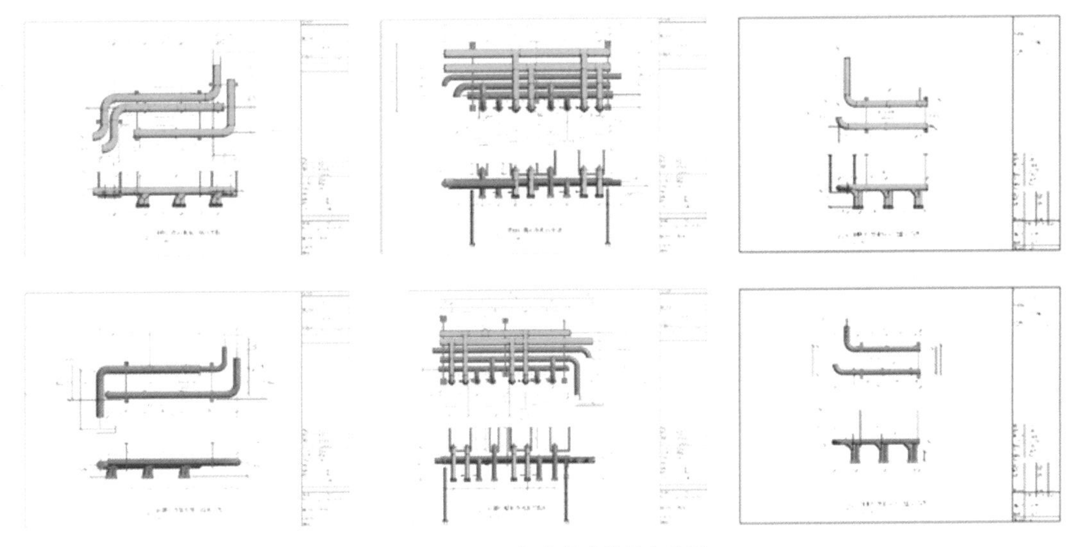

图 2.2.4-9　机房管道模块安装图

（5）工厂化预制

将预制加工模型导入到加工软件，转化为预制加工程序，主要包含风管、管道、桥架等构件的加工数据。基于加工程序，使用相贯线切割机、等离子（火焰）切割机、五线机等设备加工生产。按照机房、模块编号的顺序逐个模块、逐个机房进行加工。对加工完成的产品需要做质量检查，主要包含机房预制构件的外观质量、尺寸等重要参数，最后将对应的构件二维码粘贴在合格的构件上（图 2.2.4-10）。

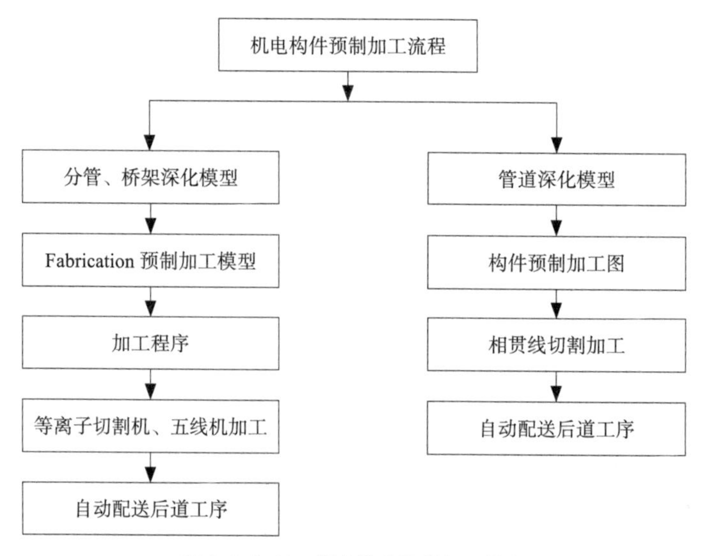

图 2.2.4-10　机电构件预制加工流程

4. 钢筋数字化加工

（1）钢筋数字化加工技术路线

近十年来，随着智能设备的快速发展，施工现场成型钢筋的生产制作已经逐渐向智能化、自动化方向发展，对钢筋的调整、剪切、弯曲及绑扎等工序进行自动加工，生产效率大幅提高。

钢筋数字化加工首先是利用 BIM 模型完成钢筋的自动翻样，得到钢筋数量、直径、长度、连接方式等详细信息的材料清单及加工图，通过套料软件自动分解加工单，材料信息输送至数控加工设备，并以生产单元的形式通过料单的工位化分拆协同加工，形成集约化生产模式，降低材料损耗（图 2.2.4-11）。

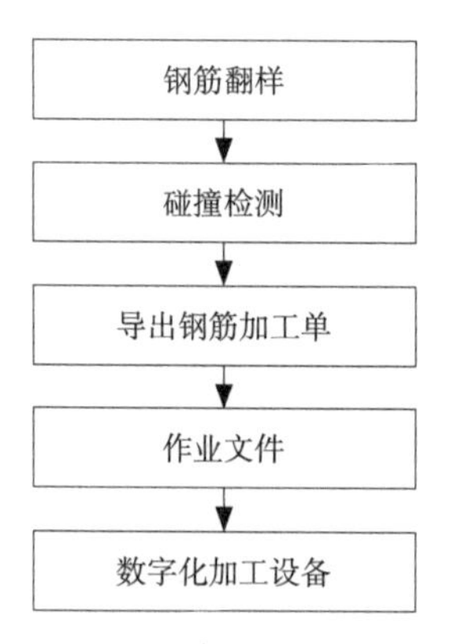

图 2.2.4-11　钢筋数字加工流程

（2）钢筋数字化翻样

钢筋数字化翻样，是指依据钢筋设计图纸通过 BIM 软件建立钢筋 BIM 模型，或利用设计单位提供的正向钢筋模型，分析拆解，导出钢筋制作清单，同时进行余料的综合分析和高效利用。主流钢筋建模软件包括 Tekla、Allplan、Revit、Bentley Rebar 等（图 2.2.4-12）。

图 2.2.4-12 钢筋深化模型

钢筋 BIM 翻样是数字化加工的重要基础和前提，模型的质量和精度直接影响钢筋加工精度，进而影响现场钢筋绑扎和成品质量。根据国家标准《建筑信息模型施工应用标准》GB/T 51235，钢筋 BIM 模型的建模深度应当达到 LOD500 级别，包含全面的几何信息和非几何信息。

例如，钢筋的几何信息包括：钢筋型号、钢筋弯折形状、钢筋各段长度、钢筋弯钩形式、钢筋弯钩长度。钢筋的非几何信息包括：钢筋型号、强度等级、钢筋螺纹形式、钢筋布置形式及数量。

（3）钢筋碰撞检测

钢筋 BIM 模型能够很好地暴露出二维钢筋设计中存在的碰撞、冲突等问题，如钢筋排布和合理性、与预应力、钢结构的相互关系、预埋件位置冲突、钢筋保护层不够等。通过 Navisworks 等碰撞检测软件，结合施工经验和标准设置碰撞检测条件，最终得到碰撞检测报告。通过碰撞检测，分析钢筋设计存在的冲突问题，将产生的碰撞问题反馈给钢筋翻样软件，并对问题处进行调整。

（4）钢筋数字化加工工艺

首先根据 BIM 模型生成钢筋加工单，将加工信息批量导入自动化加工设备。加工设备根据钢筋信息自动选择原材料，并完成钢筋弯剪操作，形成纵筋、箍筋等半成品，实现数字化加工。最后，将加工单或二维码信息绑定在钢筋半成品上作为后续交付、仓储的检验标识，支持通过扫描标识监控和管理钢筋的加工流程，并通过 IOT 将加工信息反馈至 BIM 模型中。钢筋交付时，通过扫码形成钢筋订单交付记录、自动支付凭证，实现物资的信息化管理。

5. 铁路客站构件数字加工应用

（1）丰台站钢结构智能套料应用

钢结构套料是钢结构从构件转向零件加工生产的重要环节，形状不同、厚度不同的零件能否在不同尺寸钢板上合理排布，最大化利用钢板的原材料是节约创效的关键，不同零件的摆放位置会形成不同长度的钢板切割轨迹，进而影响到切割材料的消耗。传统的套料方式多为人工基于钢结构二维深化的 CAD 图纸，根据钢板库存和切割余量，采用人工在钢板上排布，新建或利用现有的零件图块，套料结果受限于套料人的经验水平，工效低、成本高，因此，应用基于 BIM 的智能套料能够最大化利用不同钢板的原材料，对于节约成本、降低能源消耗和碳排放起到积极的作用（图 2.2.4-13）。

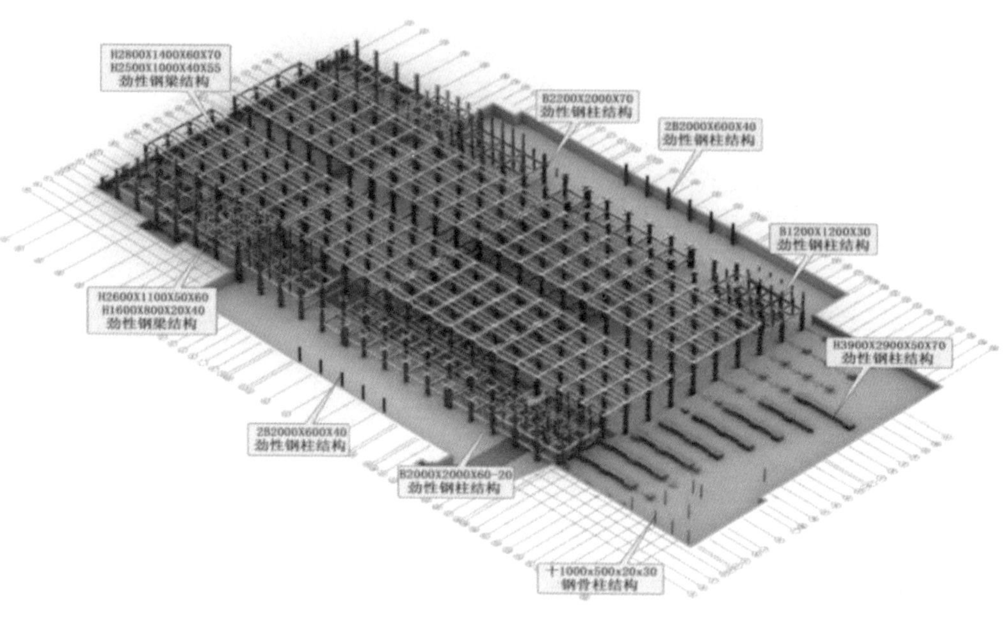

图 2.2.4-13　北京丰台站钢结构分布图

北京丰台站钢结构总用钢量 19 万吨，构件结构形式复杂，零件种类和数量多，做好钢结构的套料具有极大的经济效益，整体的应用路径为，完成钢构件的 BIM 深化建模，利用 BIM 模型精准的几何尺寸信息特点，导出各零件详图汇总文件，再导入到专业的套料软件读取、录入不同尺寸的钢板库存，从单张钢板材料利用率最大化、库存材料消除等角度进行智能套料，供决策者选择套料结果，用于切割生产。

建立符合套料软件要求的 BIM 模型是第一项关键技术，将需要套料的零件在 BIM 模型中按照 1∶1 的尺寸完整建立，按设计图纸精准绘制，连接方式、节点按实际建模，以此满足后续工序的要求；其次将整体构件模型拆分成单个零件。将实体零件转化成平面的二维图形，在平面图形中标注各类标识，并在 BIM 软件的零件模式下选择输出 NC 文件；紧接着在 SigmaNEST 自动套料软件中导入生成的 NC 文件，可以看到计划套料的全部构件零件展开图形，进行初步检查与校对，在软件中导入与钢板切割对应的工艺图参数，设置相关的套料参数；选择钢板库存钢板信息，可以从现有的余料中优先利用，也可用全新钢板优化排布，启动软件的智能套料功能，进行多方案的超级算法自动排板。生成自动排板的下料切割图后，可以看到智能套料的钢板原材利用率和排布结果，进行方案比选，选定方案后生成对应的切割程序，发送至智能切割设备终端进行生产（图 2.2.4-14）。

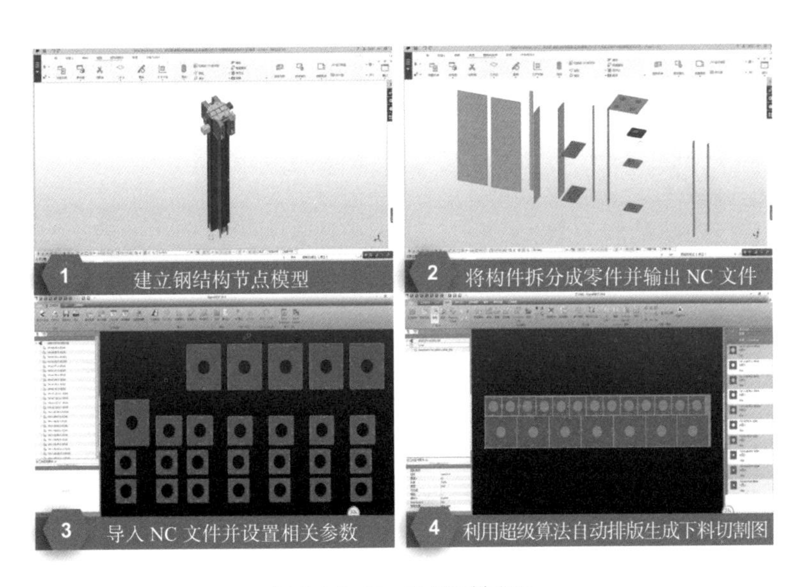

图 2.2.4-14　智能套料流程

（2）白云站幕墙构件数字化加工

白云站站房幕墙体现“云山珠水、木棉花开”的造型特征，造型独特，幕墙体系包含南北侧波浪形“彩带”、东西侧光谷“花瓣”。为实现幕墙的精细化施工，本项目采用 Revit+Dynamo 技术建立“花瓣”幕墙单元，指导生产（图 2.2.4-15）。

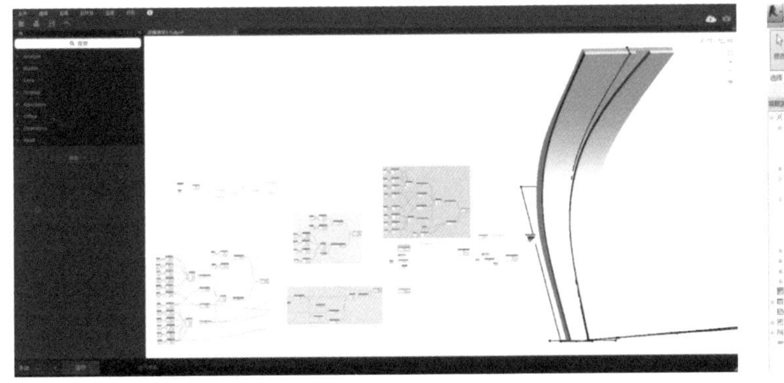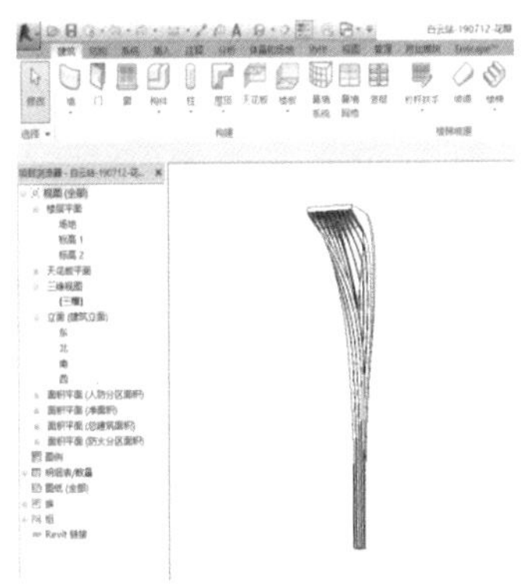

图 2.2.4-15　Revit+Dynamo 曲面幕墙

基于精准的幕墙 BIM 模型，实行幕墙工程数字化加工，主要包含构件信息留存、构件工程量速查、资料关联相关技术、工厂自动化生产等，具体如下：

构件信息留存：幕墙工程应用预制构件的比率相对较高，可以用模型精确表达，在 BIM5D 软件中添加构件属性，对生产厂家、施工单位、安装负责人、保修日期、设计参数等重要参数整理留存，后期运维可快速提取到被维护构件的设计、生产厂家和施工阶段的相关参数，快速掌控问题构件的信息以及时处理。

构件工程量速查：幕墙工程中标准化构件普及率高，对于框架幕墙、单元体幕墙、点支幕墙的标准化构件进行快速统计，提高项目管理效率、减少差错。

资料关联：BIM5D 软件可将变更、技术关键点、论证信息等文字资料关联到模型具体构件中，形成二维码，并粘贴到模型对应的现场实物上。通过二维码将资料、模型和具体施工构件关联起来，在对应的具体构件上扫描二维码即可实时查看此构件所附属的各类记载资料，以便相关方快速掌握。

自动化生产：根据精准的 BIM 模型，将模型信息拆解成加工清单，反馈至工厂，形成基础加工资料，根据型材、玻璃、零件的需求，实现幕墙构件的自动化生产。

（3）丰台站机电构件数字化加工

丰台站机电管线错综复杂，结构夹层内部管线种类众多，机电管线预制工作量巨大，为有序推进项目机电管线生产，搭建了基于 Revit 的模型平台，利用 Revit 及二次开发软件，快速创建建筑结构模型、机电模型和幕墙、装修等机电单元模型，结合点云扫描的实景模型，进行二次深化。Revit 平台共享预制加工数据库如图 2.2.4-16 所示。

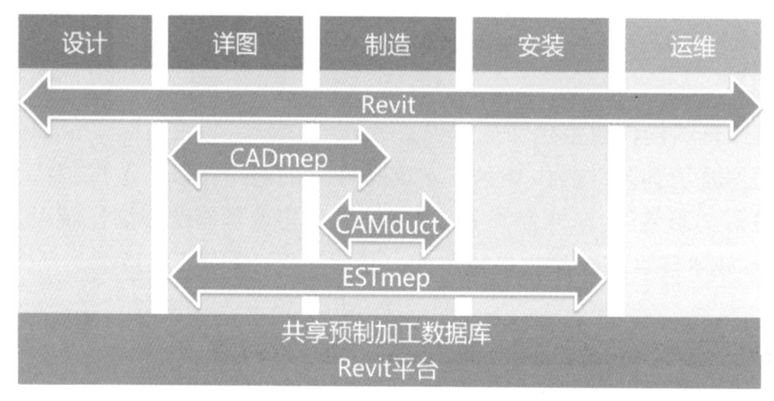

图 2.2.4-16　Revit 平台共享预制加工数据库

首先，提取与数字化加工设备相匹配的共享预制加工数据，利用 Revit 软件将风管、水管等机电模型转换为数据库中的预制加工模型（亦可直接创建预制加工模型），运用 BIM 出图实现预制加工；深化图纸审核通过后对预制加工模型进行自动分段，根据实际情况予以优化，设置支吊架，根据设备需要，导出 CNC、表单等预制加工数据。

其次，创建与数字化加工设备匹配的共享预制加工数据库，该共享预制加工数据库主要包含：风管、水管、设备、支吊架等，并根据水暖电系统进行区分，预制加工数据库基于厂商信息和规范要求，满足制造精度要求（图 2.2.4-17）。

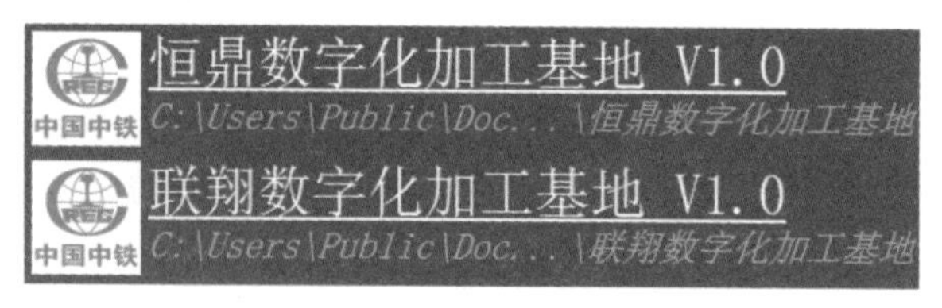

图 2.2.4-17　共享预制加工数据库

可从云端服务器上找到机电模型构件库，进行上传、下载、编辑和浏览。同时，所有预制加工构件 ITM 是解锁的，可以根据数字化加工设备的实际情况，对预制加工数据库进行修改，比如材料、规格和连接器等相关信息，以满足生产需求，可创建企业或工厂预制加工数据库，方便使用。云端服务器机电模型构件库浏览及工厂预制加工数据库相关信息如图 2.2.4-18 ～图 2.2.4-20 所示。

（4）白云站钢筋数字化加工

白云站现场建造了数字化钢筋加工厂，采用 BIM 技术，快速建立结构钢筋模型。根据数字化加工设备确定与之匹配的共享加工数据库，自动导出精确下料清单。结合成套的钢筋切割工具以及自动化钢筋数控加工设备进行自动加工后，运往现场施工，实现全过程控制（图 2.2.4-21）。

首先，通过 CAD 施工图创建 BIM 模型并完成深化，生成 BIM 模型的同时导入配筋信息，根据构件配筋信息自动生成 3D 钢筋模型并符合平法图集及相关规范（图 2.2.4-22）。

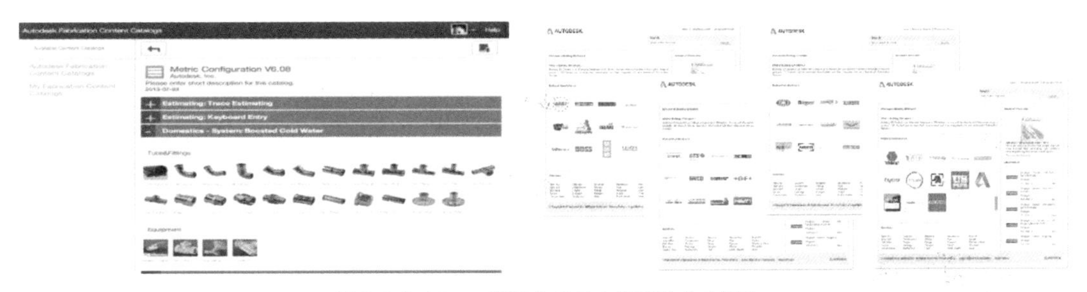

图 2.2.4-18　云端服务器机电模型构件库浏览

图 2.2.4-19　工厂预制加工数据库构件模型信息

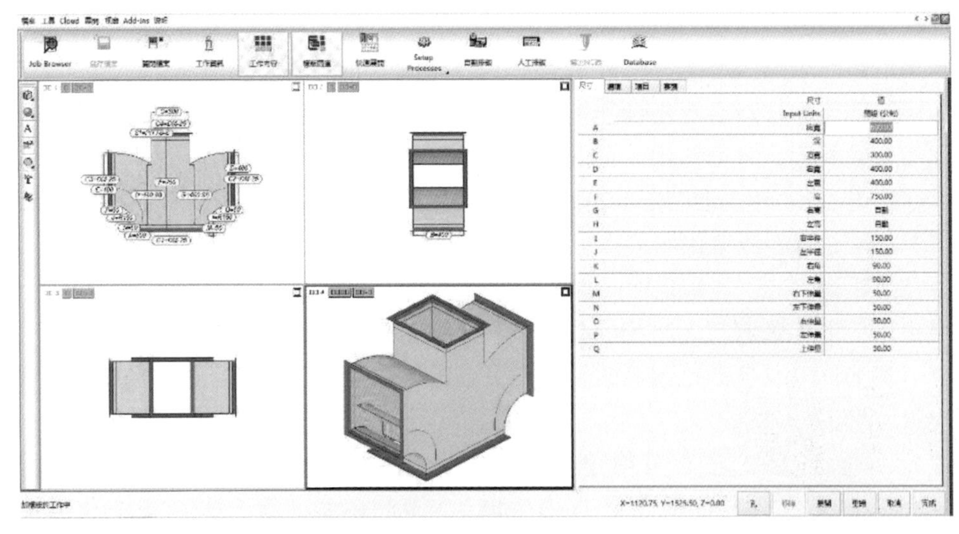

图 2.2.4-20　数据库构件详细信息

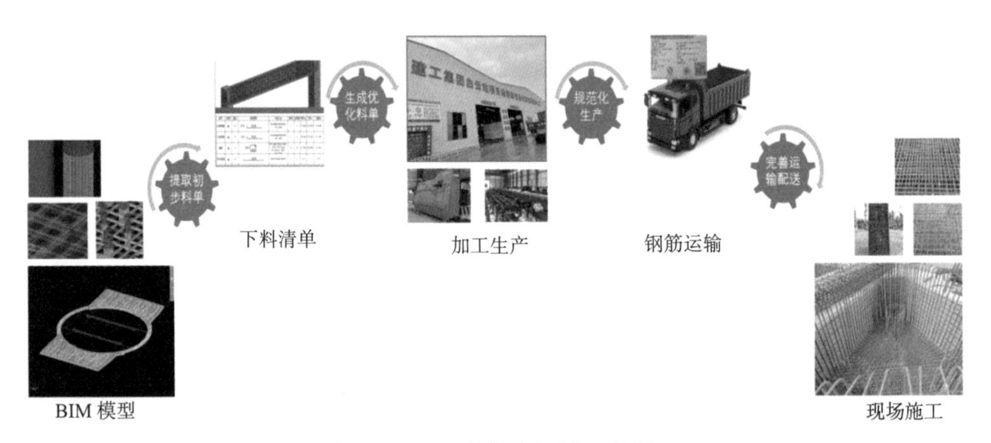

图 2.2.4-21　钢筋数字化加工流程

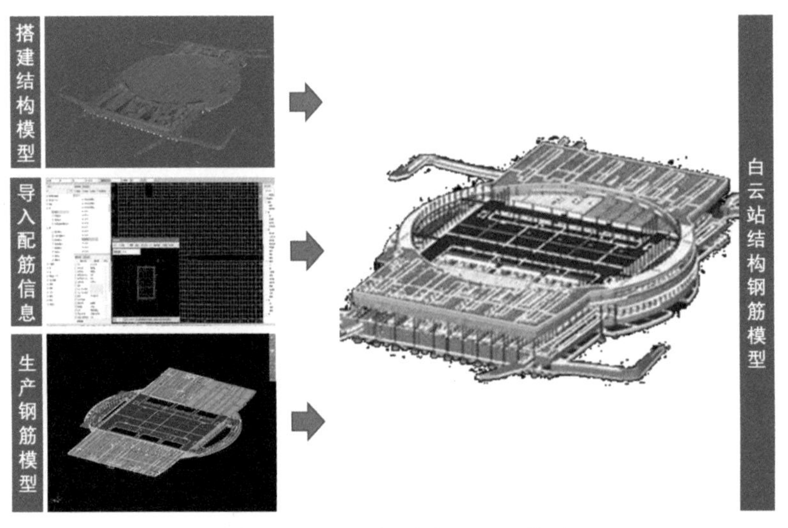

图 2.2.4-22　创建结构钢筋 BIM 模型

其次，生成下料清单，即对模型中每个构件中钢筋的工程量进行统计，提取出钢筋的位置、等级、直径、形状、长度等信息，计算生成初步料单。将初步料单根据钢筋的型号、加工顺序及安装区域等信息分类汇总，根据翻样的规则和现场钢筋加工经验自动优化钢筋下料单，使钢筋切割按长短科学搭配，实现自动套料，减少钢筋废料率，最后生成各个工位加工钢筋料单和分拣料单（图 2.2.4-23）。

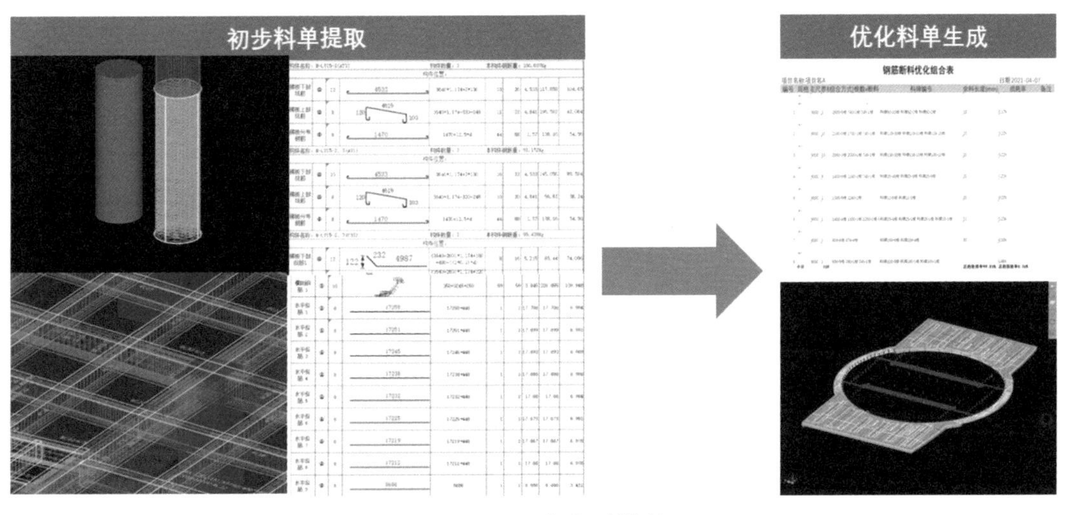

图 2.2.4-23 生成下料清单

最后，是钢筋的数字加工及出厂，钢筋集中加工厂按照制定的加工配送计划，导出经过优化组合过后的精确下料清单。结合自动化钢筋数控加工设备和完善的信息化生产管理体系组织生产。悬挂标签吊牌，明确成型钢筋原材料牌号规格、堆放位置和成型钢筋制品几何尺寸、加工数量以及加工任务完成时间等要求（图 2.2.4-24）。

图 2.2.4-24 钢筋的数字加工及出厂

2.2.5 数据智能分析

依托 BIM 技术开展包括空间、力学、能耗、碳排放等在内的建筑性能分析，基于分析结果进行方案优化设计。将分析数据反馈到 BIM 模型中，丰富并完善模型，为后期运维和监测提供数据。进一步地实现设备运行实时监测、分析、控制和三维模型联动，提高运维效率和水平。

1. 空间分析

在BIM模型基础上开展净高分析、建筑布局分析、碰撞检测分析，提前规避空间冲突，充分挖掘建筑空间利用潜能。

（1）净高分析

净高分析是指通过 BIM 虚拟建造，对空间狭小、管线密集或有净高要求的区域进行空间分析，形象、直观、准确地表达出每个区域的净高，提前发现不满足净高要求、功能和美观需求的部位，并和设计单位沟通作出相应调整（图 2.2.5-1、图 2.2.5-2）。

图 2.2.5-1　彩色净高分析图

图 2.2.5-2　地下车库净高分析

（2）建筑布局分析

运用BIM模型进行建筑布局分析主要有四个方面，一是整体建筑构图与环境的适应性、融合性；二是建筑体功能布局的合理性；三是建筑内部各专业布局的和谐性；四是流线动线的高效性。通过布局分析，更好地实现环境协调、空间适宜、功能合理、维护便捷的目的（图2.2.5-3 ~图2.2.5-5）。

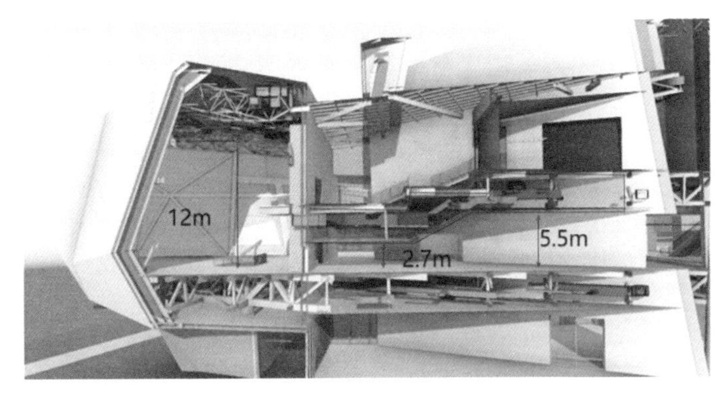

图2.2.5-3　建筑与机电协调合理性分析

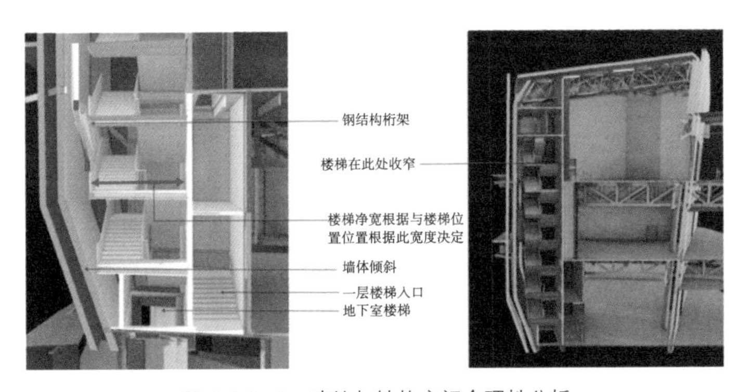

图2.2.5-4　建筑与结构空间合理性分析

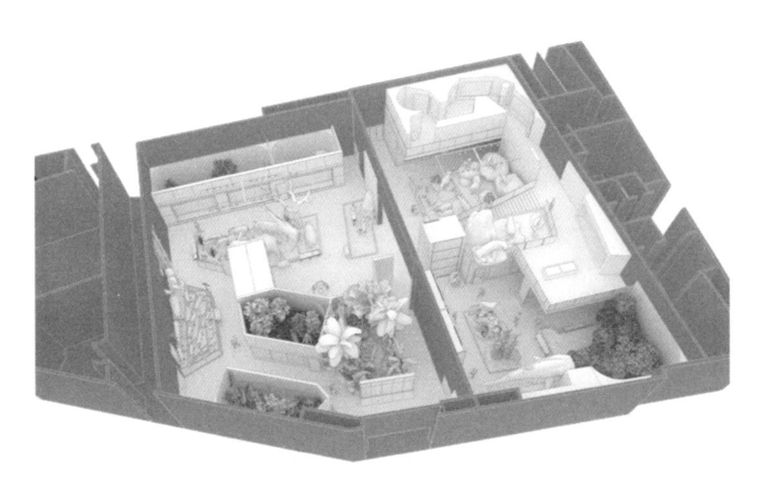

图2.2.5-5　室内空间布局分析

（3）碰撞检测分析

BIM 模型碰撞检查，主要是运用 BIM 模型检测工具，查找图元构件之间的冲突关系并输出报告，查找冲突的范围包括建筑与结构、结构与机电、机电系统之间、机电与装饰等，以及建筑物与施工辅助机械设备的潜在风险。根据发现的问题，优化建筑、结构、机电、装饰方案，以及施工现场平面布局、机械设备布局等（图 2.2.5-6）。

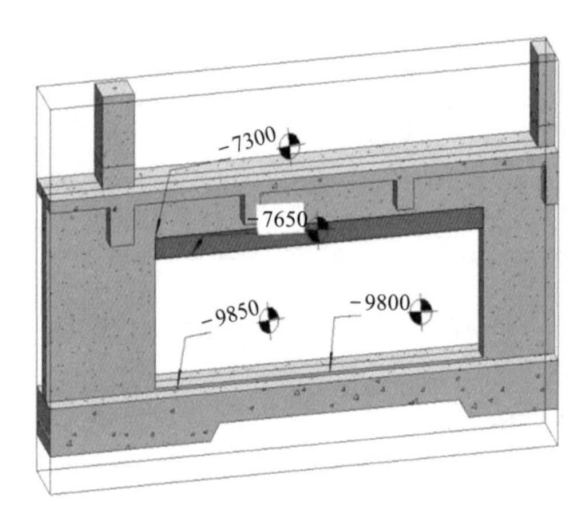

图 2.2.5-6　结构梁与人防门存在碰撞

2. 力学分析

建筑施工活动属于人力密集型高风险作业，存在着大量的安全质量风险，尤其是深基坑施工、建筑模架作业、建筑支吊架安全性等，运用 BIM 技术进行可视化力学分析，可以有效发现问题，规避安全风险。

（1）模架体系分析

模架体系包括内支撑脚手架、外防护脚手架、操作平台架、高层建造平台等，传统的模架安全性计算依靠人工分析和计算，效率低且容易出差错。通过 BIM 建模，导入数学模型，实现模架力学体系的自动化计算、支撑的自动化排布、节点的安全性设计、模架材料用量的自动化输出，更好地保证施工安全（图 2.2.5-7）。

图 2.2.5-7　模架体系分析

（2）综合支吊架分析

综合支吊架是安装工程中，将给水排水、暖通、电气、消防等各专业的支吊架综合在一起，通过 BIM 技术的统筹规划设计，整合成一个统一的支吊架系统，有利于节约成本、加快施工进度、提高观感质量、最大限度地节省空间。支吊架的布置方案需要遵循相应的安装标准和规范，支吊架的类型及型号的选择要合理，满足承载力要求。

运用 BIM 模型进行管线综合，根据管线排布选择支架、吊架、立管支架等形式，调整支吊架与管线间距、横杆型号、吊杆型号、生根面、安装点等参数。借助软件进行支架受力分析，确定支架连接方式，设置管道类型、管道保温、管道内介质类型等参数，对跨度、杆件、焊缝、锚栓、锚板等内容的验算结果进行分析，对不合格项进行检查，调整支架相应部位设计内容，直至验算全部满足为止（图 2.2.5-8）。

当校核满足后，应出具计算书（图 2.2.5-9）。

（3）基坑支护分析

基坑是建筑施工活动中最重大的风险之一，基坑的设计和施工涉及多学科的综合应用。由于施工环境的不同、基坑深度的不同、地质环境的差异，基坑支护的选择型式多样。施工现场要根据场地环境、基坑形状、基坑支护型式布置相应的材料堆场、机械设备、运输道路等，以及基坑开挖程序、技术方法的选择，都对基坑的承载力安全构成潜在的风险。

基坑支护分析，是运用 BIM 对整个基坑的实际情况进行建模，模拟施工的真实环境，导入数学和力学分析方法，加载各种工况，对支护结构进行受力分析，验证方案的科学性、安全性和可实施性，从设计源头对风险实施管控（图 2.2.5-10）。

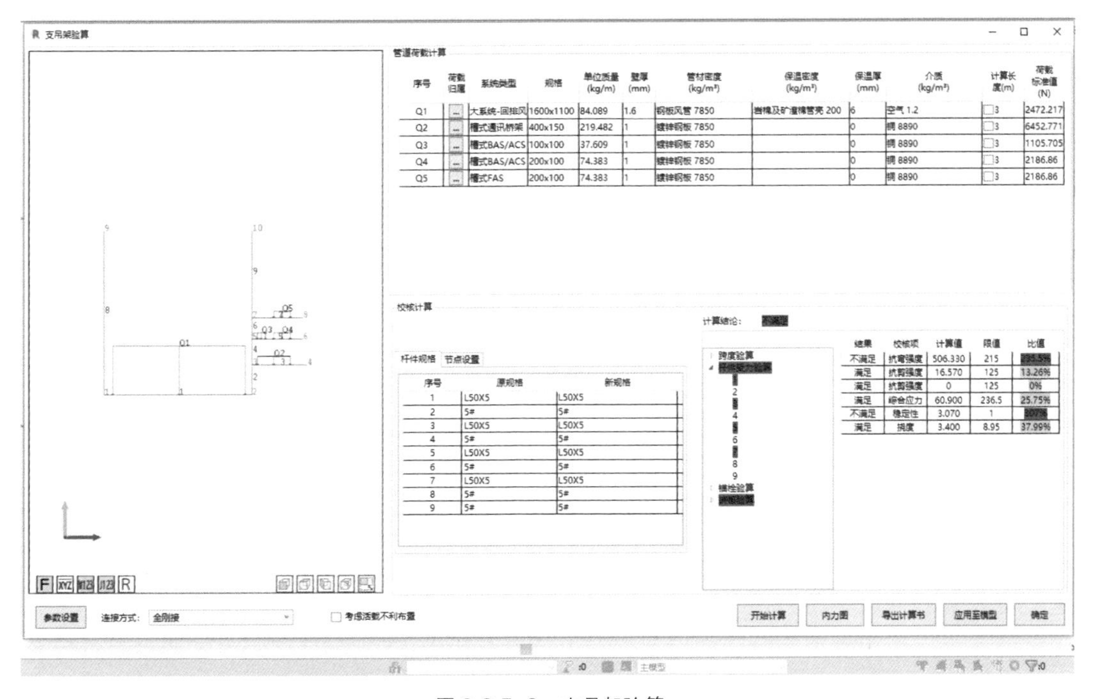

图 2.2.5-8 支吊架验算

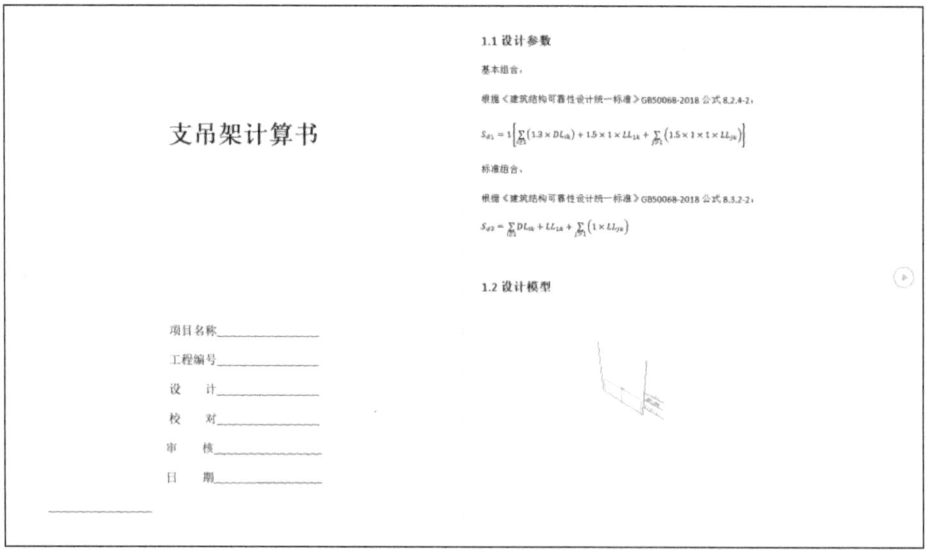

支吊架计算书

项目名称______________

工程编号______________

设　　计______________

校　　对______________

审　　核______________

日　　期______________

1.1 设计参数

基本组合：

根据《建筑结构可靠性设计统一标准》GB50068-2018 公式 8.2.4-2：

$$S_{d1}=1\left[\sum_{i\geq1}(1.3\times DL_{ik})+1.5\times1\times LL_{1k}+\sum_{j>1}(1.5\times1\times1\times LL_{jk})\right]$$

标准组合：

根据《建筑结构可靠性设计统一标准》GB50068-2018 公式 8.3.2-2：

$$S_{d2}=\sum_{i\geq1}DL_{ik}+LL_{1k}+\sum_{j>1}(1\times LL_{jk})$$

1.2 设计模型

图 2.2.5-9　支吊架计算书

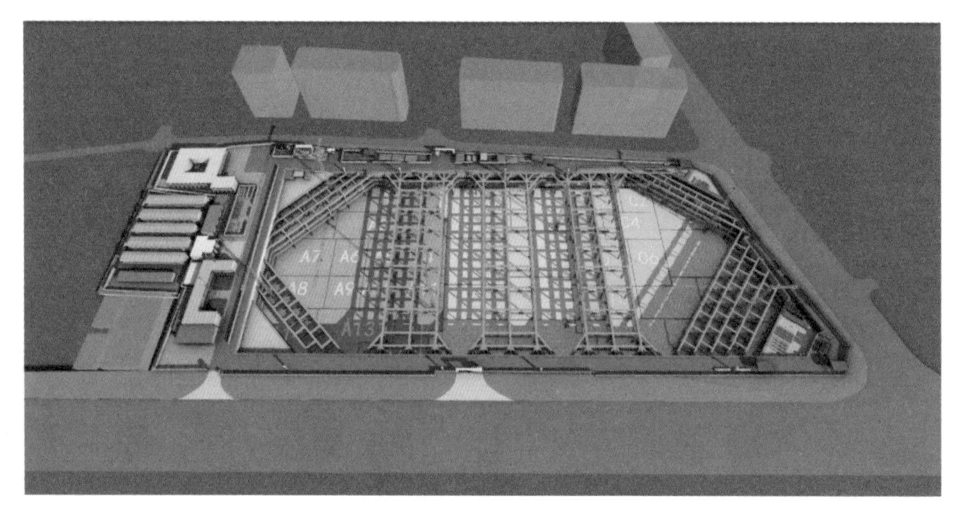

图 2.2.5-10　基坑支护分析

3. 能耗分析

施工建造活动，是直接和间接碳排放的主要源头之一，随着国家“3060”碳达峰碳中和目标的制定，绿色低碳将成为未来建筑施工活动发展的主要方向，必须全建造周期监测能源、水资源等的消耗。运用 BIM 技术进行能耗分析和监测主要可分为三步，分别是建立模型、确定影响能耗的关键因素和利用 BIM 技术对能耗进行测量。

能耗分析的前提是建立物联网，将物联网数据导入 BIM 系统，实现能耗的整合测算。施工现场要布置大量的监测、采集终端，如远传水表和远传电表等，实时监测、采集施工现场各个点位用水及用电消耗情况，并上传至基于 BIM 的可视化平台。通过数据统计分析、提示评价、导出报表和预测预警等功能，对不必要的水、电资源浪费进行控制，为建筑综合节能提供基础数据，实现建筑业可持续发展（图 2.2.5-11）。

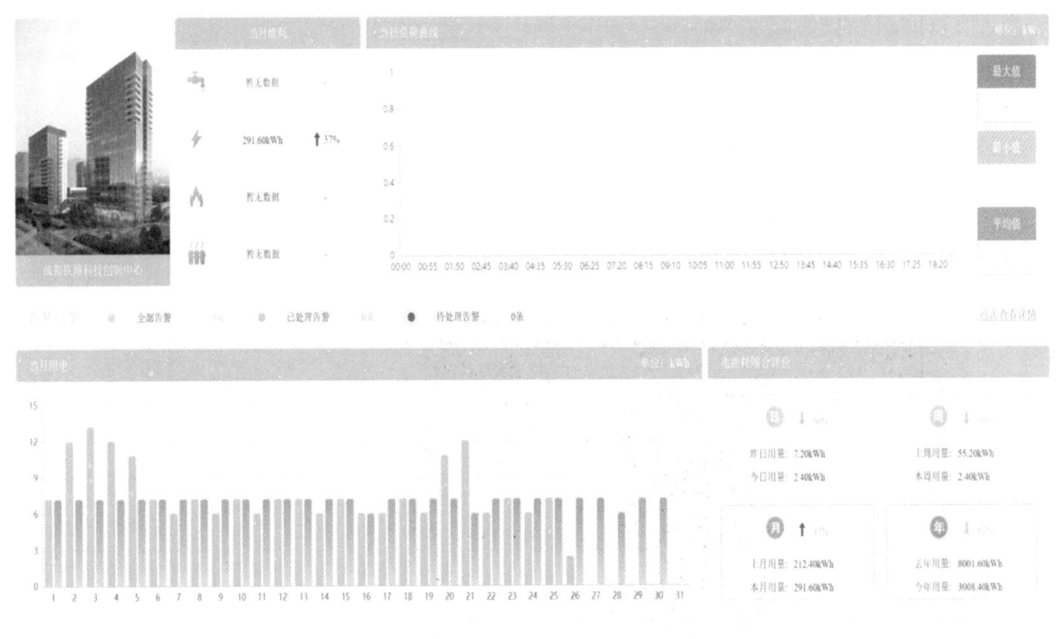

图 2.2.5-11　施工能耗分析

4. 碳排放分析

建造活动中对能源的消耗、固体废弃物的处理会排放大量的温室气体，正确估算建筑物在施工过程中的碳排放量对实现低碳发展具有重要的意义。碳排放分析是基于 BIM 技术，结合建造过程中的碳排放理论构建碳排放 BIM 测算平台，研发碳排放计算分析软件，引入碳排放系数快速测算施工过程的碳排放量。

通常对建造阶段建筑的碳排放计算一般是采用材料清单、机械清单测算产生过程能耗，再结合对应的碳排放系数转化得到建造过程总碳排放量，但此种方法对数据采集要求高且计算繁琐。通过 BIM 模型可以直接提取碳排放项目工程量清单，并通过设定分部分项工程和措施项目的综合碳排放系数，达到计算建造阶段建筑碳排放的目的（图 2.2.5-12）。

3_建材运输碳排放计算

建材种类	总用量	单位	运输距离km	运输工具	碳排放因子	运输阶
普通硅酸盐水泥...	100.0	t				
C30混凝土 、	200.0	m³				
	0.0					
	0.0					
	0.0					

图 2.2.5-12　碳排放计算分析

5. 铁路客站数据智能分析应用

（1）杭州西站空间分析应用

杭州西站地下室等区域机电管线密集，经过多专业协同形成 BIM 数据化模型，利用软件分析功能，提升深化设计能力。通过模型的研究和策划，将管线尽量布置到车位上空，提升车道部位的净高，采用将消防喷淋管线整体穿梁的优化措施，提升空间整体高度。在 BIM 模型中辅助绘制梁中套管预留图，用于指导现场施工（图 2.2.5-13）。

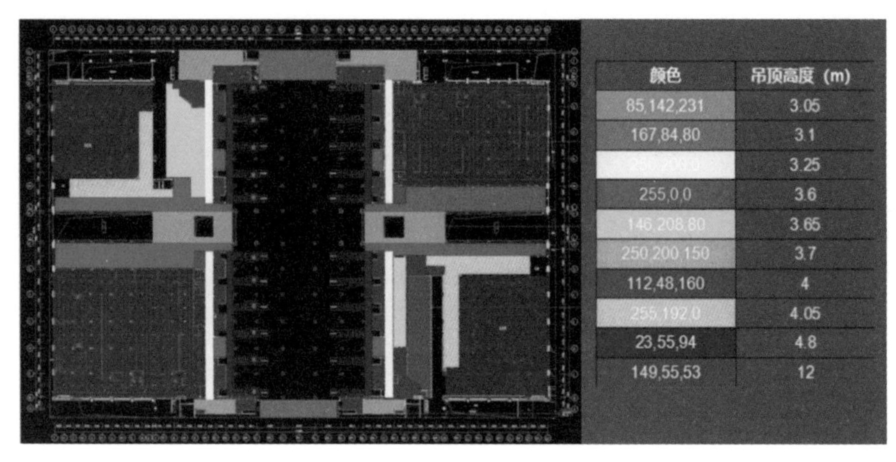

图 2.2.5-13　机电管线净高分析图

（2）白云站空间分析应用

1）三维地质分析

白云站地质情况复杂，地下溶岩普遍发育，局部区域的见洞率高达 90%。针对复杂地质，施工中利用超前钻资料，建立地质详勘模型，明确地下溶洞分布，并对施工人员和管理人员进行三维可视化交底，同步对地下溶洞的注浆工程量进行统计，实现对地基处理的精准化管理（图 2.2.5-14、图 2.2.5-15）。

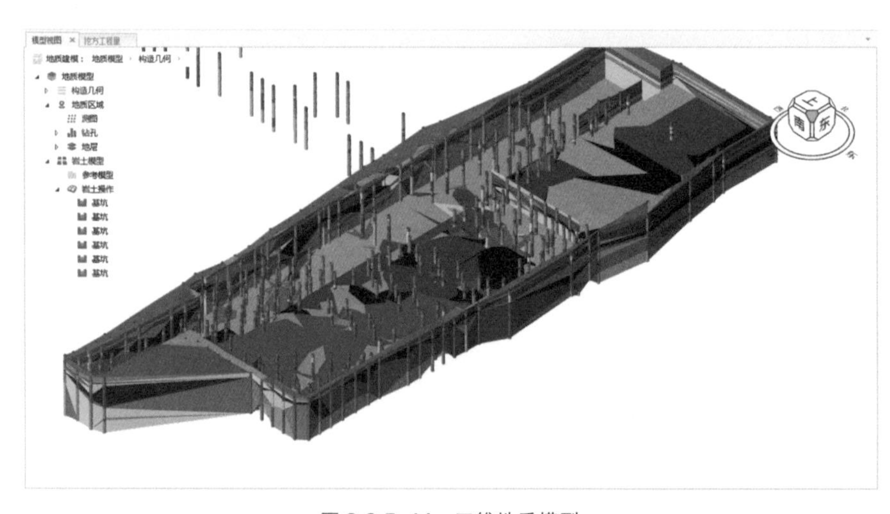

图 2.2.5-14　三维地质模型

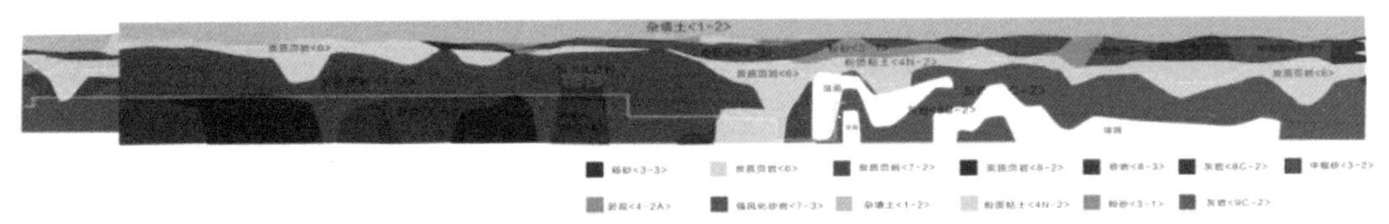

1－1剖面图

图 2.2.5-15　地质模型剖面图

2）各阶段场地布置分析

广州白云站施工环境复杂，枢纽区域包含地铁、东西广场、城市公交枢纽配套工程以及国铁站房工程。站房分两期施工。施工总平面布置根据工程特点和总体安排，本着因地制宜、永临结合、方便施工、有利管理和缩短场内倒运距离来统一规划；运用 BIM 技术，结合施工条件，对总平面布置进行分阶段安排，统筹考虑各区域的工作面、施工顺序和施工进度，合理布局生活区、加工厂位置，规划大型机械（塔式起重机）、移动式吊装设备、混凝土罐车及施工机械设备、运行空间，综合考虑施工现场水平、竖向人流动线，从而减少施工干扰，更好地组织施工。

根据施工进展情况，运用 BIM 技术对场内外交通进行策划，进行时空模拟，确定施工高峰时段和施工交通拥堵时段，采用多种方式进行交通疏导和协调，保证工程正常施工（图 2.2.5-16）。

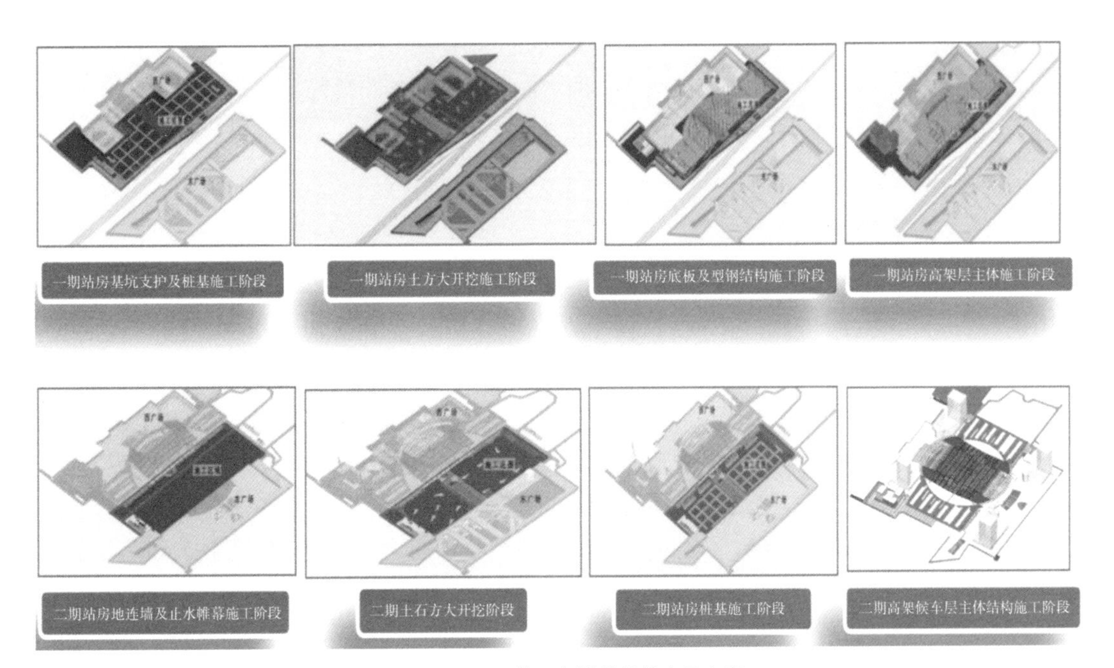

图 2.2.5-16　施工各阶段场地布置方案

3）交通组织分析

白云站站房及相关工程受既有京广线影响，以E轴线为分界线（一期基坑边距既有京广铁路约70m）分两期施工，整体采用倒边施工方法，项目周边配套工程同步施工，本工程土石方外运量及工程材料用量巨大，工期非常紧张，施工过程中为保证有10m宽双向临时施工道路，利用BIM技术进行交通组织模拟，确定在南北两侧设置场外临时道路，地下施工周期内需进行四次便道迁改，对交通进行疏解（图2.2.5-17）。

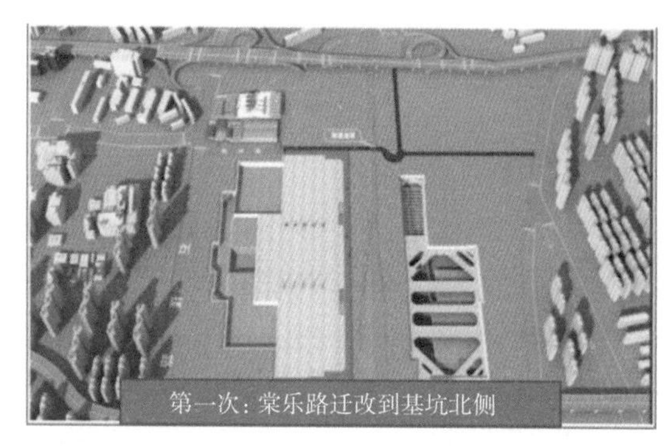

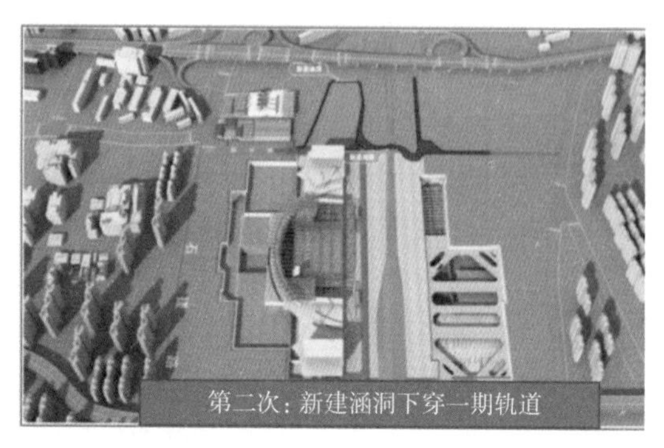

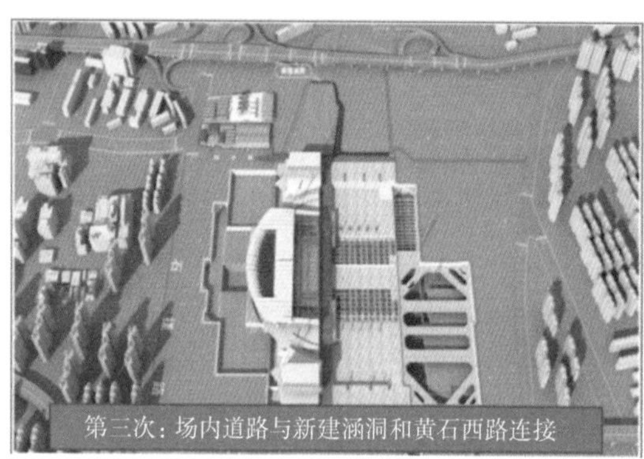

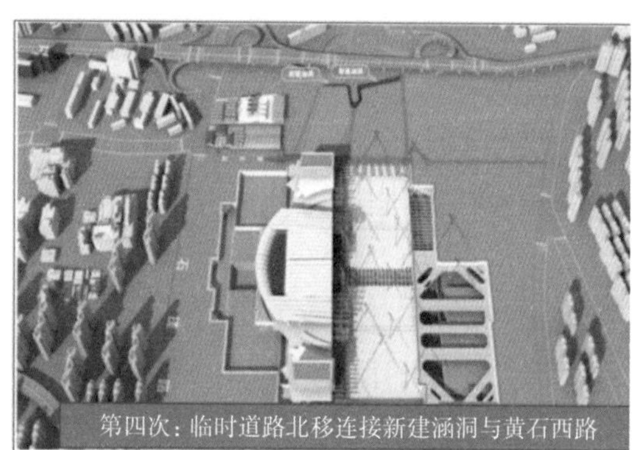

图2.2.5-17　交通组织方案

4）杭州西站力学分析应用

杭州西站现场施工条件复杂，钢结构屋盖旋转提升过程中，结构位形由拼装姿态逐渐向设计姿态转换，过程中存在杆件干涉现象。根据提升流程及提升器的行程次数，通过MIDAS Information Technology Co.，Ltd公司的通用有限元分析软件MIDAS/Gen Ver.855分别对旋转过程中的拼装状态、过程状态及完成状态进行静力分析。屋盖杆件和提升横梁均采用梁单元模拟，拉索采用桁架单元模拟，计算时考虑几何非线性。提升主要荷载为结构自重，由于有限元软件中只能考虑杆件的重量，因此将杆件肋板荷载、节点荷载、马道、檩条以增大自重系数的方式施加于结构中，网架部分自重系数取值为1.423。考虑提升过程不同步作用，提升施工动力系数取1.2。屋盖钢结构旋转提升过程分为10个状态（均按几何非线性计算），如表2.2.5-1所示。

旋转提升施工工序表 表 2.2.5-1

步骤	施工内容
1	1-6 区屋盖拼装
2	左右半区屋盖结构脱胎 900mm
3	左右半区屋盖结构各旋转 0.5°
4	左右半区屋盖结构各旋转 1°
5	左右半区屋盖结构各旋转 1.5°
6	左右半区屋盖结构各旋转 2°
7	左右半区屋盖结构各旋转 2.5°
8	左右半区屋盖结构各旋转 3°
9	左右半区屋盖结构各旋转 3.5°
10	左右半区屋盖结构旋转到位（各旋转 4° ）

施工过程状态分析及变形结果：反映施工过程中结构在 X、Y、Z 三个方向的变形情况，分别输出各施工步骤结构计算模型及结构在 X、Y、Z 三个方向的变形情况（图 2.2.5-18）。

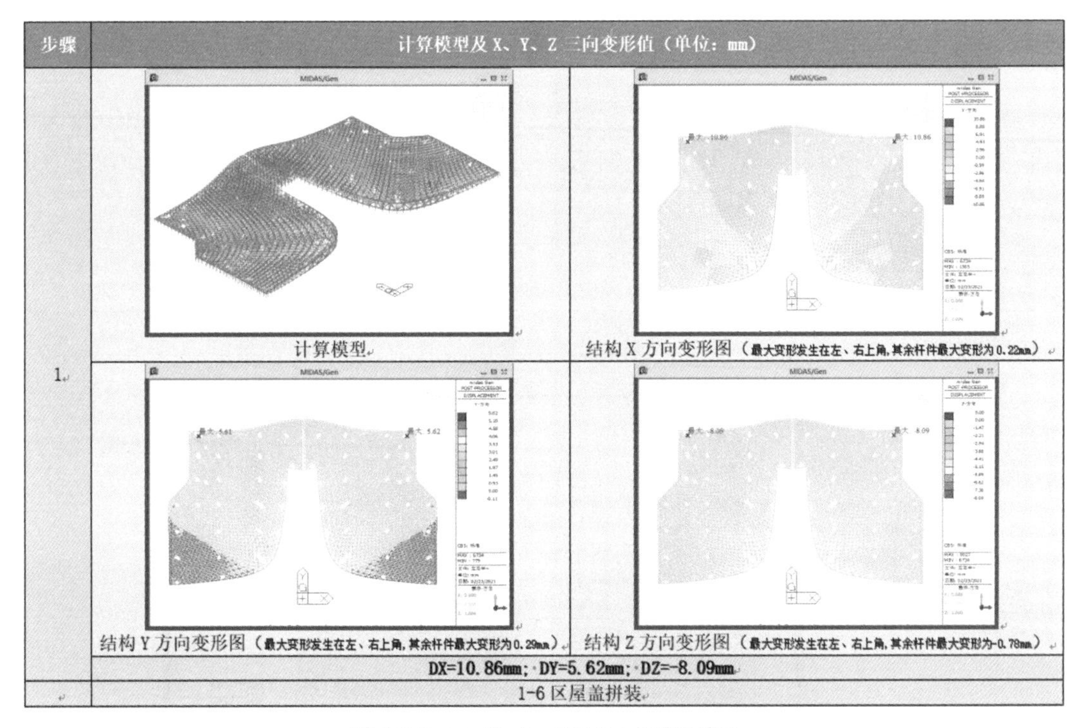

图 2.2.5-18 X、Y、Z 三个方向变形情况

屋盖在分块提升过程中，X、Y 向相对位移最大分别不超过 36.39mm、-36.48mm，相对位移较小；Z 向相对位移变形最大不超过 -41.84mm，施工时通过预起拱消除变形。

将有限元分析数据导入 BIM 作为施工过程中结构位形的控制依据，通过现场实测数据与理论数据实时对比，保证结构旋转提升一次就位（表 2.2.5-2）。

结构变形分析表 表 2.2.5–2

步骤	位移 /mm		
	△X	△Y	△Z
1	10.86	5.62	−8.09
2	−45.43	−36.48	−41.48
3	−41.46	−29.68	−41.59
4	−38.06	−23.37	−41.67
5	−35.21	−18.32	−41.73
6	−32.92	−14.74	−41.77
7	−31.15	−11.69	−41.80
8	−29.85	−9.91	−41.82
9	−29.10	−11.56	−41.81
10	−28.49	−12.69	−41.84

施工过程中各施工过程态杆件应力比大小见表 2.2.5-3。由上述各施工步骤中结构杆件应力比可知，杆件最大应力比出现在第 5 ~ 第 7 步，提升吊点附近杆件，最大应力比值为 0.69< 1，满足规范要求。

应力云图表 表 2.2.5–3

步骤	应力云图
1	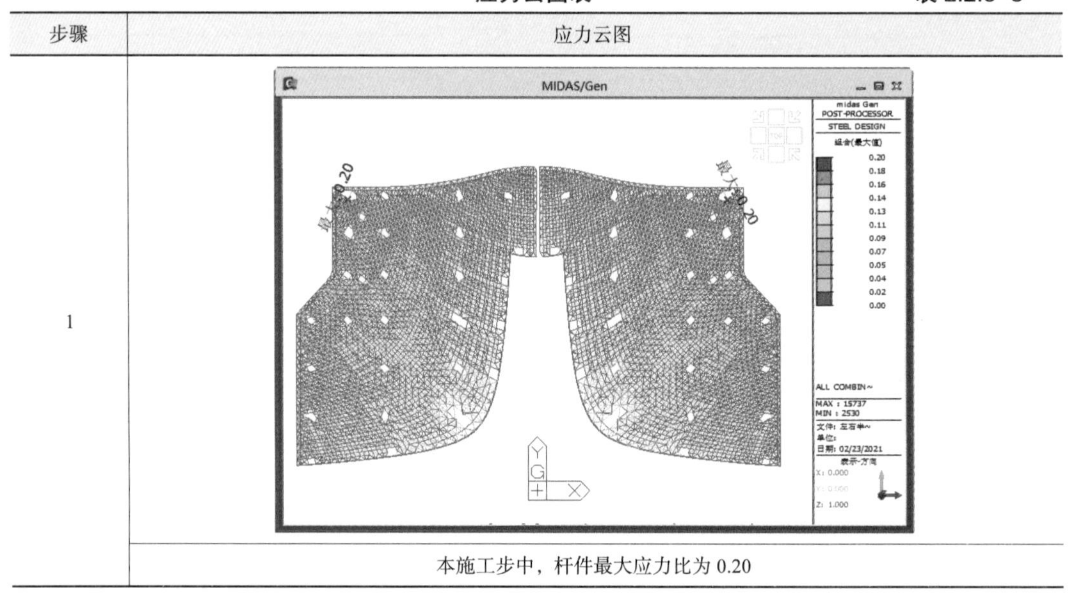
	本施工步中，杆件最大应力比为 0.20

续表

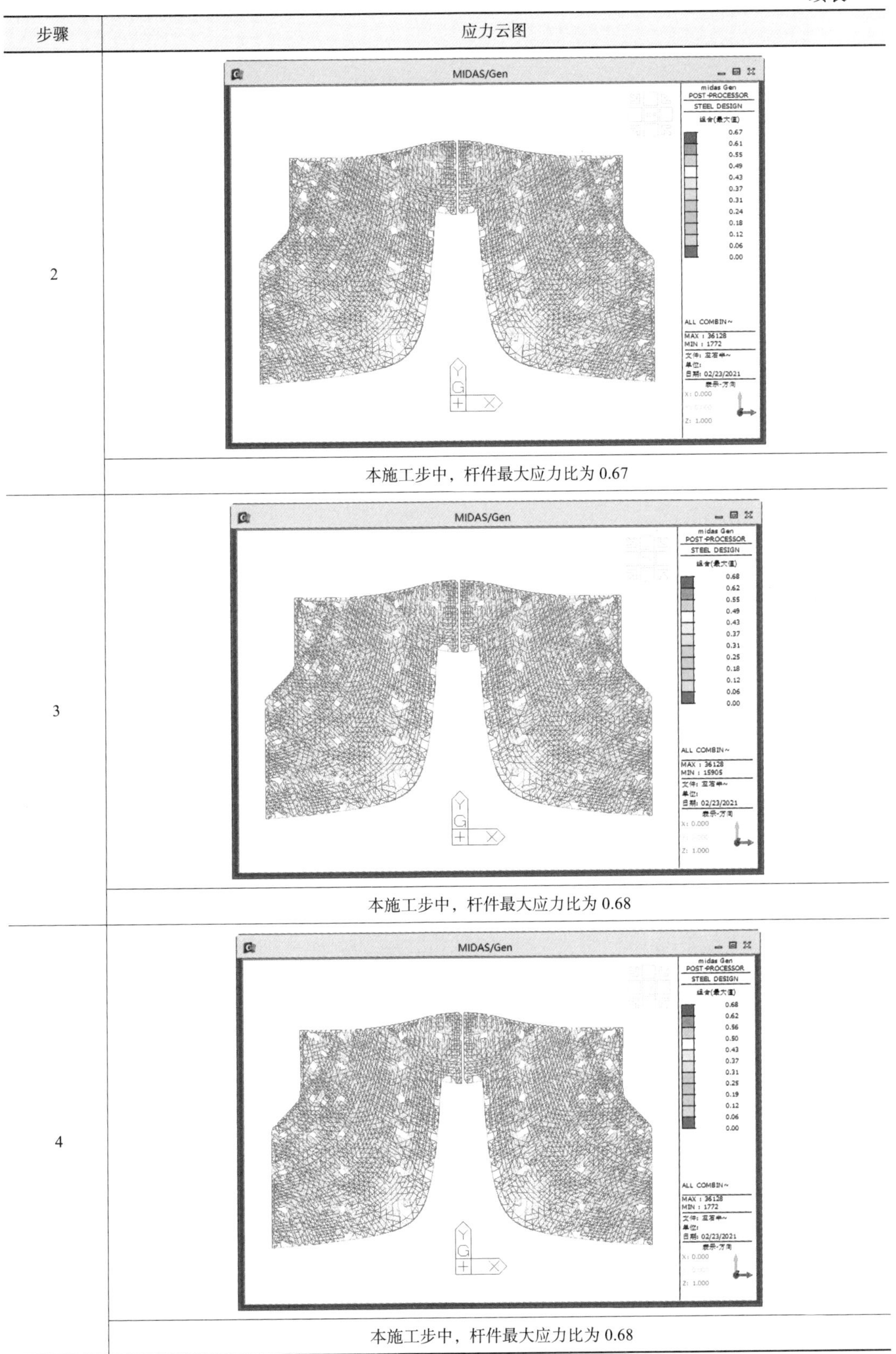

步骤	应力云图
2	本施工步中，杆件最大应力比为0.67
3	本施工步中，杆件最大应力比为0.68
4	本施工步中，杆件最大应力比为0.68

续表

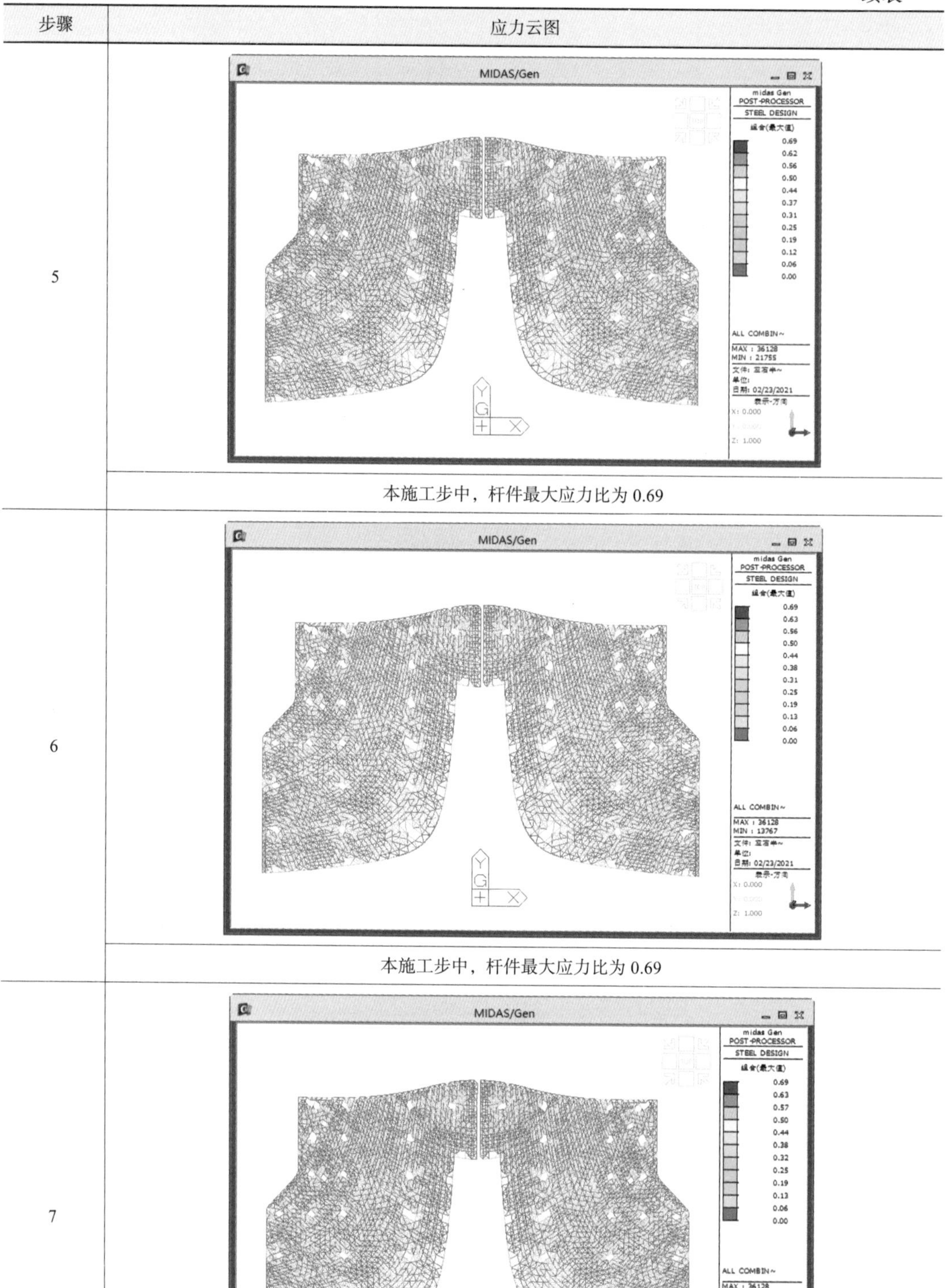

步骤	应力云图
5	本施工步中，杆件最大应力比为 0.69
6	本施工步中，杆件最大应力比为 0.69
7	本施工步中，杆件最大应力比为 0.69

续表

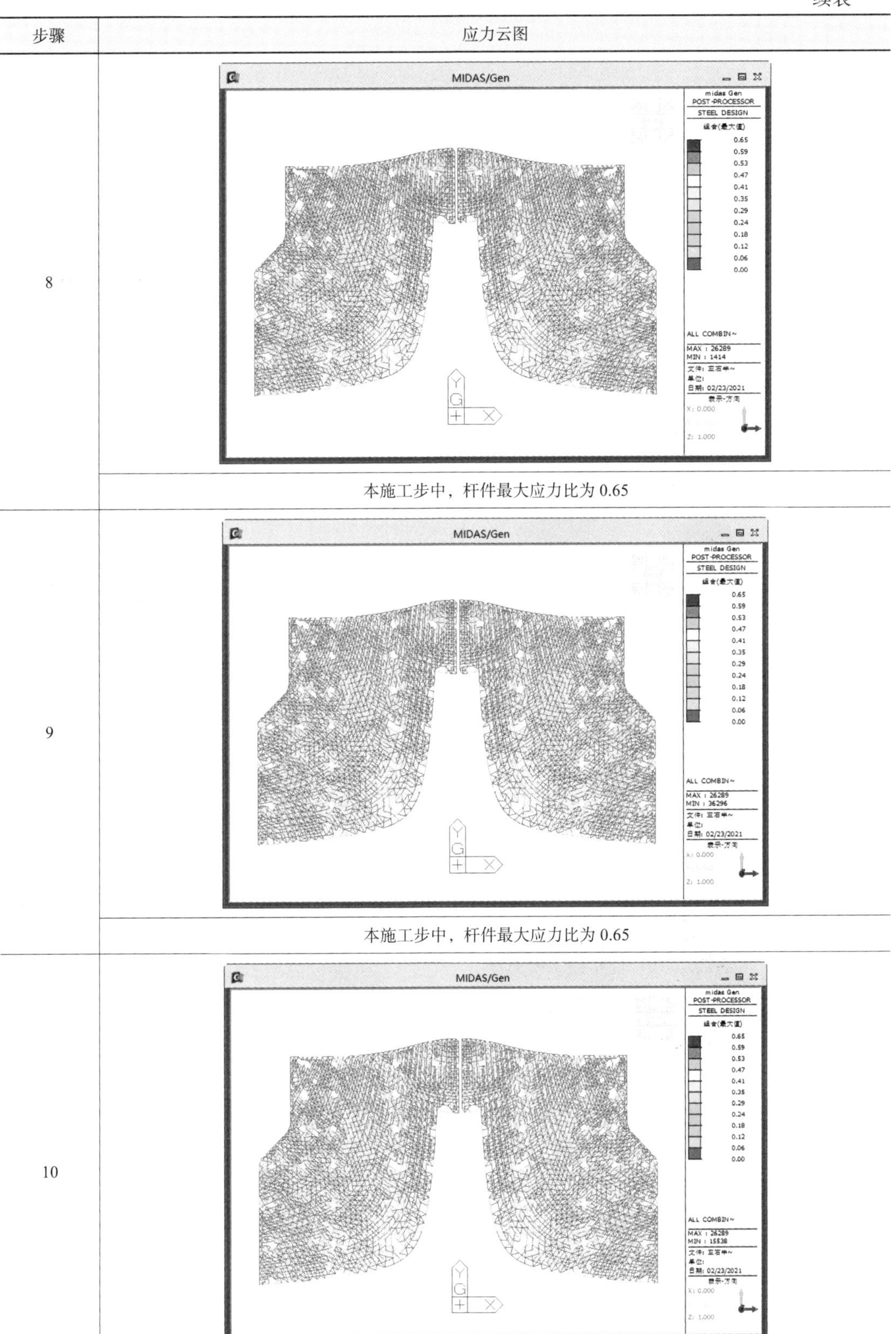

步骤	应力云图
8	本施工步中，杆件最大应力比为 0.65
9	本施工步中，杆件最大应力比为 0.65
10	本施工步中，杆件最大应力比为 0.65

5）清河站力学分析应用

清河站主站房钢结构施工分两期施工，为确保清河站施工中临近地铁 13 号线运营安全，施工阶段需进行屋面钢结构体系的受力、变形分析，并对主体结构进行安全复核。施工过程中不断优化结构设计，采用 Aubqus 有限元分析软件对结构进行大震动力弹塑性分析、结构抗连续倒塌分析，评估结构体系的抗震合理性，找出结构抗震薄弱点，对结构的重点部位、重点构件（如 A 柱柱顶节点、A 柱东侧柱脚节点、Y 柱铸钢节点、直柱柱脚节点）进行了性能化设计（图 2.2.5-19）。

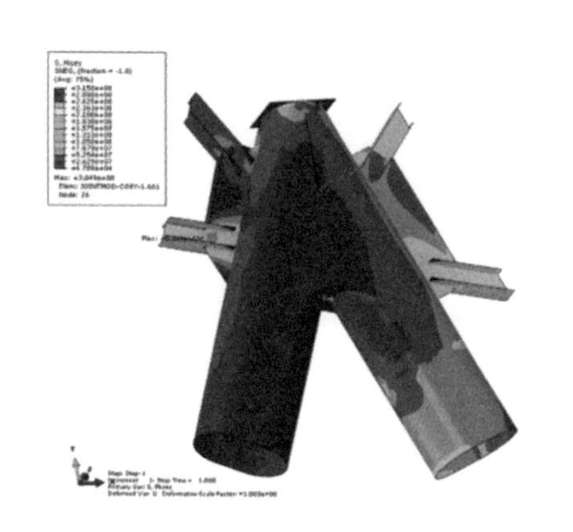

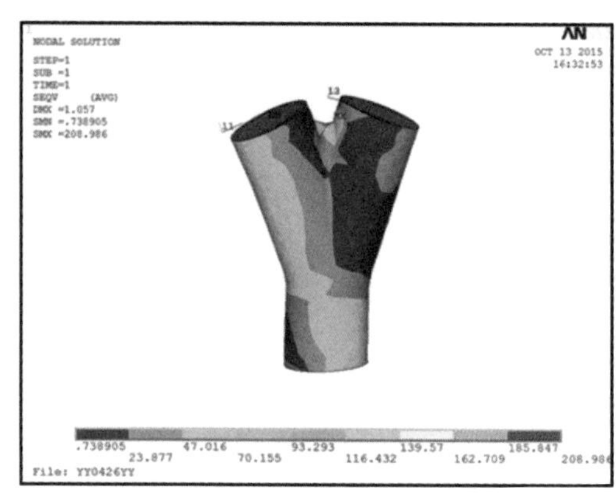

图 2.2.5-19 清河站钢构柱头节点应力云图

采用 ANSYS 有限元分析软件对主站房桥建合一结构体系在高铁列车通过时的结构舒适度（特别是钢结构楼面层）进行了评估及结构优化。进行风洞试验，对 A 区主站房 100 年重现期时结构各面等效静风荷载值分析（图 2.2.5-20）。

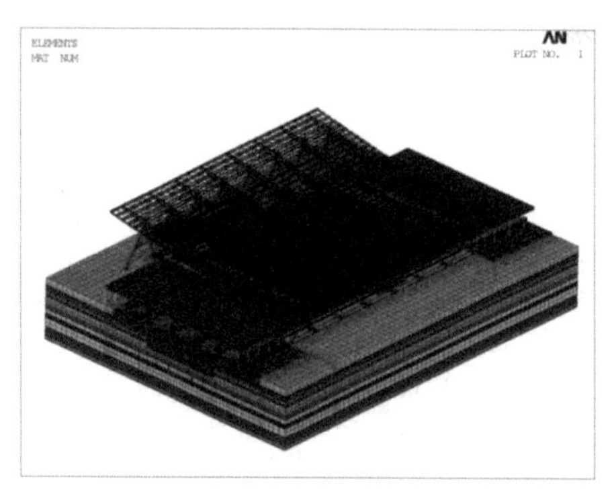

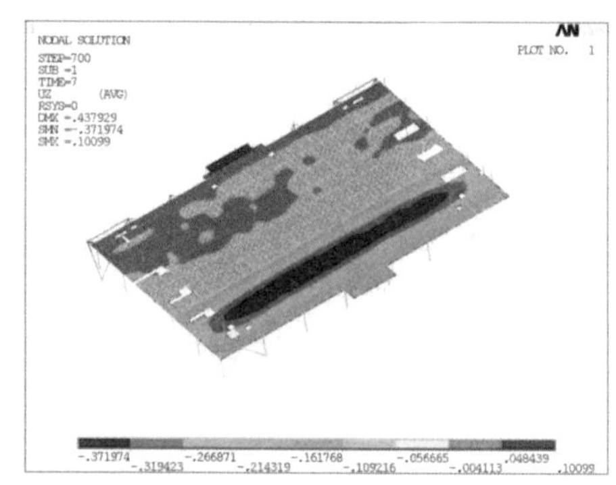

图 2.2.5-20 等效静风荷载分析图

为保证管节点的结构安全性，对柱头进行了有限元分析；对相连弦杆、腹杆 Y 柱铸钢节点等建模进行有限元分析（图 2.2.5-21）。

在西侧幕墙结构中，对横梁与 A 柱连接节点进行有限元分析，将节点划分为实体后导入整体模型，保证边界条件与实际相符，在 Midas Gen 系统中进行计算分析（图 2.2.5-22）。

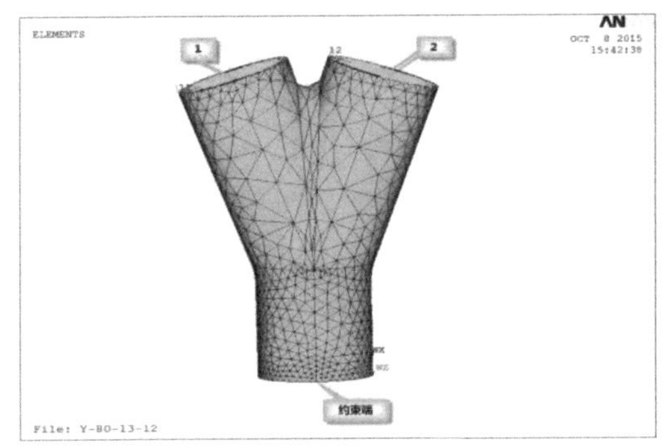

图 2.2.5-21　清河站钢构柱头节点有限元模型

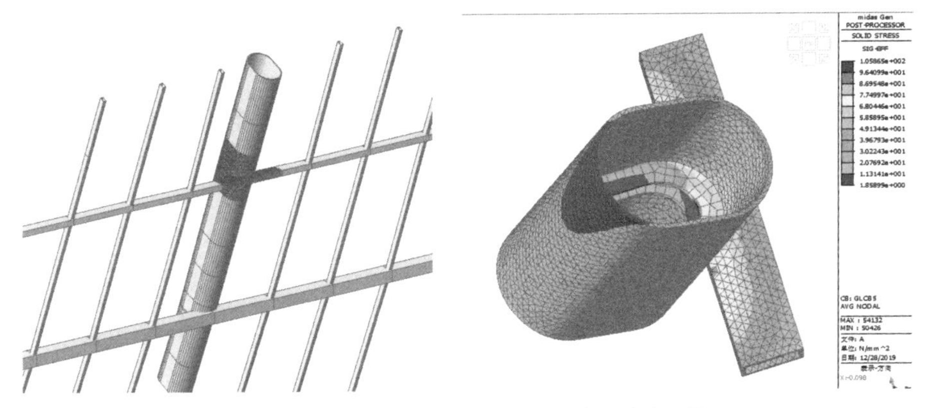

图 2.2.5-22　西侧幕墙节点有限元分析及应力云图

基于力学分析的成果，为现场施工提供足够的数据支持，项目钢结构施工质量达到设计及规范要求，高质量完成了钢结构工程的施工。

2.3　智慧工地管理与应用

2013 年底，国内各行各业围绕信息技术的发展呈现飞速增长的态势；2020 年，5G 信息技术投入使用并快速发展；今天，中国社会已经进入了全面的信息化时代。信息技术的发展，既深刻改变着中国社会的发展，也推动着各行各业的技术进步。铁路客站的建设管理，受益于信息技术的发展，工地智慧管理的兴起，对于快速、高效、安全、优质地完成客站建设，起到了积极的推动作用。

智慧工地的建设与发展，是现代信息技术和传统的施工现场管理技术相结合，综合运用云计算、大数据、物联网、移动互联网、人工智能等现代计算技术、显示技术、监控技术、网络技术，实现工地管理的规范化、标准化、数据化、效率化，改变了传统依靠人工统计和监督进行建设管理的现状，实现了人员、物资、设备、进度、安全、质量、投资、成本等管理方面的平台一体化、流程信息化、计量精确化、成果自动化。

2.3.1 平台一体化

传统的项目施工管理模式下，按项目法施工，项目经理为团队的第一责任人，统筹项目实施的各个方面，项目根据需要组建管理团队，组织相关的部门，配置必要的人员，进行管理与责任的分工。在这个团队组织里，以及项目实施过程中的各种信息，如人员、物资、设备、进度、安全、质量、投资、成本，分别由不同的层级和责任人负责，管理信息需要层层传递、逐级沟通，管理信息不仅容易形成沟通缺失，也会造成时效的延误，影响决策效率。通过智慧化项目管理平台的建设，能够实时反映项目各个方面的管理动态与信息，为项目管理决策提供全面、直观、科学的判断和分析依据。智慧工地管理平台是项目信息管理平台的一个子功能。

1. 一体化平台概述

智慧工地的本质是项目管理要素的数字化。智慧工地一体化管理平台，是围绕施工现场项目管理的"人、机、料、法、环"五大核心要素，将 BIM-GIS 技术、云计算、大数据、物联网、移动互联网、人工智能 AI 等新型信息化技术，与传统施工项目管理深度融合，把智能感知、施工监测与过程管理等汇聚到一个平台上，开展安全、质量、生产、技术、环境等多方面的应用，对项目进行数字化、信息化、智能化、标准化、精细化的管理，给传统的建筑工地装上"智慧大脑"，辅助进行项目决策、监督与管理。

智慧工地信息化管理平台的系统架构主要包含标准规范体系、物联设备采集、网络环境、数据存储与安全、数据交换接口及系统应用层，系统架构图如图 2.3.1-1 所示。

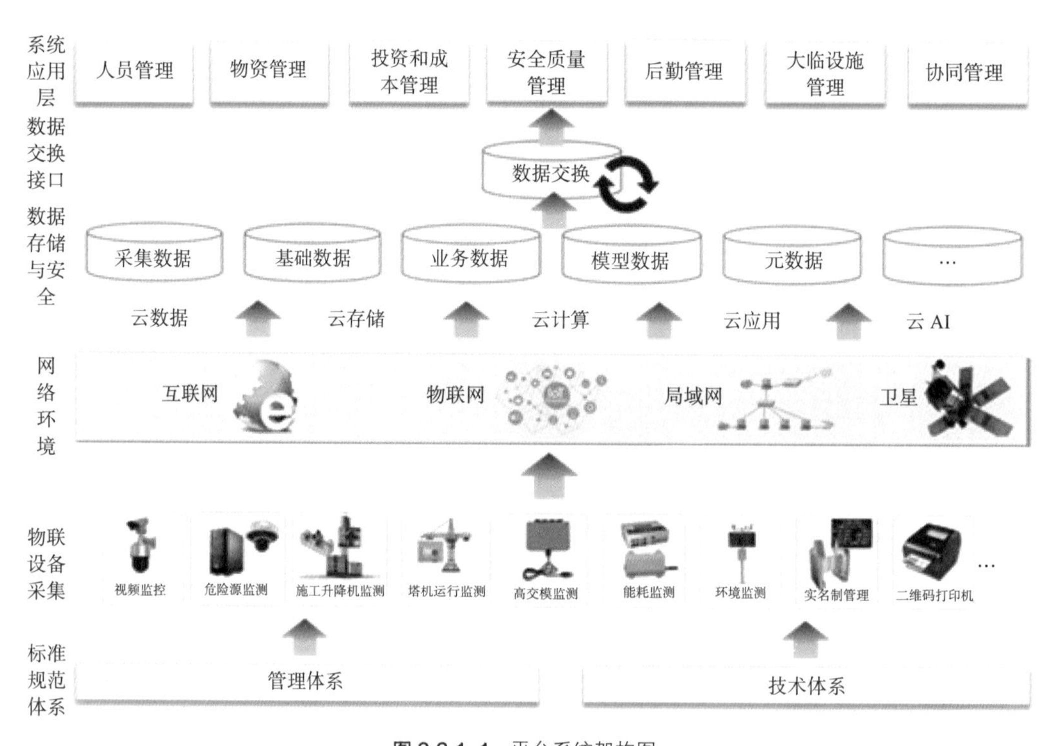

图 2.3.1-1 平台系统架构图

（1）标准规范体系的建立

应建立管理、技术体系，确保工地信息化管理系统的标准规范化。

1）管理体系

铁路客站建设过程中，为约束众多参建单位及监管单位，构建标准规范化管理，宜建立以建设单位为主导、层次分明的信息化管理体系。

成立研究和应用领导小组，负责研究制定信息化管理系统总体实施方案，确定工作重点、范围及内容；成立项目管理机构研究应用小组，研究制定细化方案，组织信息化管理系统研究和应用推进工作；建立参建单位生产一线应用小组，负责协调设计、施工、监理、检测等单位，组织信息化管理系统的应用和相关实施。

2）技术体系

针对铁路客站信息化系统建设技术难点多、安全风险点多、控制性节点多等特点，宜将铁路客站智慧工地信息化系统管理划分为规划、设计、施工、运营及维护等不同阶段。针对不同阶段中的各个环节，以BIM技术为基础，利用物联网技术的感、传、知、控，优化人与人、人与物、物与物间的有机联系，实现对项目全生命期的智能化管控，确保工程进度在安全前提下稳步优质地推进，有效提升建设管理水平。

（2）物联集采设备体系

铁路客站智慧工地信息化系统的技术架构建立在物联网、云计算、BIM+GIS、大数据以及面向服务架构等技术的基础上，形成一个高度集成的信息物理系统。物联网通过各类传感器感知铁路客站建造过程，向信息化系统的云计算平台传送实时采集的相关数据。建立全面感知“人、机、料、法、环、数”等关键因素的物联系统，物联网通过不同类型的传感器从施工现场采集实时数据，包括结构的应力和位移、现场的温度与空气质量、能耗以及智能施工设备的状态等，通过数据分析，辅助决策。铁路客站信息化系统可配备研发独立的物联网平台，并且需要具备以下要点：

1）物联网平台：建立独立部署的物联网平台，对接各项物联网设备，用于对传感器的数据传输、存储及分析，须具备易维护的特性。

2）标准化数据传输接口：构建标准化数据传输接口，支持不同物联采集设备的数据传输。

3）分布式系统架构：采用分布式系统架构设计物联网，支持百万设备同时在线，支持高并发。

4）无线传输技术：采用Wi-Fi或蓝牙等技术将施工现场部署的无线传感器互联，形成无线传感网络。机电管道、PC、钢结构、幕墙等装配式构件全过程采用RFID或二维码技术，通过跟踪构件内嵌入的标识，实时采集数据。建设过程中采用RFID、Zigbee或超宽带技术进行室内数据传输定位，采用GPS进行室外数据传输定位。

（3）网络环境建设

铁路客站智慧工地信息化系统中的网络建设必须兼顾政府部门、铁路集团、企业、施工单位等不同机构的管理、决策、服务及协同业务和职能要求。主要包括以下几个方面：

1）性能稳定，可靠性高

由于铁路客站智慧工地信息化系统应用的广泛性及对接的特殊性，要求其网络和管理系统必须稳定可靠。要求网络高速化，任意终端、传感器与信息化管理系统间尽量有高速传输通道。应建立具有很强交换能力的网络架构方式、网络设备。网络的物理链路应能够实现冗余备份，当一条线路出现故障时，可以通过备用链路实现数据的传输，保障系统的正常运行。

2）管理性强，易于维护

铁路客站智慧工地信息化系统的建设及应用，随着客户群体和网络规模的不断扩大，网络设备的数量且也将不断增大，性能优良的网络管理系统成为发挥网络性能、保障网络平稳运行的关键因素之一。因此，对于铁路客站智慧工地信息化系统的网络，不仅要求网络设备和系统平台的安装、配置和使用都比较方便，还需要有较强的网络管理手段，合理地配置和调整网络负载，监视网络状态，并在出现故障时易于维护。

3）网络优先级

在铁路客站智慧工地信息化系统网络中，同时传输着各种信息，包括业务文件、预警通知、管理信息、视频会议信息流、传感信号、各种浏览页的内容等。为了保障服务质量，网络必须具有一定的智能性。例如，网路应该能够区分传输信息的优先级，并首先保障优先级高的信息传输，当铁路客站建设过程中遇突发安全、质量事故，系统应优先保障此通道信息的传递，以及智能关联措施的响应；当网络出现拥塞时，应该能够为延时敏感性强的应用，如视频会议信息流，提供尽可能地优先服务。

4）安全性

由于铁路客站智慧工地信息化系统的重要性，必须建立健全安全防范措施，从硬件、软件以及管理等各个方面进行严格管理，严防非法入侵和泄密。

并且，应当在铁路客站智慧工地信息化系统的运维服务器上，设置虚拟专用网络（VPN），即在公用网络上建立专用网络，进行加密通信。便于外网环境下，通过互联网连接 VPN 服务器，继而通过 VPN 服务器进入铁路客站信息化系统服务器，从而执行紧急维护工作。

（4）数据存储与安全

铁路客站智慧工地信息化管理系统应具备高质量的数据存储功能，以及完善的数据安全保障体系。数据存储与安全技术主要涉及数据完整性、容错与网络冗余和网络备份系统。

1）数据完整性

数据完整性是指数据处于完整的状态，与损坏、丢失相对立，数据完整性主要包括正确性、有效性、一致性。来自铁路客站建设过程中的数据来源可靠，传输方式正确，数据的存储格式与要求相同，保障正确性。同时，系统还要约束数据的有效性。其次，保证所有用户，即信息化系统其他监管方、参与方获取数据一致。

2）容错与网络冗余

铁路客站智慧工地管理系统的不断使用及发展，复杂性也会相应增加，服务器主频不断加快，容易导致系统出错。故需要采用空闲备件、负载平衡、磁盘双联等措施。其中空闲备件为系统配置的备用部件，以便硬件存在故障时及时更换；负载平衡是提供容错的重要途径，便于在其中一个部件出现故障时，另一个部件承担其工作任务；磁盘双

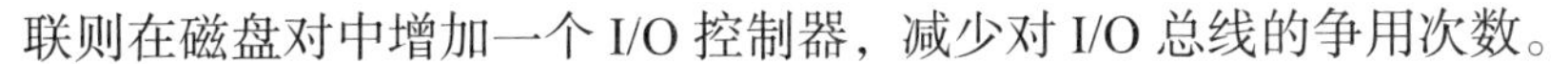

联则在磁盘对中增加一个 I/O 控制器，减少对 I/O 总线的争用次数。

3）网络备份

在铁路客站智慧工地管理系统在长时间的数据积累下，必然会堆积大量数据。执行网络备份是非常重要的一环，备份的对象应当为整个铁路客站信息化管理系统的内容，包含了运行系统、运行文件、数据库等。

（5）数据交换接口

在铁路客站智慧工地管理系统应当具备完善的 API 数据交换接口，接口应当具有权限验证功能，采用限时 Tokenkey 进行身份验证机制，限制用户身份，以及访问次数或时间间隔。其次，API 的响应数据格式应当为字符串、JSON 等格式。并且，数据交换接口应当有测试接入服务的调用示例。

2. 一体化平台应用

铁路客站智慧工地信息化管理系统的建设内容，应当包含但不限于用户权限及系统设置、项目信息、工作协同、成本管理、生产管理、人员管理、安全管理、质量管理、智慧建造等内容。系统用户向功能模块中录入相关数据，通过必要的流程定义审批后，即可在功能模块中显示相关数据和图表。

（1）用户权限及系统设置

用户权限意为定义用户分类，主要分类包括组织分类、角色分类、用户分类等。并且给用户分配角色和权限，同时也定义相关工作流程，录入工程管理中相关的资源和数据，并设置专门角色进行审批和通过，实现工程信息资源共享。

为满足不同用户的使用需求和舒适程度，提升友好性，宜建立系统设置功能。系统设置内容可包含界面颜色、显隐设置，也可建立拖拉拽的半自由式布局设置。

（2）项目信息

铁路客站智慧工地信息化管理系统宜包含铁路客站项目基本信息、参建单位、项目施工现场全景图、航拍图、BIM+GIS 场景、视频宣传片等内容，便于对铁路客站建设有直观的了解。用户通过鼠标滚轮拉近拉远来观看模型以及显示统一看板，显示项目概况、环境监控、视频监控、项目实施进度、项目人员公示、项目人员分布情况、设备管理图形化信息等。

（3）工作协同

铁路客站智慧工地信息化管理系统宜具备云文档、项目新闻、通知公告、通讯录等内容。云文档，宜包含设备信息列表展示，对设备信息进行添加、删除、详情查看；宜包含安全日志列表展示，对安全日志进行添加、导出、根据二维码查看和根据日期查询日志；宜包含施工日志列表展示，对施工日志进行添加、下载、编辑和删除；宜包含项目工程形成的资料文件和文件夹列表展示，文件和文件夹应实现上传、下载、新建、删除、重命名（文件夹）、搜索等功能。

铁路客站建设智慧工地信息管理员通过录入施工单位组织机构、资源计划、施工方案、技术交底、例会汇报材料等，实现工程信息资源共享。管理者通过查看资源计划，实时掌握工地甲供（控）物资设备的招标、备料和进场情况；通过查看施工方案和技术交底，实时了解工地建设过程中重大施工技术方案以及设计单位交代的施工注意事项等。

（4）安全管理

安全管理宜包含安全统计、安全问题、整改单、安全巡检等内容。安全统计采用图表形式，显示收集问题的整改状态、安全趋势、统计结果等数据；安全问题提供安全检查闭环管理功能和内部审批流程，App 端每一环节均有消息。安全问题列表展示，对问题进行添加、删除、标识记录、查看详情、发出（草稿），添加整改单等操作，可根据整改人、整改状态、整改单三项数据对问题列表进行数据查询；整改单为整改单列表展示，对多个和单个整改单进行打印和删除操作；安全巡检为安全巡检列表展示，可对安全巡检进行添加、删除操作等。还应包括高支模体系、钢结构、深基坑、临边防护、大体积混凝土、塔机安全、施工升降机、卸料平台等工程安全施工监测应用。

（5）质量管理

质量管理宜包含质量统计、质量问题、整改单、质量巡检等内容。质量统计采用图表形式，显示收集问题的整改状态、质量趋势、统计结果、统计分析等数据；质量问题为提供质量检查闭环管理功能和内部审批流程，App 端每一环节均有消息。质量问题列表展示，对问题进行添加、删除、标识记录、查看详情、发出（草稿），添加整改单等操作，可根据整改人、整改状态、整改单三项数据对问题列表进行查询；整改单为整改单列表展示，对多个和单个整改单进行打印和删除操作；质量巡检为质量巡检列表展示，对质量巡检进行添加、删除操作，对质量巡检信息进行查看、添加操作。例如对大体积混凝土、混凝土试块标养室、工程实测实量等的质量管理，可对接管理平台开展自动化数据监测与分析应用。

（6）人员管理

人员管理宜包含在岗情况、人员信息、出入记录、人员轨迹等。在岗情况采用图表形式，显示收集的项目人员公示牌、现场人员、晴雨表、项目出勤统计、分包单位考勤情况、教育培训情况等数据；人员信息应通过列表展示，对人员信息进行导入、添加、删除、查看详情，根据姓名、工种、所属队伍进行查询等操作；出入记录应可根据日期查询当日出入记录；人员轨迹应即时反映施工现场佩戴 AI 安全帽的人员动态、生理参数等。

（7）成本管理

管理系统宜建立成本管理模块，内嵌设计成本、采购成本、运输成本、劳务成本、维护成本等方面的子板块，采取有效的管控措施，加强投资成本管控。

可基于信息化管理系统建立 5D 成本测算应用，结合招标投标数据，运用大数据和数据分析，开展项目成本预测与编制，提前规划布局，调整施工组织及资源配置，在确保施工质量及工期的前提下，选择最佳的项目施工方案，降低项目成本。

（8）机械管理

信息化管理系统应建立机械设备管理模块，对所有大小型机械设备、施工车辆等进行监督与管理，使参建各方实时快速了解机械设备进出场、验收、检验、使用、操作人员等信息，高效管理、安全使用，同时，还应以可视化数据报表、图表等方式进行数据汇总分析、结果展现，通过预报警功能实现对施工机械设备的管理管控。

（9）物料管理

信息化管理系统应建立物资管理模块，使建设、监理、施工等参建方了解物资采购计划、物资生产、发运与调拨、验收与结算等信息，实时掌握物资来源、去向和结算情况，高效管理物资采办全过程。该模块能够完成物资采办的统一管理，通过汇总报表、进度分析与预警等功能来实时监控。

在工程项目配置智能地磅物料系统，实现物资进场的智能化、科技化、信息化管理。物料系统对进场材料运输车辆进行称重，自动记录相关数据，并实时抓拍车前、车后、车厢及磅房等的照片，作为记录凭证。卸货完成后对空车进行称重除皮，自动计算进场材料重量并打印过磅单。所有过磅数据自动形成电子化物资台账，分类进行统计管理和分析，随时随地监控、跟踪材料进场过磅数据。所有数据实时自动记录，减少供收方之间的矛盾，有效控制物资材料的进出场。

其次，可根据物联网、大数据和BIM技术，对进场物料跟踪管理。也就是结合电子标签（如RFID、二维码等），对进场大宗物资、机电设备、钢结构、PC构件、取样试件等进行物料进度跟踪管理。对材料的进场情况进行实时监控，管理人员能够随时了解主要材料的进场情况。

（10）环境管理

信息化管理系统应建立环境与绿色施工管理模块，对施工现场的温度、湿度、扬尘、噪声、风速、风向等信息进行实时监控，对于高温、扬尘超标、噪声超标等现象实时预报警，提醒项目管理进行环境保护和绿色施工改善。同时，还应联动围挡喷淋、道路喷淋、塔式起重机喷淋等降尘、降温设备，对超标预警情况进行实时自动化管理措施。

3. 软硬件环境

智慧工地信息化管理平台，宜采用公有云、私有云的云端部署方式，减少施工项目在软硬件环境搭建方面的成本支出与投入，提高对管理系统的运营、管理、维护的效率与质量；云端部署方式的灵活性，也对管理系统的性能需要有更好的保障，对于用户、数据量不断增大的情况，可对服务器按需扩展、扩容，确保以最高的性价比运行、管理智慧工地平台系统；同时，管理系统总体采用泛在网的技术方式进行部署，实现集成、集中管理。

智慧工地的云端部署，应包含智慧工地信息化管理平台系统、物联网平台、数据接口系统、大数据服务系统、BIM轻量化引擎系统、移动应用系统等软件系统。所有软件系统的数据来源，一部分来自于施工现场各个部位的智能硬件采集设备与终端，一部分来自于施工项目部各业务管理人员录入和维护的相关数据，还有一部分来自于第三方管理系统的数据对接与传递。

4. 运维与应急

智慧工地信息化管理平台涵盖了项目施工管理的“人、机、料、法、环”等管理要素，在运行过程中平台系统、数据资料等的安全性至关重要，软硬件系统的运营维护也是必不可少的一个环节。

（1）安全管理

1）通道安全

智慧工地信息化管理平台系统面临的安全问题复杂多样，各种攻击手段日新月异，新型漏洞不断被报告。系统借助防火墙、VPN、IP安全等技术手段，在网络边界上建立相应的网络通信监控系统来隔离内部和外部网络，保证可信系统或IP进行连接，防止DoS攻击和过滤某些不受欢迎的IP和数据包，提供统一拦截请求、过滤恶意参数、自动消毒、添加Token，并能够根据最新攻击和漏洞情报，不断升级对策，处理大多数网站攻击。

2）系统安全

智慧工地信息化管理平台系统采用身份认证、访问控制等安全技术，对操作者身份、访问权限进行确认，防止攻击者假冒合法用户获取资源和访问权限，保证系统和数据安全，以及授权访问者的合法利益。

3）数据安全

威胁数据安全的因素很多，比如：硬盘驱动器损坏、人为误操作、黑客攻击、病毒感染、信息窃取、自然灾害、电源故障、磁干扰等。为抵御各种繁杂的安全隐患，智慧工地平台系统通过数据库加密、硬盘安全加密、备份恢复、双活容灾等技术手段为全域中心建立数据的安全保护和管理，有效防止经过网络传输和交换的数据发生增加、修改、丢失和泄露等，从而确保数据的可用性、完整性和保密性。

（2）运维与应急

项目智慧工地的建设，不仅需要由成熟、可靠的技术人员进行安装、实施、调试等工作，同时还应与施工项目部信息化管理人员建立一套良好的联系沟通机制，为智慧工地建设与应用过程中出现的设备损坏与掉线、软件系统故障等异常、应急情况提供及时、可靠的技术支持与保障。

2.3.2 流程信息化

铁路客站的项目管理，有其铁路行业的特征。铁路的建设管理，一般是由各地铁路局集团根据建设管理的需要，组建的相关项目管理机构或者路地双方合资成立的客专股份公司进行，部分铁路客站因地方出资的需要，亦有地方的建设管理单位参与，同时，铁路客站均有专业的监理单位代表建设单位行使部分管理职能；在项目建设单位的直接管理之外，尚有行业内的相关建设机构、消防管理部门等参与，如国铁集团和下属铁路局集团设置的建设管理部门、工程管理中心、质量监督部门、安全管理部门、客运管理部门等，由于建设管理相关方比较多，指令的传达、信息的沟通、文件的传输，必须要建立合理的信息化管理流程，提升信息的传输效率。

1. 流程管理概述

智慧工地信息化管理平台系统，在研发建设过程中充分融合了规范化的端到端的业务流程方法与概念，使各业务子系统应用的开展都依托于相应的业务流程，通过规范化、程式化、书面化的流程体系，让所有参与人员均可以准确、高效地应用系统业务流程开展工作。同时，智慧工地的建设，将施工现场项目管理的“人、机、料、法、环”等管理要素，通过新型信息化技术的加持，应用智能采集终端设备，赋予了自动化、信息化、数字化、智能化的特征，将传统项目管理中需要人为干预和介入的管理流程，转变成了利用新技术手段自动采集数据、干预管理流程的信息化新模式，实现了施工项目管理的提质增效。

2. 协同办公流程化

在铁路客站建设过程中，有着包含建设单位、设计单位、监理单位、施工单位在内的众多参建单位，各参建单位之间的指令传达、信息传递、文件传输等工作与内容众多。智慧工地信息化管理平台系统，可以作为各参建单位之间信息传递、联系沟通的"信息高速公路"，同时，将各方之间的工作业务流程转化成系统性、数据化的流程，并固化在管理平台系统中，实现各参建单位基于业务流程的项目管理协同办公。

同时，平台系统可实时、客观、真实地记录每个业务流程的发起与办结时间，提高了业务流程的管理效率和可追溯能力；系统中还可通过提醒机制的设定，辅助业务节点承办人及时、高效地处理协同办公业务。

3. 业务管理流程化

铁路客站建设是一个繁杂而庞大的系统性工程，所涉及的业务种类繁多、数量巨大，对于人员、机械、物资、安全、质量、成本、进度、资金等多领域的管理业务，均可进行平台化、系统化、流程化的转变，使其跨越传统项目业务管理时间、空间的障碍；同时，业务管理向信息化的转变，还可充分利用信息化技术的特点，建立业务管理预警、提醒机制，可有效提升项目管理效率与质量。

2.3.3　计划统计精确化

目前施工企业已经将数据累积、统计分析等工具运用到施工作业、生产管理以及企业运营各个层级，但是建筑行业的生产过程和组织的割裂导致大量数据仍处于孤岛状态，大数据的价值远没有发挥出来。大数据在智慧工地平台的应用分为两大类：大数据技术的开发与应用和大数据资产的开发与应用，随着生产过程中组织和生产对象的逐渐数字化，大数据资源将作为重要的数据软资产，指导和辅助现场决策，促使管理变得更加精确、高效和智能。

1. 计划统计概述

智慧工地利用一系列信息化工具围绕"人、机、料、法、环、测"实现现场的精细化、绿色和智慧化生产。众多的应用将产生大量的信息数据，亟需借助科学有效的手段进行搜集、统计、分析和利用，从而为项目建设服务增值。智慧工地建设过程中产生大量的数据，这些数据信息将依照规律产生，并传输到各模块加以存储使用，使各模块管理数据化运营，管理更加精确（图 2.3.3-1）。

2. 计划统计应用点

（1）人员管理

通过进场人员实名制管理系统，实现参与建设人员的精细化管理，如实名制管理、安全培训管理、人脸识别考勤管理、劳务考评管理、黑名单管理、系统预警提示等。通过进场人员实名制管理系统、人脸识别闸机等实时掌握工人进出场情况，根据系统产生的数据可统计分析现场劳动力及工种结构数据，判断现场劳动力是否满足生产需要，减少劳动力管理方面的人工管理工作量；同时可根据进场刷卡记录建立工人出勤台账，防止恶意讨薪，减少劳资纠纷。

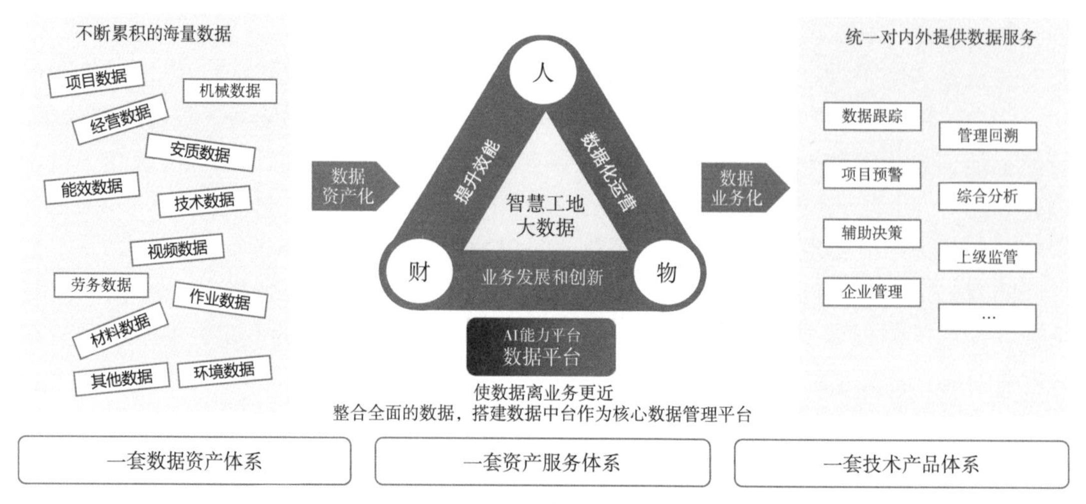

图 2.3.3-1　智慧工地大数据分统计分析

（2）资源管理

施工现场投入的资源是构成工程建设成本的重要组成部分。要利用信息化管理平台实现资源的自动化统计、分析与监测。例如将智能地磅称重的数据、AI 智能点数的数据、现场机械设备的进出场和运行数据、周转料进出场数据、能耗监测数据、车辆进出场数据、钢筋智能加工数据等，通过信息端口输入信息化平台，在平台中实现各类资源数据的收集、整理和分析，自动产生资源管理的各种报表，链接成本管理系统，实现投资的动态控制（图 2.3.3-2 ~ 图 2.3.3-8）。

图 2.3.3-2　智能地磅称重系统

图 2.3.3-3　AI 钢筋智能点数

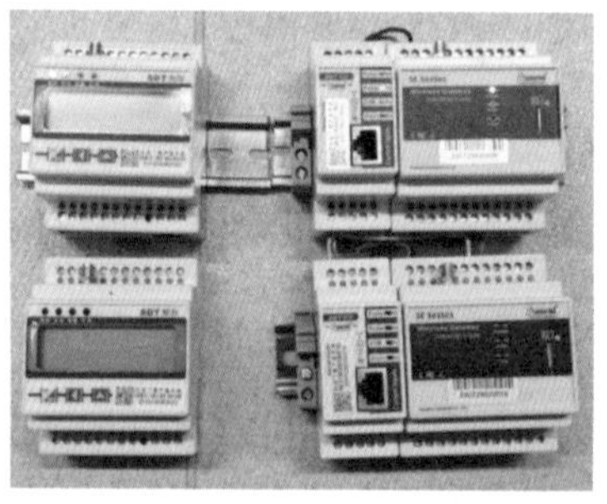

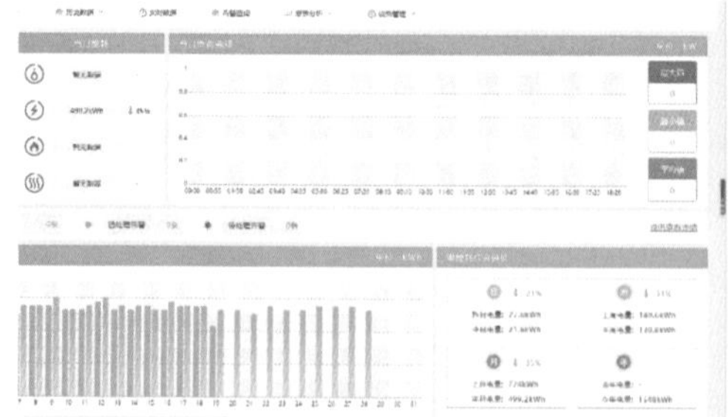

图 2.3.3-4　施工能耗管理

图 2.3.3-5 车辆管理系统

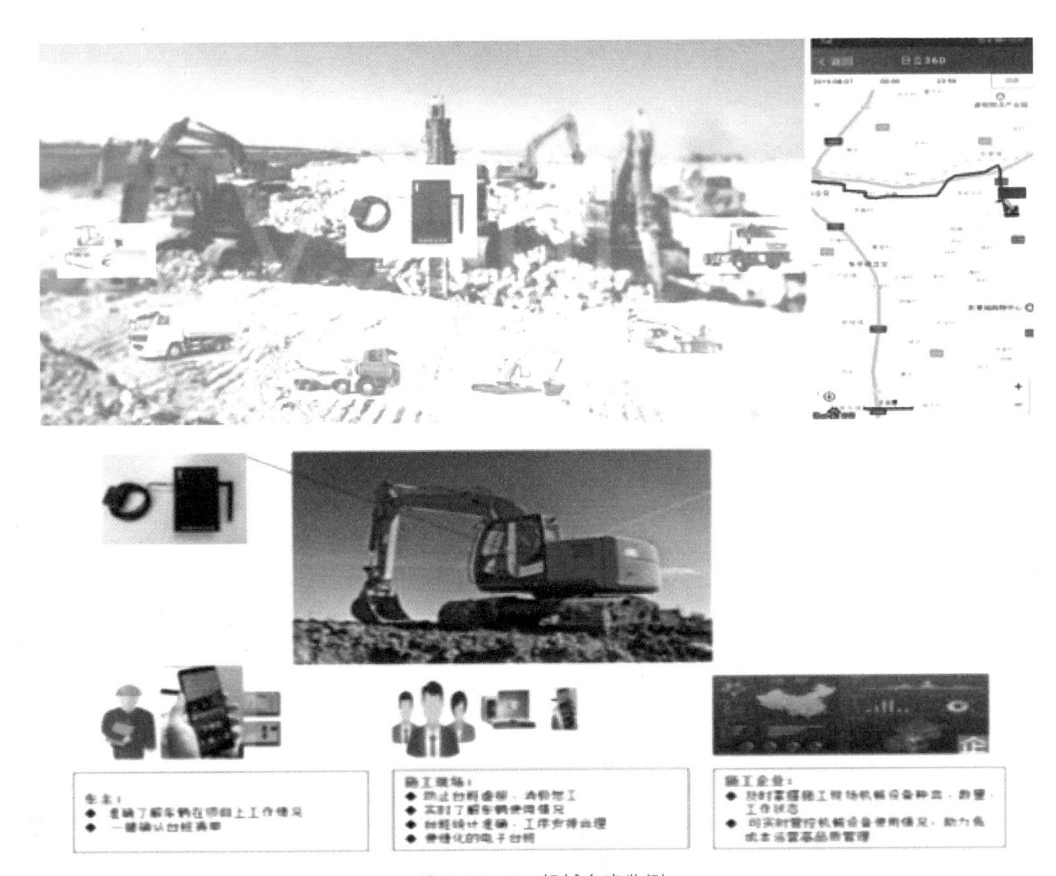

图 2.3.3-6 机械台班监测

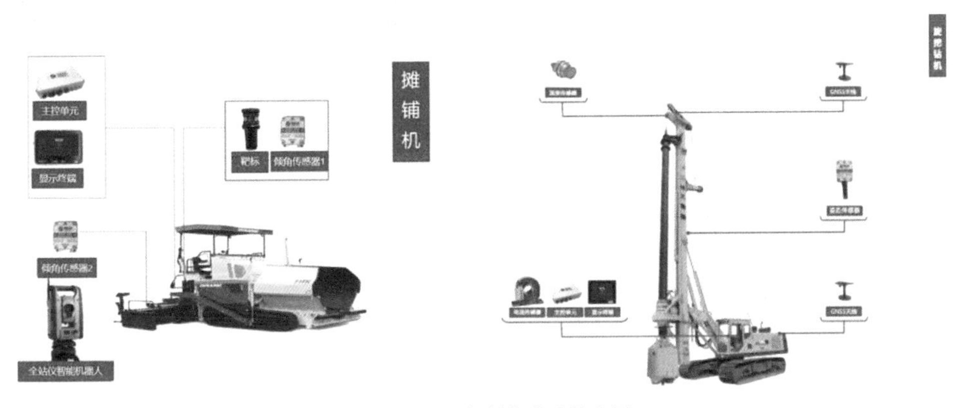

图 2.3.3-7 机械作业质量监测

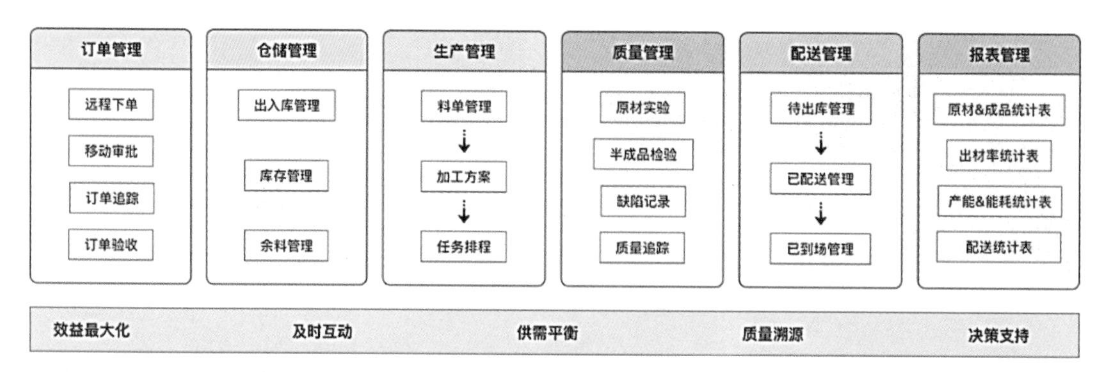

图 2.3.3-8　数字化钢筋加工厂应用方案

（3）智能化测量数据：将施工现场测量的数据，与智慧工地平台数据对接，由平台自动实现对数据的整合、整理和分析、预判、预警，输出需要的管理表格、形成施工记录，有助于实时监督工程质量检查过程，数据可查可追溯。应用于智慧工地施工测量内容包含但不限于以下：地基与基础施工测量（智能全站仪、GPS）、土方平衡（无人机航测、三维激光扫描仪）、地下水智能监测、大体积混凝土无线测温、标养室监测、结构应力应变监测、变形监测、超高混凝土泵送监测、风致响应监测、智能数字靠尺、全景成像测量、放样机器人、红外热像仪、管道巡检机器人、探地雷达等技术设备（图 2.3.3-9）。

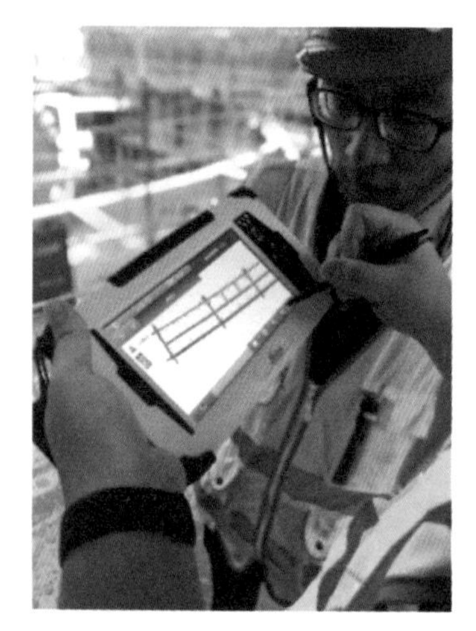
可视化选点操作

实时导航放样

放样点标记

图 2.3.3-9　测量辅助放线机器人

（4）检测试验管理

取样、见证人员在工作前通过人脸识别手段进行系统验证，并利用 GPS 技术定位取样、委托位置。取样定位超出工地范围、委托定位超出合理委托范围应报警，取样、委托检测及其见证、检测数据收集留存视频、图像资料等附件，实现平台即时信息共享，解决检验检测造假现象；将工地试验室数据、智能拌合站数据与信息化平台对接，实现集中管控、统一分析、实时预警、报表汇总、资料存档（图 2.3.3-10）。

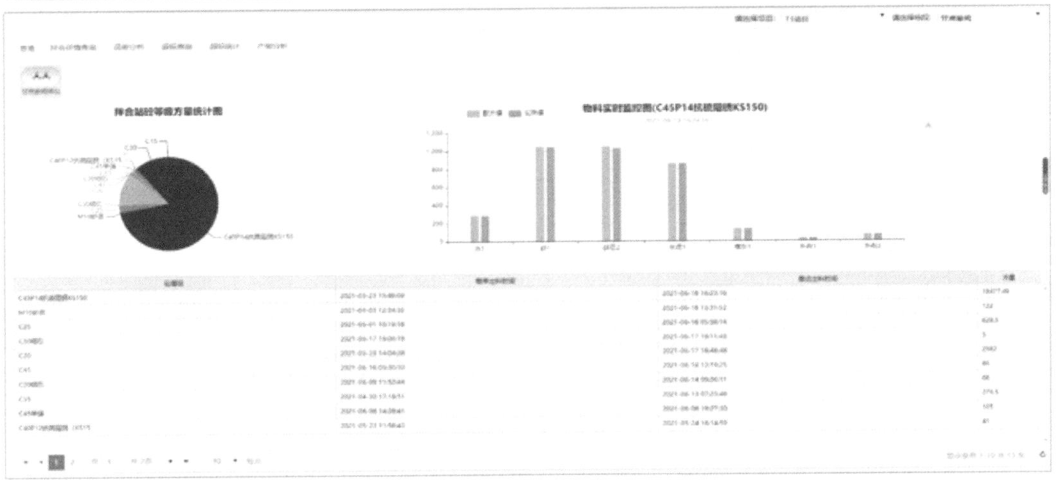

图 2.3.3-10　智能拌合站监测系统

3. 大数据分析与辅助决策

智慧工地平台及系统运行过程中产生的海量数据，需要经过精确计量、统计和挖掘、分析才能为企业带来效益。结合上文中对各类计量统计应用点的论述，利用大数据可以做好工程质量管控、施工环境监测和人员监管，辅助项目有针对性地进行技术改进、方案优化、管理提升等活动。智慧工地建设与大数据运用，对于提升项目精细化管理和企业经营分析能力、助力企业转型升级、提质增效非常重要。

2.3.4　成果自动化

智慧工地之于管理者而言，减少工作量和降低工作强度是其鲜明特征之一。智慧工地感知终端数据回传、管理维护数据、平台运行数据等多源数据汇聚融合，如何进行成果高效输出，且保证成果的扎实、丰富和多元，是智慧工地平台优化的重要考量。

1. 成果输出的概述

区别于传统施工现场管理模式，智慧工地平台的集成性和系统性，能够将各应用模块数据串联互通，实现智慧工地数据的“自动采集、自动分析、自动处理、自动集成”。成果输出形式主要包括自动化预警、自动化报表、自定义图表（折线图、柱状图、趋势图、饼状图、旋风图）、二维码、可编辑文档、视频等。

2. 自动化报表

针对项目智慧工地平台基础数据、人员实名制及考勤数据、疫情防控数据、安全巡查及验收数据、质量巡查及验收数据、环境监测数据、大体积混凝土测温数据、智能过磅称重数据以及其他各类安全质量监测数据，智慧工地平台采用统计报表、图等方式，按照年、季度、月、周、日、时、名称、分组、操作人员等定制化条件进行汇总分析和归纳，自定义表单生成报表、导出，平台支持线上审批、工作流、电子签章及痕迹留存，最大程度地发挥智慧工地工作流程智能化、信息化（图 2.3.4-1 ～图 2.3.4-4）。

图 2.3.4-1　人员实名制数据查询、导出

图 2.3.4-2　大体积混凝土测温数据查询、导出

图 2.3.4-3　车辆管理数据管理

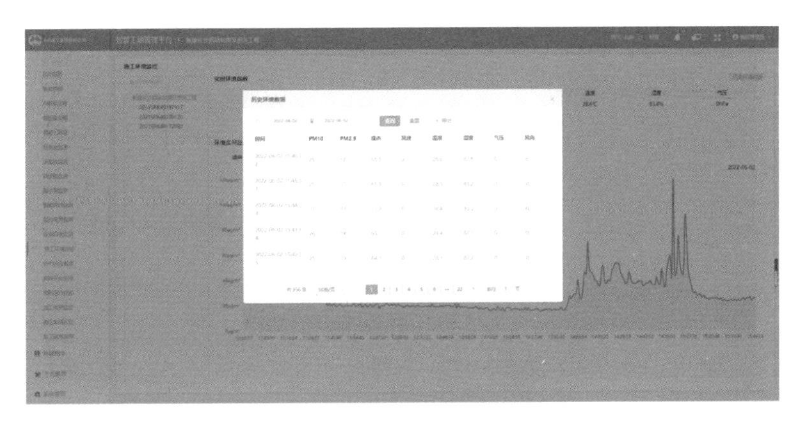

图 2.3.4-4　环境监测数据查询、导出

3. 自动化施工记录

智慧工地平台嵌入施工记录编制及发布功能，根据平台运行数据，自动抓取当日天气情况、作业面及进度情况、现场施工影像以及其他重点关注事项、监测数据（人员、验收、巡检等）等，根据记录表自定义，自动生成施工日志留存、发布，极大地方便项目管理人员施工记录工作，降低工作强度，提高管理效率及水平（图 2.3.4-5 ~图 2.3.4-7）。

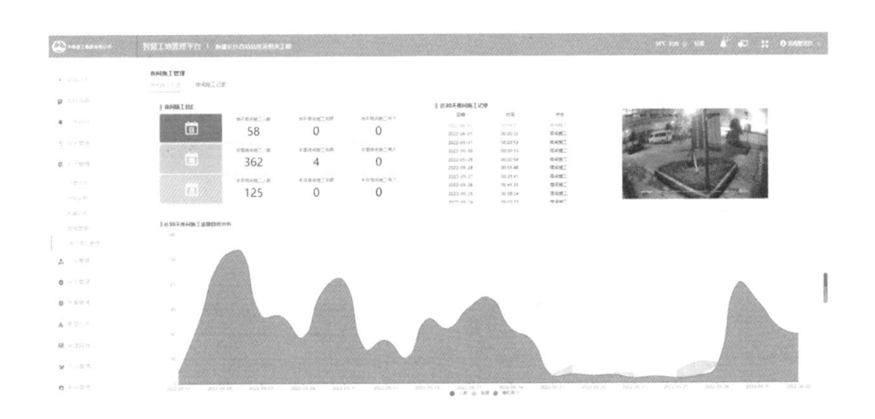

图 2.3.4-5　夜间施工记录数据监测、管理

图 2.3.4-6　每日现场作业面情况记录

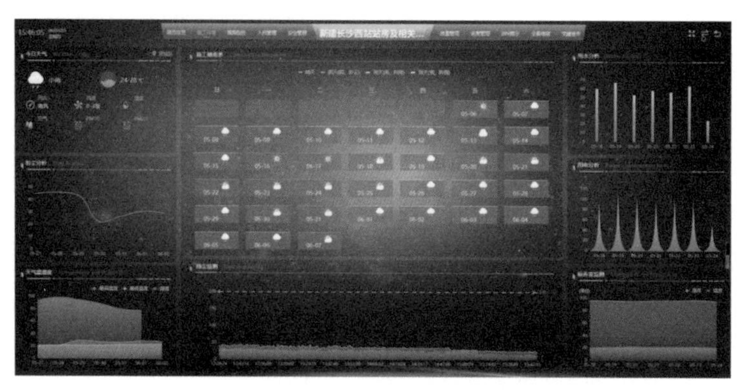

图 2.3.4-7　每日施工环境记录

4. 自动化预报警

智慧工地平台建立完善的应急事件提醒、预警、报警、反馈及处置机制，通过现场声光报警、智慧工地指挥中心、微信推送、短信通知等多种形式推行自动化预报警，确保现场第一时间反馈至管理人员，加快管理决策。同时，平台依据项目全方位数据监督、数据沉淀及加工，建立人、系统平台、生产要素之间的高效协作，构建项目管理数学模型，带入工程项目管理目标，平台运行期间将依据量化的施工偏差数据，划分预警类型，对各类预警情况实行分级处置，实现过程预警及纠偏，提高管控效率（图 2.3.4-8）。

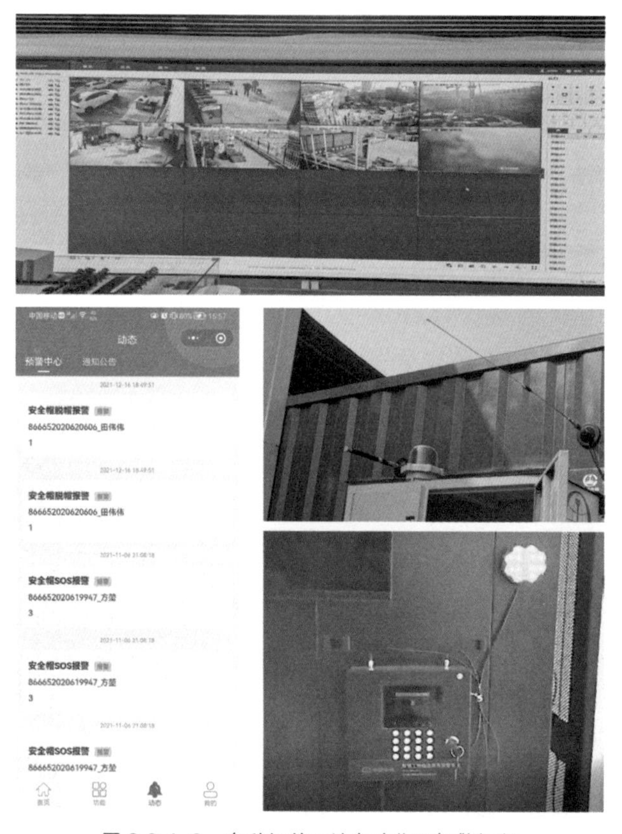

图 2.3.4-8　多种智慧工地自动化预报警机制

2.3.5 智慧工地应用实践

1. 清河站智慧工地应用实践

（1）项目概况

清河站站房建筑总规模为 13.83 万 m^2，项目建设过程中提出打造“精品工程”“智能京张”的建设目标。在建造过程充分利用 BIM、智能设备、物联网、互联网 +、大数据、云计算、VR、AR、GIS、3D 打印、人工智能等一系列的信息科技融入铁路站房建设领域，对建设智能、智慧型站房进行了有益的探索。

清河站首次在铁路站房建设领域提出基于模块化平台集中的概念，并在清河站站房项目中进行试点应用。将信息化技术、BIM 技术及传统项目管理模式相结合，应用于工程建设全生命周期，依托传感器、信息化技术，将智能加工厂、智能安全帽、VR 眼镜、智能放线机器人等智能化工装设备，集成塔式起重机防碰撞系统、基坑及周围环境监测信息系统、高支模监测系统、安全质量隐患排查治理系统、智能环保系统等自动化监测应用系统，完善智能建造管理体系。

（2）管理平台化应用

清河站依托信息化数据集成管理平台，积极探索云制造等新业态新模式及建造组织方式变革，应用基于 BIM+ 智能网络协同平台实现系统集成，实现项目管理流程再造、智能管控、组织优化，实现建设信息系统的无缝集成，消灭信息孤岛，实现人、设备、对象的互联。依托铁路工程管理平台，会同铁科院共同研发了具有清河站特色的“三维铁路站房工程管理平台”，建成包含精品工程、智能管理、过程管理、现场管理、综合管理五大板块，45 项独立应用的智能化平台体系。

以铁路工程管理平台作为智能建造信息化管理核心数据的集成管理平台，将清河站站房前期项目应用的信息化平台与线路施行的铁路管理平台 V1.0 平台进行重组，构建清河站站房工程应用实施平台，实现清河站 BIM 模型的网页端查看，集成各种安全、进度、质量、人员、环境数据，为施工过程中对进度、安全和质量的管理、数据分析提供方便，为后期京张高铁数字运维提供数据支撑。

开创性地依托二维码技术的质量可追溯模块，集成了资料管理平台的 BIM 图纸会审、工厂化加工、复杂方案模拟、碰撞检测、管线综合、无人机航拍、模型构件库、模拟建造等模块；集成了智慧工地平台的考勤管理、现场劳务管理、群塔管控、周边监测、高支模监测等模块，以及依托 720 云的清河 VR 等模块（图 2.3.5-1）。

项目实践中，以项目启动、策划、执行、监控四方面为抓手，搭建 PC 端、网页端、手机端全方位应用系统，通过 BIM 可视化交底、图纸会审、施工方案模拟等基础应用，配合大跨度钢结构吊装、高支模搭建模拟、清河站老站房迁移保护等专项 BIM 应用，实施过程中进行模型文档标准化管理，实现“精品工程，智能京张”的最终目标。

（3）流程信息化应用

1）项目协同系统

在项目管理过程中充分利用信息化手段预设安全、质量检查清单，利用检查清单逐项对现场各分项工程进行质量、安全隐患排查，使安全、质量问题不会因为管理人员个体化水平差异导致检查不到位，不留问题检查死角，使我们的问题排查工作更加规范化、条理化，实现具有清河站特色的清单式的安全、质量管理，同时建立奖励机制，对于应用较为积极的人员给予一定的奖励，以此提升工作积极性，有效保证了信息的可记录、可查询，提高项目管理效率，真正做到“让信息化融合项目管理和协同办公”（图 2.3.5-2）。

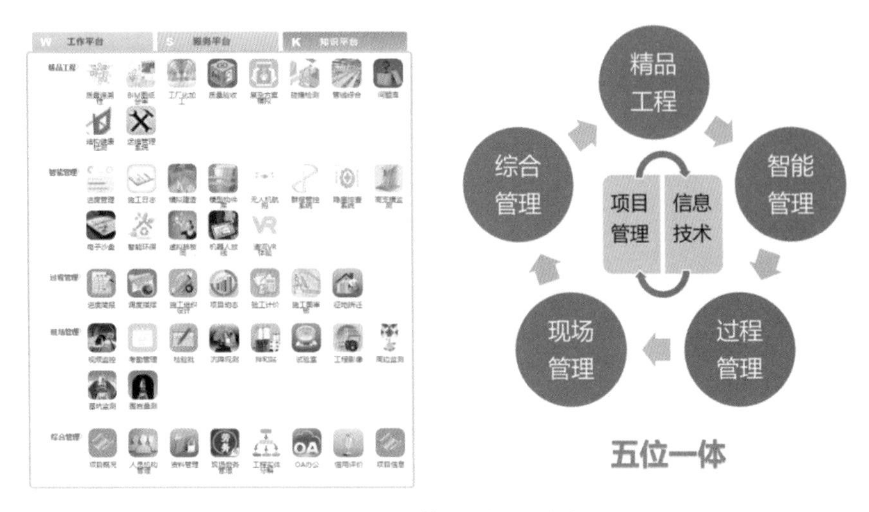

图 2.3.5-1　管理平台系统架构

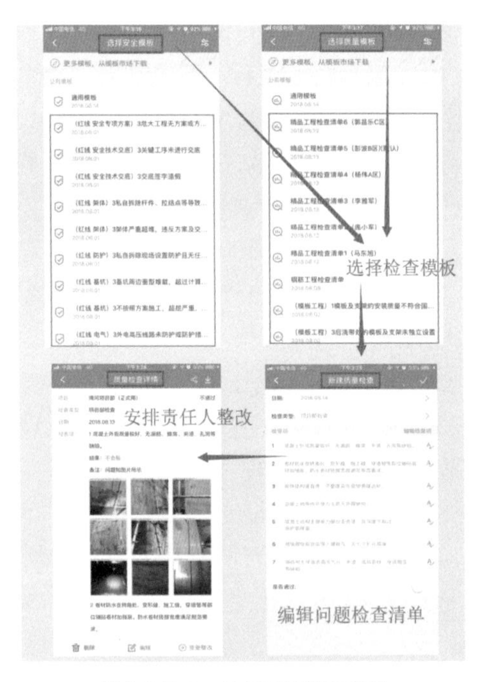

图 2.3.5-2　协同安质巡查系统

2）项目信息发布

通过系统发布日常需要项目部人员知晓的信息，发布以后软件 App 会自动提醒所有人。区别于微信、QQ 群等软件，平台发布的优势在于它能对发布过的公告进行留存，方便日后的再次查看，系统可设置一个有效时间，对过期的公告进行灰显，使项目部公告信息管理更加条理化（图 2.3.5-3）。

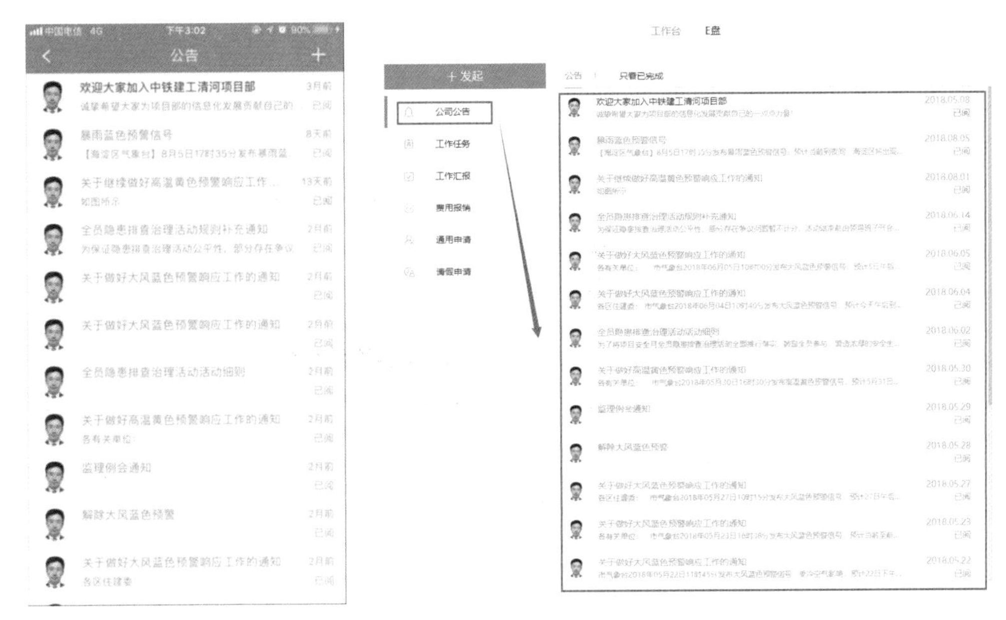

图 2.3.5-3　项目信息发布界面

3）工作任务线上管理

具体工作责任到人，有任务完成截止时间，责任人需在截止时间反馈任务完成情况，便于层级考核和下一步工作安排（图 2.3.5-4）。

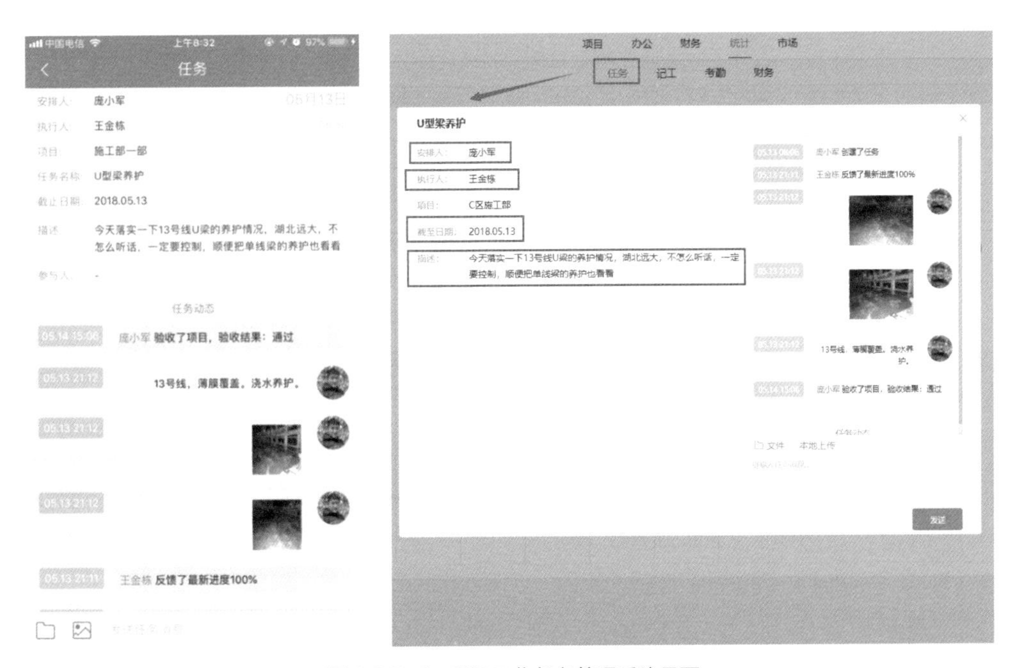

图 2.3.5-4　项目工作任务管理系统界面

4）现场安质隐患排查治理系统

安全质量隐患排查治理系统，通过预设站房工程常见安全、质量隐患，指导现场管理人员依据系统任务流程进行隐患排查，系统指定整改责任人并推送提醒，责任人通过App进行隐患的整改闭合。平台对隐患进行分类统计分析，直观反映安全质量管理薄弱环节，保证现场安全质量处于可控状态（图2.3.5-5）。

图2.3.5-5 安质隐患排查治理系统示意

管理人员利用安全、质量模块可以根据现场施工情况自由预设问题检查清单，对现场发现的问题立刻下发整改任务给对应责任人，对应责任人整改完毕后反馈整改后情况，任务发起人对整改成果进行验收，判断是否整改完毕，形成隐患排查的任务闭合。通过软件预设安全、质量检查清单，任何一个人都能根据检查清单对现场各分项工程进行质量、安全隐患排查，使安全、质量问题不会因为管理人员个体化水平差异导致检查不到位，不留问题检查死角，使问题排查工作更加规范化、条理化。软件自动对管理人员检查工作进行记录统计，最后通过平台上的管理痕迹一一对应管理人员实行积分兑换奖金，提高员工的工作积极性。

（4）计统精确化应用

1）劳务实名制管理系统

为有效控制施工现场的人员出入，将施工作业人员与社会人员从技术角度分离，建立工程门禁一卡通系统，在工程的主要出入口、生活区、办公区等交接部位，均设置门禁系统，并配备相应数量的安保人员，保证措施的实施，避免遭到破坏，门禁系统主要依靠是否具有项目发放的劳务实名制IC为主要依据，施工现场内人员可通过刷IC卡进入相应区域，门禁系统的服务器人员信息同步至劳务实名制管理系统，门禁系统由软硬件两部分组成，包括识别卡、前端设备（读卡器、电动门锁、门状态探测设备、各种报警探头、门禁控制器等）、传输设备、系统管理服务器、管理控制工作站及相关软件组成，具有离网状态下的功能实现（图2.3.5-6）。

项目部对所有在场人员实行实名制管理模式，在人员进场时通过一站式的安全培训录入人员信息，发放一卡通，严格把控施工人员资质，在现场主要出入口设置实名制通道，人脸识别闸机，由安保人员 24 小时盯控，严防不明身份人员进入施工现场，施工人员通过一卡通的刷卡系统自动进行考勤记录、动态人员分析、工效对比、工种统计、宿舍管理等应用，实时将施工人员的信息传递到生产调度指挥中心，对现场作业人员进行系统性的管理（图 2.3.5-7）。

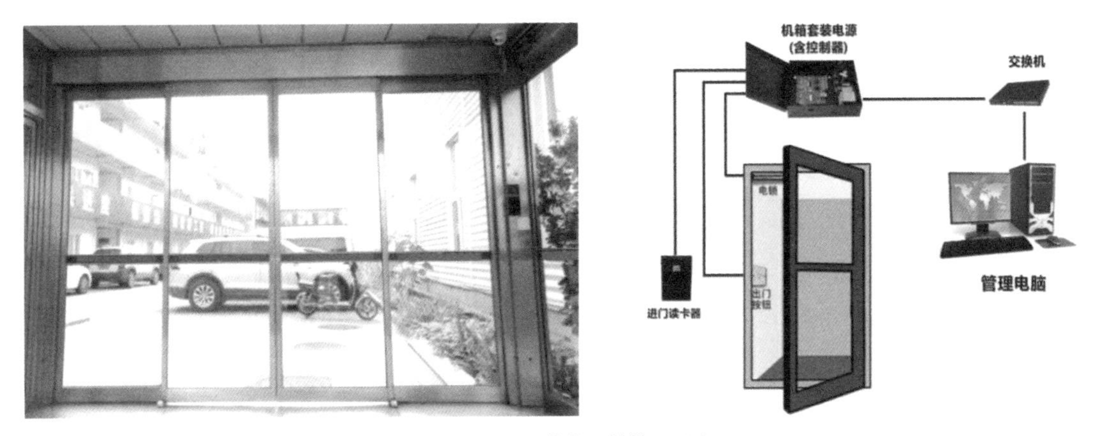

图 2.3.5-6　一体化门禁管理系统

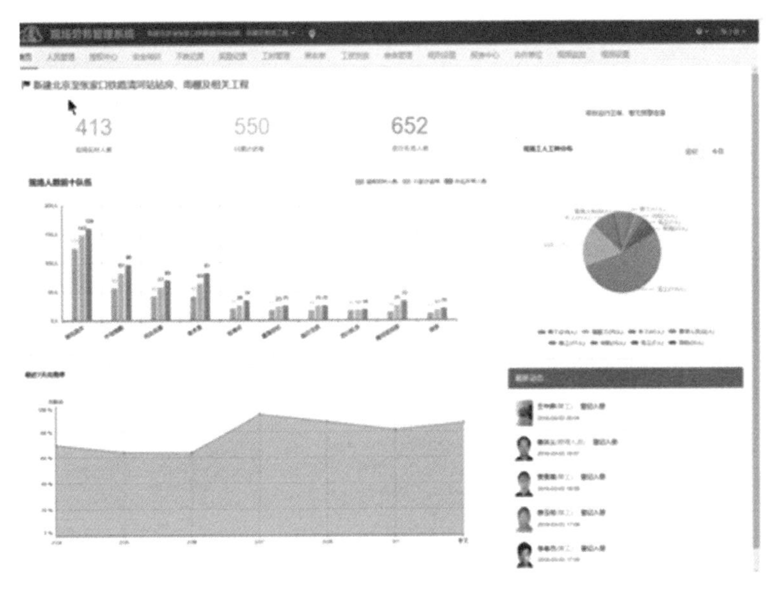

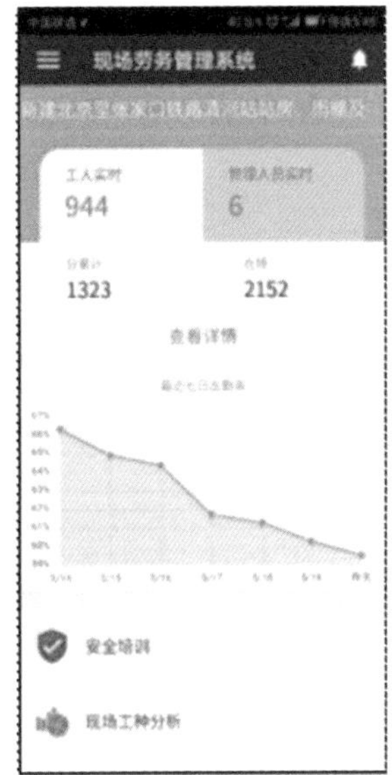

图 2.3.5-7　劳务实名制管理系统

“项目 e”人员管理基于项目部实际情况，设立组织架构、职务权限，赋予每个人对应的职务角色，每当有新员工加入到项目部，下载“项目 e”注册并上传头像，方便新老员工尽快认识，熟悉每一个人的工作职能及快速查找每一个人的联系方式，使其能够尽快地融入项目团队（图 2.3.5-8）。

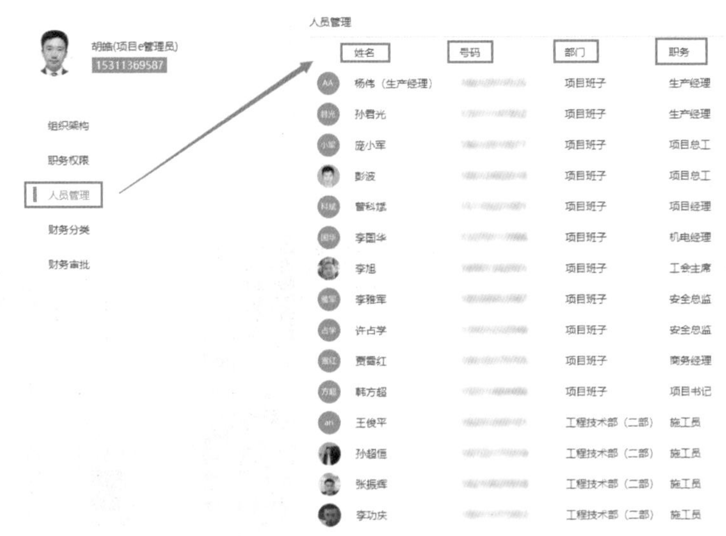

图 2.3.5-8　项目 e 管理界面

2）环境监测系统

清河站采用智能环保模块实现施工现场 PM2.5、PM10 等扬尘浓度、噪声指数、风速、温度和湿度等数据的实时在线监测，具备报警联动信息输出，可外接喷雾降尘设备。当测量值超过系统设定的报警值，自动联动雾炮及塔式起重机喷淋、道路喷淋，实现了实时、远程、自动监控颗粒物浓度，实现现场视频、图像的自动采集；支持智能手机和 PC 端通过公网随时随地访问各个设备的实时监测数据，通过 5G 无线网络将信息传输到场地 BIM 模型中；环境监测传感器与 BIM 模型进行关联，实时监测现场扬尘污染数据，高效实现施工现场绿色环保施工（图 2.3.5-9、图 2.3.5-10）。

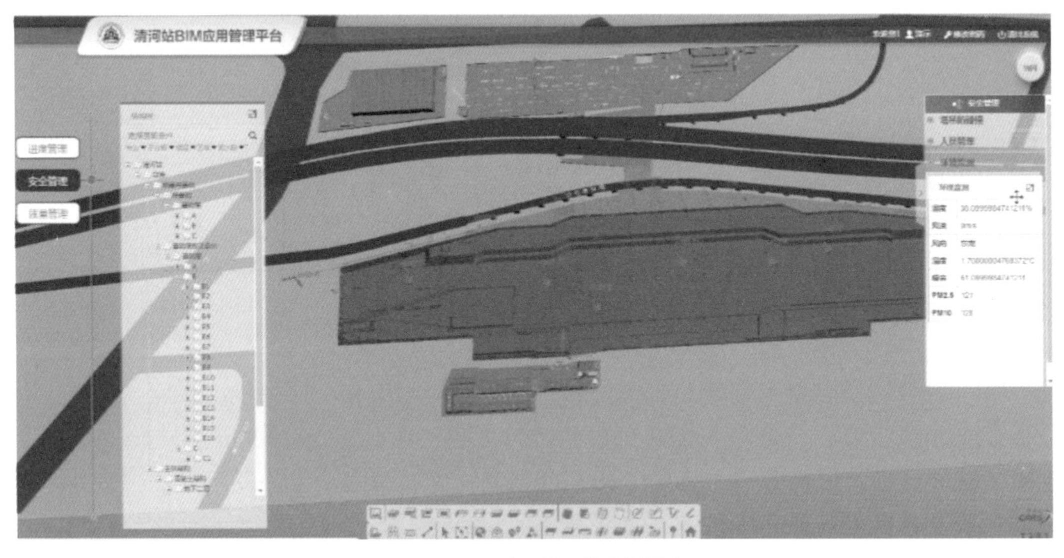

图 2.3.5-9　清河站环境监测平台

图 2.3.5-10 环境监测气候站与降尘设备

3）物资管理

物资管理人员利用该模块，对进出厂物资进行记录。对项目部的物资进行管理，知道各种物资进场量、使用量、使用地点、库存情况等。比较传统项目 Excel 表记录的优势在于，材料员只需对进出场的材料进行一次录入，软件实现数据的自动统计，对应软件记录可查询物资调用的动态过程（图 2.3.5-11）。

图 2.3.5-11 物资管理系统示意

（5）成果自动化应用

1）基于BIM技术的施工日志管理

对应各部门应填写的日志内容，结合规范要求做好相应的填写模板，各部门指定专人填写即可，软件自动汇总各部门填写内容，能同时满足在手机上或者电脑上进行填报，方便快捷（图2.3.5-12）。

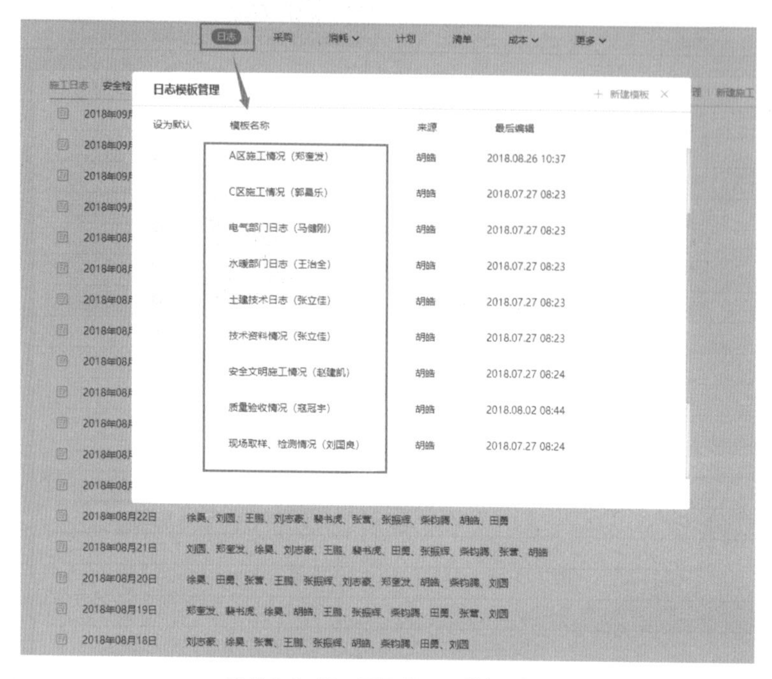

图2.3.5-12　网页端日志模板列表

在铁路工程管理平台下的电子施工日志和检验批模块中，将电子施工日志和检验批集成于平台内，实现施工日志与检验批等信息与平台的动态挂接更新，改变现有施工日志分布于各技术人员手中，信息无法集中的弊端，实现电子施工日志和检验批的填报、记录、审核任务的集中管理。

铁路工程管理平台电子施工日志与检验批管理系统是一款集铁路施工日志填报、质量控制、质量验收和资料管理于一体的管理模块。系统分为PC端、移动端和B/S管理端，为施工流程规范化、控制施工进度、提高施工质量，减少安全事故、降低施工成本等均提供了信息化辅助手段。移动端主要方便安全员、质量员、技术员及时填写施工日志和检验批内容并上传到服务器。施工部门人员利用网页端和App端进行录入，可随时进行流水段层级的工序完成情况录入，自动导出当天在进度模块中填写的进度内容，辅助添加其他施工生产信息（图2.3.5-13）。

2）数字化钢筋加工厂

在施工现场建立数控加工车间，主体结构钢筋加工全部工厂化，配备锯切套丝生产线、斜截面弯曲中心、数控钢筋弯箍机等自动化数字加工设备，并与BIM模型数据结合、联动，从源头提高钢筋加工质量（图2.3.5-14）。

图 2.3.5-13　清河站站房工程电子施工日志系统

图 2.3.5-14　清河站数字钢筋加工车间

3）文件资源共享

项目部数据集成管理：利用信息化平台共享硬盘，方便项目部每一位管理人员共享资源（图 2.3.5-15）。

图 2.3.5-15　项目文件资源共享系统

4）安全培训系统

清河站项目配备一体化智能安全培训系统，该系统主要由多媒体安全培训工具箱、移动端管理 App、云服务管理平台组成，具有快捷考勤、自动培训、无纸化考试、自动建档等功能，主机小巧便携，无需网络，可随时随地组织从业人员进行安全培训，有效解决安全培训中出现的内容枯燥、成本高企、师资不足、培训记录难考证、培训组织难度大等问题，是实现施工管理信息化的重要措施之一（图 2.3.5-16）。

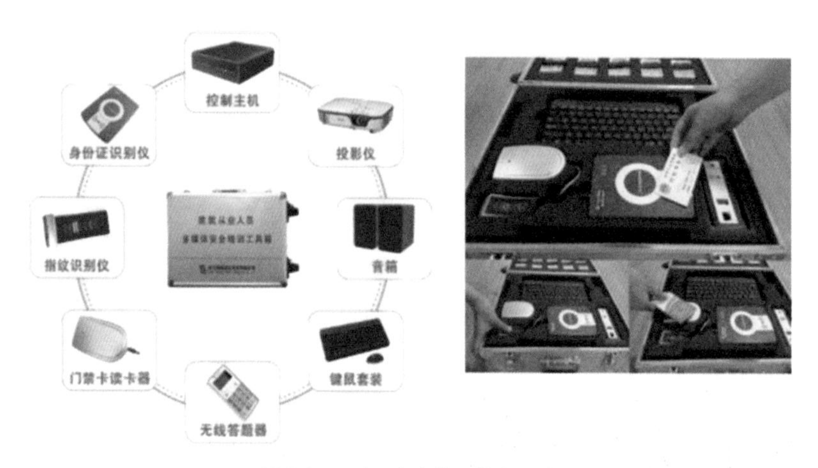

图 2.3.5-16　安全培训教育系统

2. 雄安站智慧工地应用实践

（1）项目概况

雄安站房屋总建筑面积 47.52 万 m^2，南北向长 606m、东西向宽 355.5m，建筑高度 47.2m。建筑主体共五层，其中地上三层，地下二层，另外地面候车厅两侧利用地面层和站台层之间的高大空间设有地面夹层。

雄安站按京雄城际、京港（台）高铁及津九联络线分别设场，预留津雄城际、京昆通道、雄忻铁路场，雄安站在京港台车场与津雄车场之间拉开 22.0m，形成约 15m 宽的光谷，分设两侧式站台（国铁站台有效长度 450m），总规模为 11 台 19 线。其中京港台场规模为 7 台 12 线，津雄场规模为 4 台 7 线。津雄场东侧预留雄安新区轨道交通线网 R1 和 R2 线引入条件，站房中部地下预留地铁 M1 线引入条件。

（2）项目集成平台

雄安站站房项目工程量大、工期紧、要求高，面临施工组织压力大、安全隐患发现难、规范操作落地难、多方协同监管等诸多难题，通过建设智慧工地系统，布设自动监测智能设备，建立智慧工地监管平台，满足雄安新区高标准建设要求。系统架构图如图 2.3.5-17 所示。

雄安站管理平台的功能围绕人员管理、视频管理、安全质量监管、绿色施工、进度管理及多方协同管理展开，结合 BIM 实施，实现对工地现场人员、设备、环境、流程全要素的信息化，并通过 GIS 的形式予以展示，实现可视化、智能化的管理。在接入数据的基础上实现动态展示、分析预警，并按照工地的组织结构权限进行划分和设定，实现数据的有效监管。工程管理人员可通过桌面应用、大屏、App 及触摸屏随时随地查询数据。

平台首页集中呈现工地现场的设备、安全、质量、环境、人员等各块信息，将工地的展示性图片植入到系统中，并在首页设置 BIM 三维模型，直观展示项目当前施工进度状况（图 2.3.5-18）。

图 2.3.5-17　系统架构图

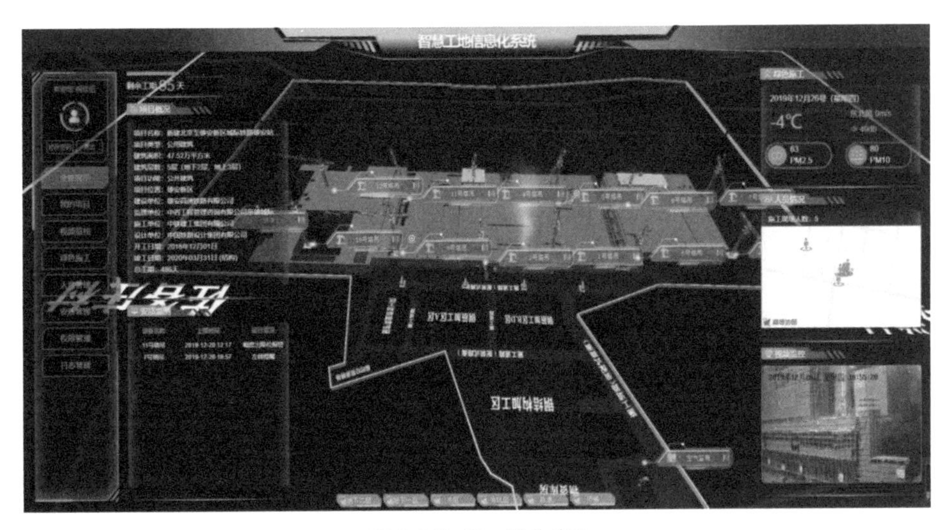

图 2.3.5-18　平台首页

（3）大体积混凝土测温

雄安站在底板施工中取消后浇带、采用“跳仓法”施工技术，现场分仓浇筑的混凝土体量大，质量要求严格，为更好监控混凝土的温度情况，混凝土养护过程中提前埋设对应的温度传感器进行温度监控，将数据传输至项目集成平台，通过后台数据进行温度分析及监控，保证其后期养护质量（图 2.3.5-19）。

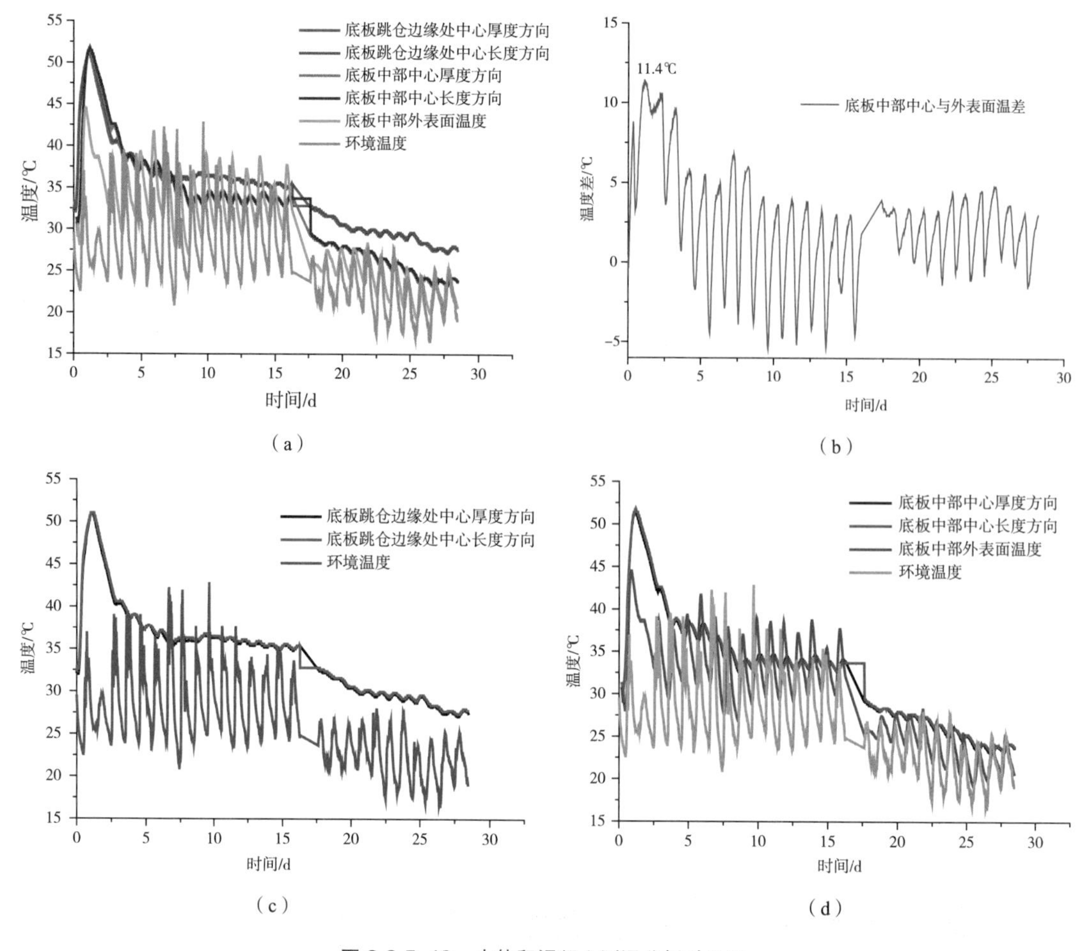

图 2.3.5-19　大体积混凝土测温分析对比图

（a）底板跳仓法温度监测；（b）底板中部温度中心与外表面；（c）底板跳仓边缘处温度监测；（d）底板中部温度监测

（4）塔式起重机防碰撞系统

雄安站总建筑面积大，分两个标段施工，每个施工标段均布设 12 台塔式起重机，属于高风险群塔作业。为避免群塔作业出现安全隐患，两标段在塔式起重机上均安装了塔式起重机防碰撞系统，通过塔式起重机防碰撞系统的设置与报警，辅助塔式起重机司机进行安全操作。

1）通过该系统的安装，解决了塔机司机视线存在盲区的问题，塔机司机在几十米的高空驾驶室中可以清晰地看到吊钩实时状态，材料是否绑好、周围是否有人、吊装是否有障碍物等，确认安全后再起吊，确保了塔式起重机作业的安全，提高了工作效率。

2）通过该系统的安装，让高空这一障碍不再成为管理的漏洞，规范了司机操作，减少了因管理不到位造成的事故或经济损失。

3）通过塔式起重机防碰撞系统的安装，保证了工程的安全生产，防止了塔式起重机相互之间的碰撞，减少了安全事故的发生（图 2.3.5-20）。

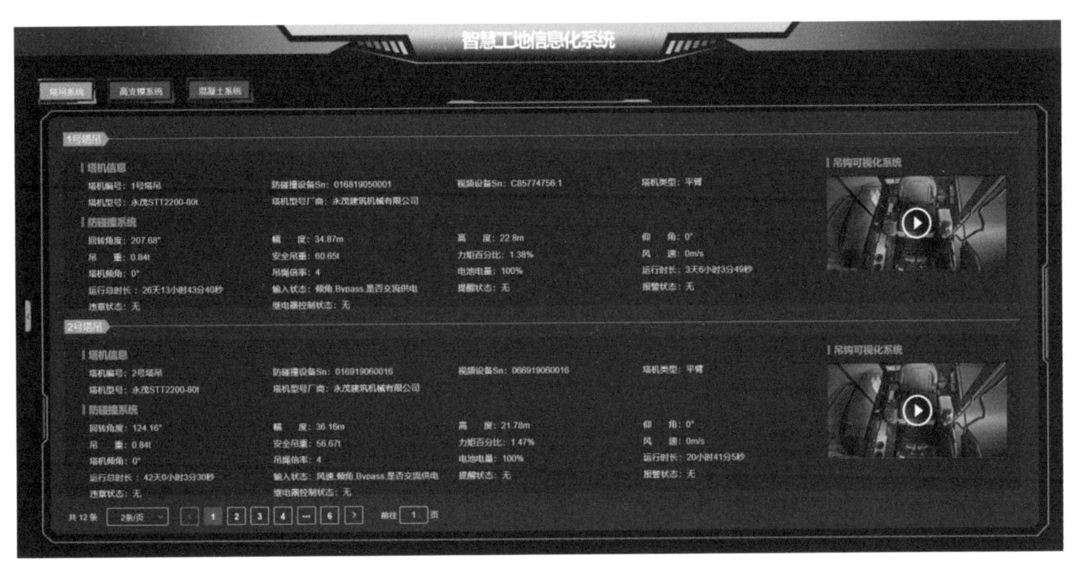

图 2.3.5-20 塔式起重机防碰撞系统界面

（5）基坑监测系统

雄安站基坑包括两部分，分别为负一层地下空间开发部分基坑和负二层轨道交通M1线（近期实施部分），基坑同期实施。负一层地下空间开发基坑最长约627.9m，最宽约227.2m，基坑面积约7.5万m^2，基坑深度分别为约8.55m、9.25m、9.75m；负一层基坑共分两级放坡，两级边坡中间设置宽度1.5m的平台，坡顶坡底设置截水沟。负二层轨道交通M1线区间基坑，采用围护桩+混凝土支撑支护垂直开挖，根据支护桩排数分为两个区间，每个预埋区间基坑长约208.1m，宽约17m，基坑形状整体呈长条形，基坑面积约6602.6m^2，主要基坑深度为8.48m。由于本基坑开挖深度超过5m，属于超过一定规模的危险性较大的分部分项工程范围，出于安全需要，引进了基坑自动化监测设备，可实时监测基坑数据，并可自动分析计算，进行预警与报警提醒。

自动化监测系统具有受外界干扰因素小、全天候24h实时动态测量、监测精度高、平台终端可进行数据分析，进行短信预警与报警提醒。使管理更加便捷、精准，极大地方便了项目的管理，数据引入项目管理平台，通过科学的分析计算，能够很好地判断基坑安全风险（图2.3.5-21）。

（6）进度可视化管理

雄安站结合“BIM”模型，在虚拟环境中，建立周围场景、结构构件及机械设备等的虚拟模型，模型具有动态性能，可于系统中实现虚拟装配，根据虚拟装配结果在人机交互的可视化环境中对施工方案进行优化完善。同时，利用虚拟现实技术可以对不同方案在短时间内做大量分析，保证施工方案最优化（图2.3.5-22）。

基坑支护水平位移观测记录表										编　号	137	
工程名称	新建北京至雄安新区城际铁路雄安站站房及相关工程（JXZF-2标段）变形监测									监测项目	坡/桩顶水平位移	
工程地点	雄安新区									监测仪器及编号	Leica TM50	
监测单位	北京爱地地质勘察基础工程公司									上次日期	2019年8月14日	
										本次日期	2019年8月15日	
测点	初始值		上次测量值		本次测量值		本次位移值		变化速率（mm/天）		累计位移值	
	X坐标(m)	Y坐标(m)	X坐标(m)	Y坐标(m)	X坐标(m)	Y坐标(m)	ΔX(mm)	ΔY(mm)	ΔX/n	ΔY/n	ΔX(mm)	ΔY(mm)
JC3	2291.9060	2880.2098	2291.9042	2880.2099	2291.9042	2880.2099	0.0		损坏		1.8	
JC4	2290.4326	2929.5952	2290.4251	2929.5935	2290.4251	2929.5935	0.0		损坏		7.5	
JC5	2289.9085	2962.1291	2289.9016	2962.1273	2289.9016	2962.1273	0.0		损坏		6.9	
JC6	2264.7861	2995.4200	2264.7864	2995.4218	2264.7885	2995.4191		2.7		2.7		0.9
JC7-1	2192.9730	3004.6290	2192.9746	3004.6368	2192.9756	3004.6294		7.4		7.4		6.2
JC8	2164.5057	3005.2034	2164.4916	3005.1900	2164.4909	3005.1941		-4.1		-4.1		9.3
JC9	2096.7479	3008.4936	2096.7330	3008.4819	2096.7328	3008.4834		-1.5		-1.5		10.2
JC10	2049.9880	3007.2700	2049.9779	3007.2657	2049.9776	3007.2671		-1.4		-1.4		2.9
JC11	2000.3189	3005.7777	2000.3073	3005.7783	2000.3075	3005.7792		-0.9		-0.9		-1.5
JC12	1965.5280	2998.6821	1965.5174	2998.6830	1965.5180	2998.6834		-0.4		-0.4		-1.3
JC13+1	1944.9138	2998.1960	1944.9049	2998.1973	1944.9055	2998.1967		0.6		0.6		-0.7
JC24	2072.1731	2845.1729	2072.1803	2845.1775	2072.1803	2845.1775	0.0		遮挡		7.2	
JC25	2074.4762	2902.8102	2074.4765	2902.8126	2074.4765	2902.8126	0.0		遮挡		0.3	
JC26	2072.7995	2927.2877	2072.8032	2927.2931	2072.8032	2927.2931	0.0	0.0	遮挡	0.0	3.7	5.4
JC27	2056.8782	2926.8211	2056.8919	2926.8315	2056.8887	2926.8269		-4.6		-4.6		5.8
JC28-1	2036.9557	2943.7827	2036.9564	2943.7749	2036.9564	2943.7749	0.0		遮挡		7.0	
JC29-1	2061.2394	2974.6035	2061.2395	2974.6037	2061.2395	2974.6037		0.0	遮挡	0.0		4.0
JC30	2071.7055	2974.6128	2071.7130	2974.6136	2071.7112	2974.6095	-1.8	4.1	-1.8	4.1	5.7	3.3
JC31-1	2103.7465	2986.5848	2103.7457	2986.5908	2103.7446	2986.5861		4.7		4.7		-3.2
JC32-1	2130.3074	2987.2367	2130.3069	2987.2321	2130.3069	2987.2321		0.0	遮挡	0.0		2.4
JC33	2145.4643	2957.9166	2145.4643	2957.9156	2145.4643	2957.9156	0.0		遮挡		0.0	
JC34	2133.5660	2928.8837	2133.5682	2928.8969	2133.5682	2928.8969		0.0	遮挡	0.0		13.2
JC35	2110.3828	2928.4106	2110.3907	2928.4057	2110.3907	2928.4057	0.0	0.0	遮挡	0.0	-7.9	-4.9
JC36	2110.3913	2897.9752	2110.3861	2897.9735	2110.3861	2897.9735	0.0		遮挡		5.2	
JC37	2115.7026	2835.4635	2115.6967	2835.4626	2115.6967	2835.4626	0.0		遮挡		5.9	
JC38	2097.6954	2861.0567	2097.7021	2861.0553	2097.7021	2861.0553	0.0		遮挡		6.7	
JC39-1	2096.8490	2899.8147	2096.8475	2899.8156	2096.8475	2899.8156	0.0		遮挡		3.5	
JC40	2089.8076	2841.0536	2089.8005	2841.0533	2089.8005	2841.0533	0.0		遮挡		7.1	
JC41-1	2088.8032	2884.9927	2088.8027	2884.9915	2088.8027	2884.9915	0.0		遮挡		6.2	
报警值	坡顶50mm，桩顶40mm。											
监测人	北京爱地地质勘察基础		计算人		[illegible]		计算人	[illegible]		检核人		
当日监测的简要分析及判断性结论：　基坑围护结构稳定。												
备注：位移值为“+”表示点位向坑内移动；位移值为“-”表示点位向坑外移动。												

图 2.3.5-21　监测数据部分示意（左）及监测设备示意（右）

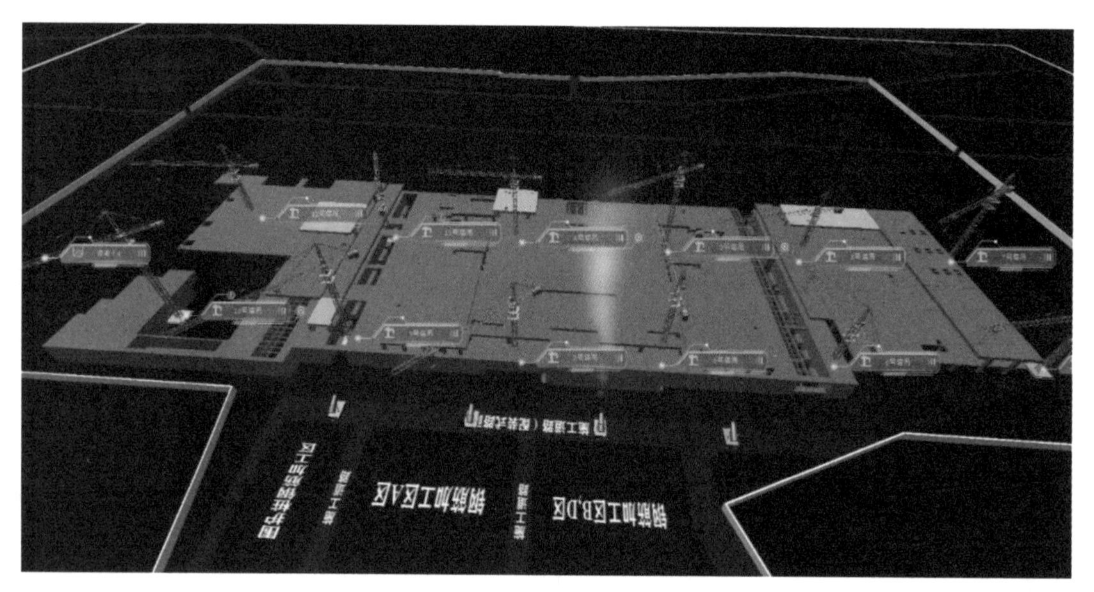

图 2.3.5-22　项目进度可视化管理界面

3. 白云站智慧工地应用实践

（1）项目概况

新建广州白云站（棠溪站）站场按东侧城际场、西侧国铁场分场布置，西侧国铁场设京广高速场、普速场、广湛高速场，车站总规模 11 台 24 线，其中国铁场 10 台 22 线、城际场 1 台 2 线，白云站综合交通枢纽建筑总规模达 45.3 万 m^2。其中站房工程 14.45 万 m^2；铁路配套地下停车库 14.85 万 m^2；地铁集散、城市换乘通道及配套工程 11.7 万 m^2；其他 4.3 万 m^2。白云站站型为线正上式，设高架候车室及东、西线侧站房，在车场上方高架层设上盖平台，在高架候车室南北两侧布置旅客集散广场（“呼吸广场”）、市政交通落客车道、上盖综合开发平台。地下设出站厅、地下进站厅、停车场及社会通廊。

（2）管理平台化应用

1）智控中心（智慧展厅）

一体化数字大屏作为智控中心的重要设备设施，是智慧工地信息化管理平台的展示窗口，白云站智慧工地管理平台又称为“广州白云站 CPS 智慧工地指挥中心”。平台包括网页端、手机微信端和电脑客户端，通过多端互联，实现灵活管理，是白云站智能建造及施工管理的重要组成部分。平台展示内容主要有工程概况、质量管理、安全管理、进度管理、人员管理、视频监控、环境监测、生产管理、BIM+GIS 应用等（图 2.3.5-23）。

图 2.3.5-23　智慧工地指挥中心首页

2）钢结构全生命周期管理平台

白云站钢结构总重 11 万 t，大小零构件十万余根，为实现每根构件的全过程追溯，部署了钢结构全生命周期管理平台（图 2.3.5-24）。针对钢结构施工特点，以构件为单位，将钢结构的管理划分成设计、深化、生产、运输、安装、交验 6 个阶段，6 个阶段的全过程资料都与钢构件的三维模型一一绑定，在深化阶段集成构件单独的深化模型和深化图纸；在生产阶段集成出厂二维码、钢材检验报告、检验批、合格证、隐蔽验收记录、工厂探伤报告；在运输阶段集成运输轨迹；安装阶段集成有焊接、补漆、探伤记录；在校验阶段集成了工程验收记录。

（3）流程信息化应用

白云站信息化应用链接集成了“铁路工程管理平台”（图 2.3.5-25），通过电子施工日志、拌合站、实验室等模块，实现无纸化办公及电子文档存储功能。其中电子日志的填报是将任务分解到各部室，依据各部室填报内容，自动汇总，生成当日施工日志。

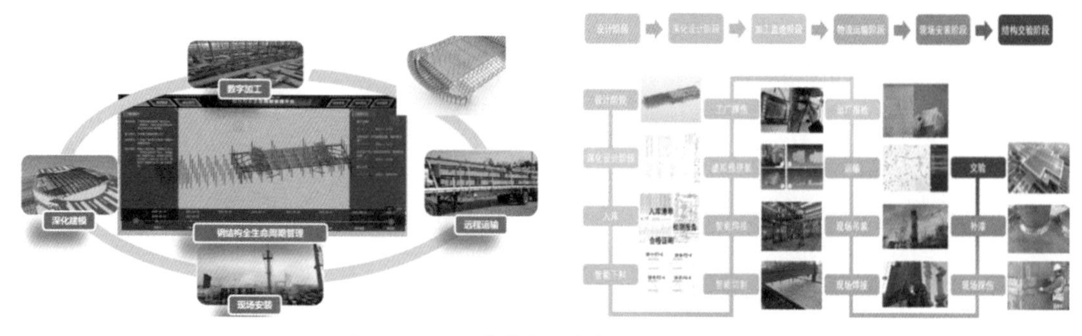

图 2.3.5-24　钢结构全生命周期管理平台

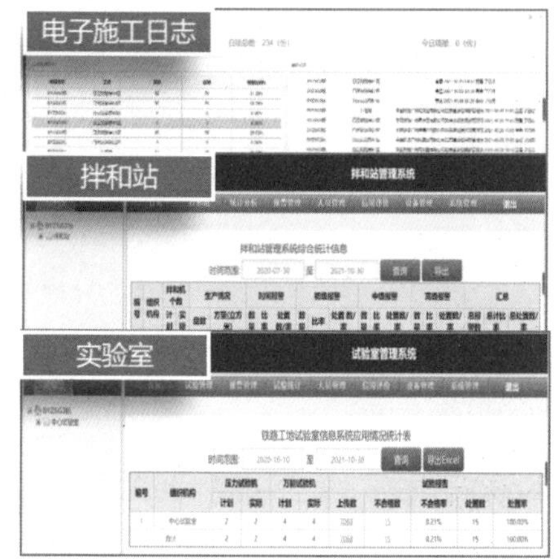

图 2.3.5-25　铁路工程管理平台

（4）计统精确化应用

1）人员管理

项目实施全封闭管理和人员实名制管控，现场进出入口均设置了人脸识别闸机系统，所有工人进出现场均通过闸机，进出场信息传输至信息平台，平台可实时统计现场施工人数、工种等信息，并可实现作业人员的考勤、三级安全教育以及查询疫苗接种情况；现场重要施工部位的工人配有智能安全帽，用于采集人员定位信息，实现重点部位精细化管理（图 2.3.5-26）。

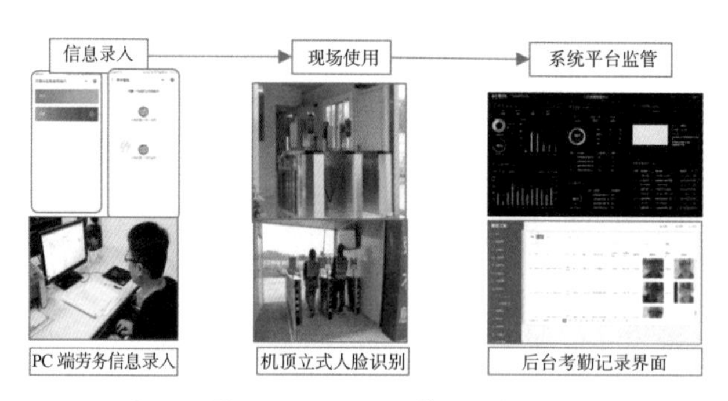

图 2.3.5-26　人员管理系统

2）物料验收系统

白云站现场车辆出入口安装了智能地磅物料系统，实现大宗物资材料进场的智能化、科技化、信息化管理。通过软硬件结合、借助互联网手段实现物料现场验收环节的全方位管控，堵塞物料验收环节的管理漏洞、避免材料进场就存在损失情况（图 2.3.5-27）。

图 2.3.5-27 物料验收系统界面

3）绿色施工管理

现场配置环境监测系统，安装环境监测仪器，自动进行 PM2.5、PM10、噪声、温度、湿度、风向、风速等参数的监测，通过物联网将数据实时传输至智慧工地管理平台，实现降尘喷淋、雾炮设备与系统的联动操作；在项目生活办公区及施工现场一级配电箱、各用水接驳点安装用电、用水采集模块，准确测量各项信息。根据各监测点数据，分析能源使用情况，进行水电资源的科学合理调配，满足绿色施工节水、节能的要求（图 2.3.5-28）。

图 2.3.5-28 现场施工环境监测与降尘联动系统

（5）成果自动化应用

为实现“以设备促工艺、以工艺保质量、以质量提品质”的建设理念。项目建设了一个占地 5000m^2 的“智能钢筋加工配送中心”，通过优选智能化设备，实现钢筋加工设备智能化、钢筋加工少人化和无人化、钢筋配料自动化，并与 BIM 深化模型打通数据链接，加工场景及加工数据动态实时传输至 CPS 指挥中心，实现钢筋材料管理、加工数据的综合利用（图 2.3.5-29）。

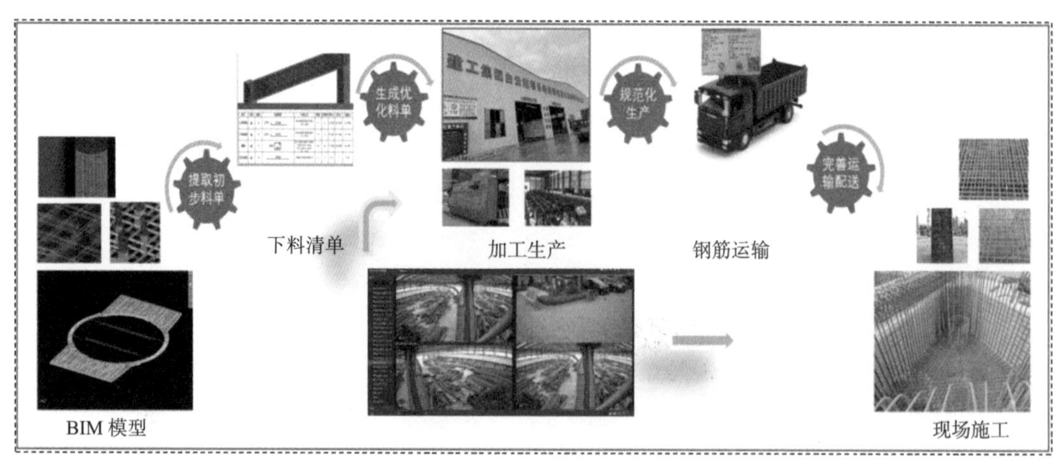

图 2.3.5-29 智能化钢筋加工厂应用

4. 丰台站智慧工地应用实践

（1）项目概况

丰台站改建工程是集铁路、地铁、公交、出租、社会车等市政交通设施为一体的大型综合交通枢纽工程，站房建筑外轮廓东西向 587m，南北向 320.5m。总建筑面积 39.88 万 m^2，屋面最高点标高为 36.50m。丰台站采用双层车场设计，普速车场位于地面层，采用上进下出的流线方式；高架车场位于 23m 标高层，采用下进下出的流线方式。车站南北侧各设基本站台 1 座，站台宽度 13m，中间岛式站台 9 座，站台宽度 11.5m，普速车场主要承担京广、丰沙、京原、京九、京沪线及市郊铁路旅客列车始发终到和到发作业；高架车场规模为 6 台 12 线，6 座岛式站台，站台长度 450m，站台宽度 11.5m，到发线有效长度为 500m，高速车场主要承担京广客专、京港台旅客列车始发终到作业。车站最高聚集人数 14000 人。

（2）钢结构 BIM+GIS 全生命周期管理平台应用

1）钢结构工程概况

丰台站钢结构总用钢量为 19 万 t，按平面划分为西站房、中央站房、东站房、普速雨棚四个部分。其中中央站房区顺轨向长度为 308m，西站房长 132m，东站房长 70m，高速场雨棚宽 168.5m，钢材主要材质为 Q390GJC、Q345GJD、Q345GJC、Q345C、Q345B、Q235B 等（图 2.3.5-30）。

工程结构形式主要采用框架体系，框架柱均为田字形或口形钢管混凝土柱，框架梁采用劲性钢骨混凝土梁，其中最大劲性钢结构柱截面尺寸为 5.2m × 3m、4.55m × 2m，最大劲性钢结构梁截面尺寸为 5.2m × 1.0m 和 3.9m × 2.9m，单个构件重量大，最大钢结构柱重量可达 70.2t。

屋盖钢结构为大跨度异形屋面桁架，最大投影长度 516m，宽度 346m，分为南北进站厅屋盖与高速场雨棚两部分，采用钢桁架 + 十字形钢柱结构，屋盖顺轨向为倒三角组合钢桁架，垂轨向为箱型梁，次桁架为三角钢管桁架，屋盖最大跨度 41.5m，四周悬挑

9 ~ 16.2m。钢结构选用两家钢结构专业公司异地加工制作，物流运输到现场，采用多种机械设备现场组拼焊接的安装方式（图 2.3.5-31）。

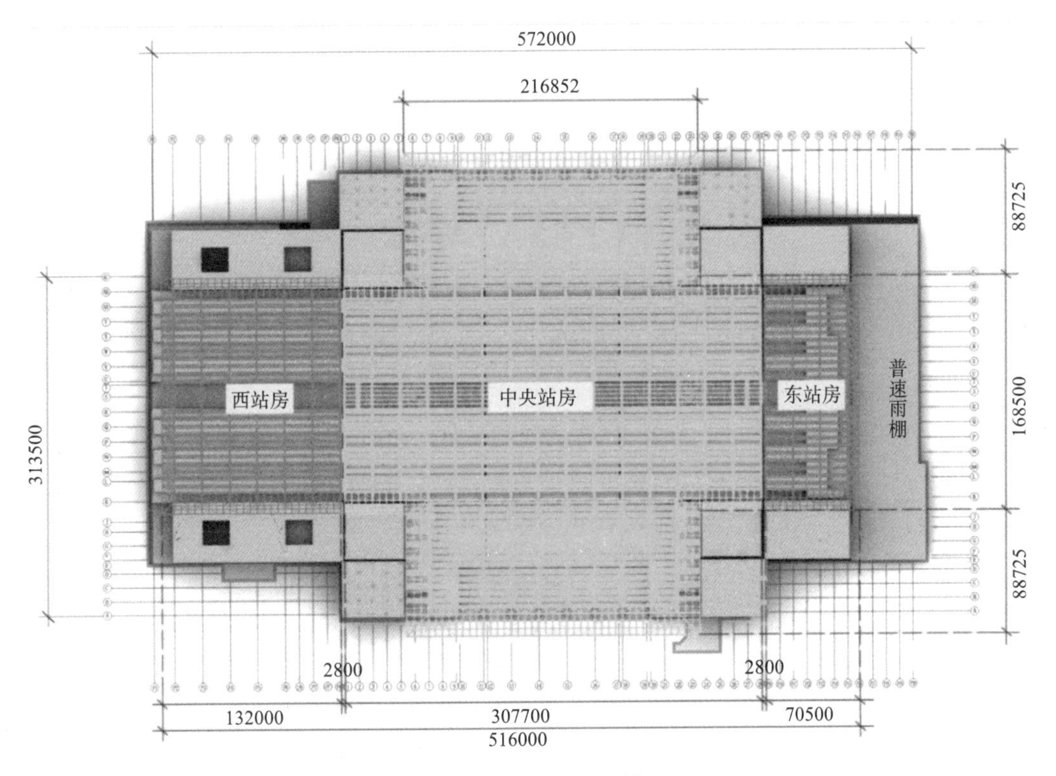

图 2.3.5-30 丰台站区域划分图

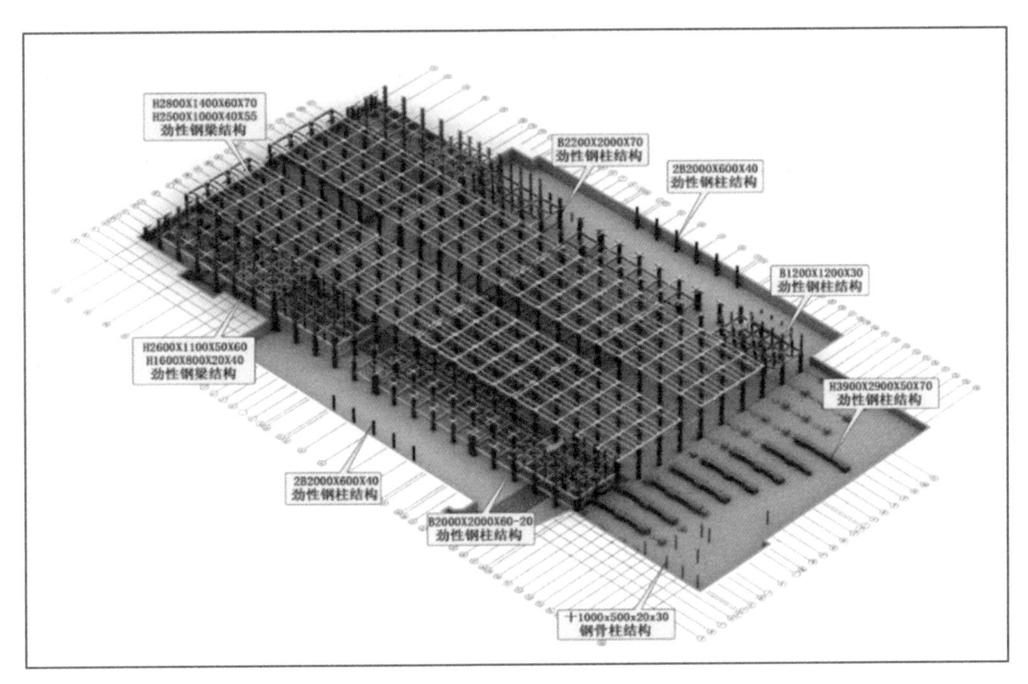

图 2.3.5-31 丰台站钢结构分区布置图

2）关键技术及创新点实施

目前国内施工企业针对钢结构全生命周期的管理，主要采用“计划上墙”的方式，观感差、错误率高、时效性差，部分企业建立了基于 ERP 系统的二维信息看板，但二维图表的信息表达不直观，检索困难。有些公司建立了基于 BIM4D 的信息关联平台，通过数据流映射技术，打通 Tekla、Navisworks 等一系列 BIM 软件和企业 ERP 数据的集成交互，解决了数据可视化问题，但受制于单机 BIM 软件的限制，各层级参与方无法实时获取相关信息，且信息内容主要局限于钢结构专业公司对钢结构专业的管理需求，与施工总承包单位的管理需求和内容不匹配（图 2.3.5-32）。

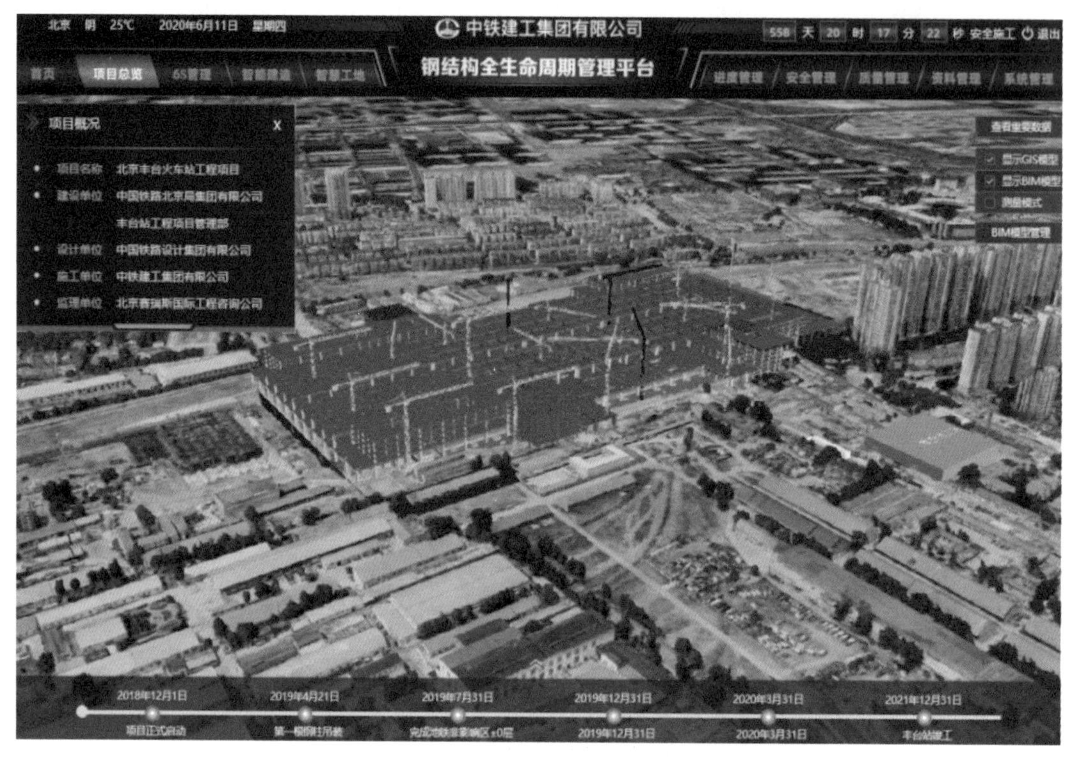

图 2.3.5-32　钢结构平台首页

北京丰台站创新研发了基于 BIM+GIS 技术的钢结构全生命周期管理平台，平台共由服务器端、网页交互端和手机 App 端组成，采用 B/S 端架构模式，通过模型集成、数据接口和移动 App 终端采集的方式，集成了 BIM 模型数据、钢结构公司的生产 ERP 系统数据和现场生产管理数据，覆盖了钢结构从设计、深化设计、工厂加工、物流运输、现场安装和结构交验 6 个阶段 16 个环节的管理，并集成拓展至项目智慧工地、安全和质量管理，实现多系统的数据互联互通（图 2.3.5-33）。

①关键技术 1——高精度大体量模型轻量化和信息集成技术

平台由目前主流的服务器、网页端、手机 App 端的云平台架构组成，采用主流的 MVC 架构，具备由单项目向企业级多项目、多层级应用延伸能力，主框架由 BIM 和 GIS 双引擎热驱动，充分利用 BIM、云计算、大数据、物联网、移动互联网等技术，将

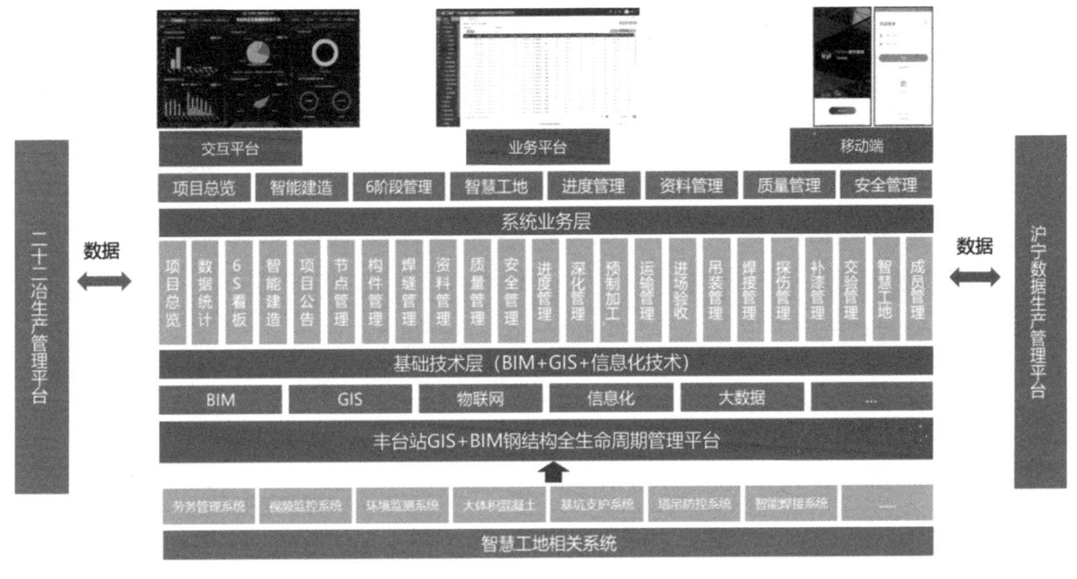

图 2.3.5-33　钢结构平台架构图

现实中钢构件与虚拟平台的模型双向数字孪生，承载站房 40 万 m^2 的 BIM 模型和周围 6km^2 的 GIS 模型在网页上轻量化运行，基于 B/S 端的架构体系，能够使平台通过公网覆盖到各级管理和作业人员，有效地提升了应用效果。基于平台的信息集成与数据结果可视化分析，能提高对钢结构各环节的管控能力，实现随时随地的信息追溯，在双引擎基础上，结合现场智慧工地系统，做到同一平台的三维集成，打通各独立业务系统间的数据连接和信息复用，扩大平台的业务集中处理能力，提高现场的管理和应急响应能力。

②关键技术 2——便捷信息采集与获取技术

基于平台的功能，将钢结构的生产和管理重要环节转移到平台内实现，减少额外数据录入工作，使用手机 App 下沉至每一条焊缝和焊工，以简单的扫码、拍照方式及时采集信息，使项目管理人员对钢结构的生产与管理，依托平台做到及时和准确地掌控，解决传统管理系统与生产融合不紧密的问题。

③关键技术 3——多源异构数据的自动集成与处理技术

建立每一个钢构件和焊缝的唯一编码，采用 BIM 信息模型提取和信息自动集成方式，包含了各阶段的技术、质量数据，为质量追溯提供保证，实现了多源异构数据的集成与实时分析，并根据现场构件状态信息驱动 BIM 模型和生产设备工作，利用平台管理钢结构深化设计、工厂加工进度和质量、物流运输及验收、现场安装和焊接、竣工交验等具体工作，提高钢结构的信息化管理能力和水平。

3）实施过程

①钢结构 BIM 深化模型导入与初始信息集成

在建立完成钢结构的编码体系后，在钢结构深化软件中人为将钢结构编码、焊缝、材质、尺寸等信息赋予到 BIM 模型中，利用 BIM 软件的 IFC 导出功能生成标准的 IFC 文件后导入到平台中，实现管理载体由桌面软件端向平台端的转化，平台上的每个构件有了 BIM 模型中的信息作为基础设计信息（图 2.3.5-34）。

图 2.3.5-34　基于模型构件的信息集成

②深化设计的进度和成果实时管理

当深化设计人员完成特定构件的深化设计成果后，在平台中选择相应的构件，将深化设计成果上传至深化阶段的成果管理模块，则该构件的深化完成时间和构件状态自动转变为工厂加工状态，以整体 BIM 模型为背景的平台会将模型变化成不同颜色，以此代表构件所处的阶段，管理人员可以宏观了解到深化设计进度的整体进展，也可以通过构件号或者定位模型查看具体的深化设计成果，改善了传统深化设计管理过程中的进度信息滞后、深化设计成果分散不易查看的问题（图 2.3.5-35）。

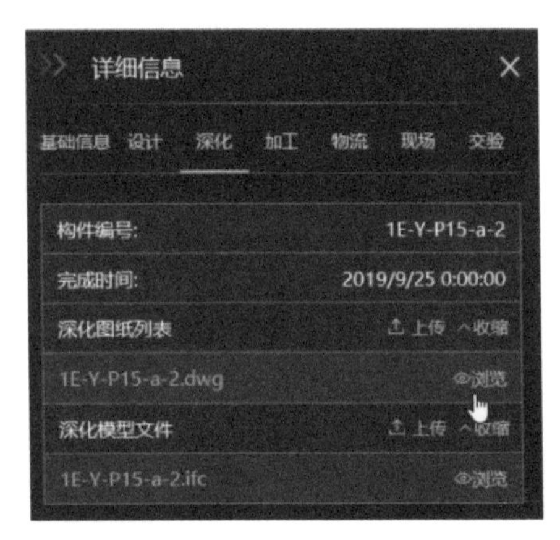

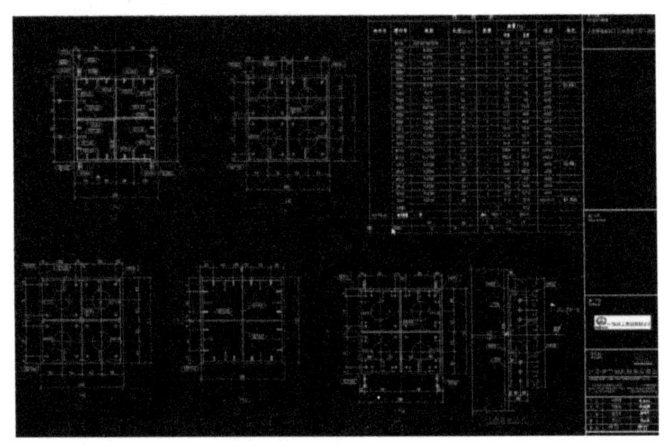

图 2.3.5-35　钢结构平台的深化阶段管理

③工厂加工的原材料采购和生产管理

平台开发了连通钢结构生产单位的 ERP 系统数据接口，以构件编码为唯一检索依据，自动抓取工厂 ERP 系统内构件原材料采购时间、质量证明文件等信息，将抓取到的信息赋予到平台内对应编号的构件，采用信息三维可视化分析的方式驱动筛选构件，方便管理人员实时了解对应构件的采购状态。在钢结构下料加工生产环节，使用平台的自动套料和切割模块，对批量构件进行基于原材料节约导向的超级算法套料，形成基于钢板规格尺寸的套料切割图，每个构件编号与所在的切割图编号完成了对应，将套料切割图通过工业互联网发送至智能切割终端，将每一张钢板切割信息与切割图关联，实现构件与钢板号的信息自动对应，为后续质量追溯至钢板号提供准确信息，并利用数据端口将所有套料图发送至平台上，通过对每张钢板的原材料利用率统计，可最终统计出工程整体的原材料利用率，也推动了 BIM 套料工作的实现，为材料节约提供实时数据分析（图 2.3.5-36）。

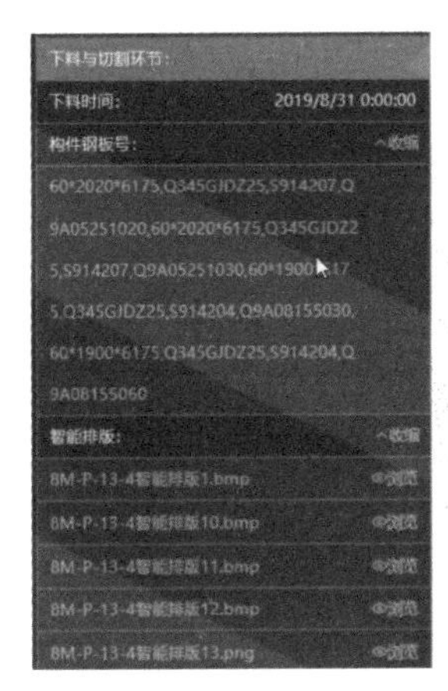

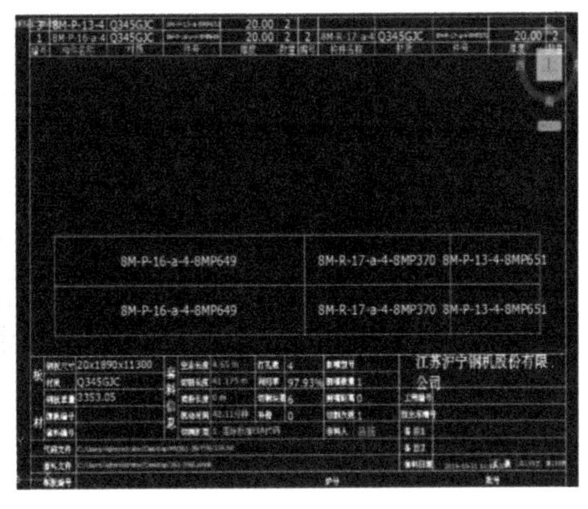

图 2.3.5-36　钢结构工厂阶段管理

④钢结构构件的出厂管理

在钢结构的出厂环节，所有的报验均采用平台的手机 App 端完成，由工厂加工人员发起报验到驻场施工和监理人员，App 会自动抓取平台系统内已有的报验信息，如合格证、检测报告、二维码等到报验单中，免去信息的二次录入，监理和施工人员可以通过一键验收的方式对出厂构件予以通过，基于此项环节，强化了钢结构构件的出厂管控，杜绝了构件资料不全、非指定工厂加工的问题（图 2.3.5-37）。

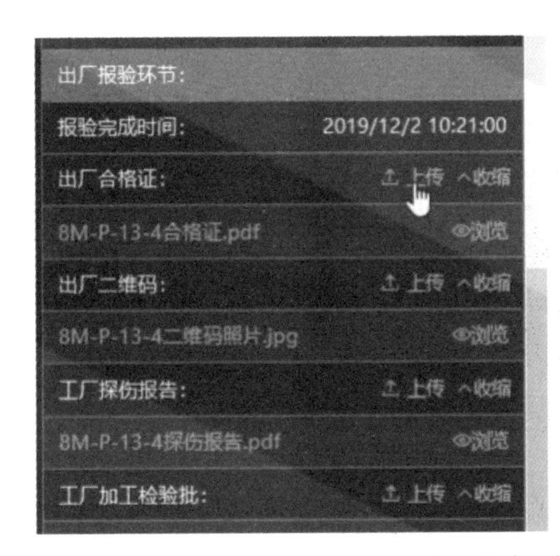

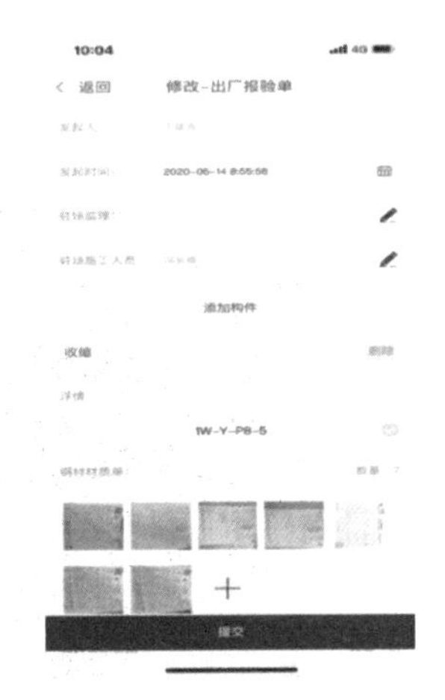

图 2.3.5-37　钢结构出厂报验管理

⑤构件的物流运输实时管理

在构件的物流运输阶段，通过平台实时采集构件所属运输车辆的 GPS 位置和时间信息，在平台内 GIS 模块上以可视化的方式生成构件的当前轨迹和历史轨迹，管理人员可以在平台内通过物流阶段的筛选查看处于运输阶段的构件和部位分布，改变了传统对构件物流运输信息主要依靠电话、层层上报的低效方式，依托于实时的物流信息可以最大化地减少现场构件堆积所占的场地，为构件的工厂化加工和到场即吊的施工组织方式提供保障（图 2.3.5-38）。

图 2.3.5-38　钢结构构件的进场验收管理

⑥钢结构现场安装管理

钢结构现场施工安装是钢结构工程管理的重中之重，涉及钢结构与混凝土结构的穿插施工、钢结构焊缝的质量管理等。钢结构构件进入施工现场后，使用统一的手机 App 在钢结构的吊装、焊接、探伤、补漆等环节完成后采集信息；一线的作业人员通过扫码、拍照等简易方式，实现人员、时间、实物照片、质量信息的自动关联集成；基于已有的构件和焊缝编号，可以实时了解钢结构现场吊装与进度计划匹配情况，及时调整钢结构施工顺序以满足混凝土结构施工；平台后台对每道焊缝和每个构件统计分析，了解有多少构件完成施工、哪些具备焊接条件，哪些具备探伤条件，以及探伤的构件中有多少首次验收合格，首次探伤不合格的构件处置情况等，做到钢结构的多要素信息溯源，相较传统的纸质材料记载和传递，更加及时、准确（图 2.3.5-39）。

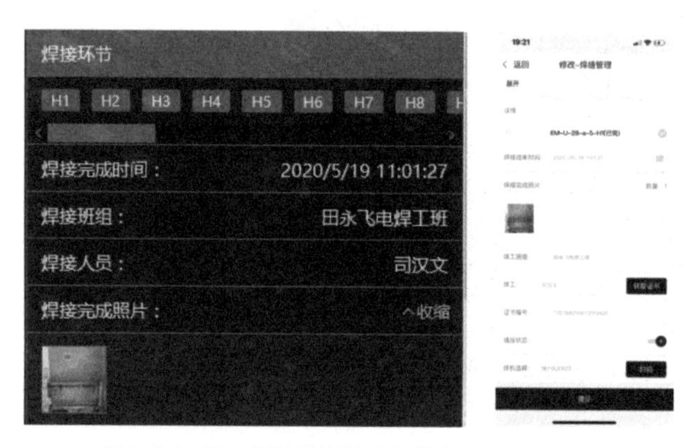

图 2.3.5-39　钢结构焊接的焊缝信息集成与管理

具体而言，在吊装环节记录构件的吊装时间、吊装完成照片，在焊接环节记录构件的所有焊缝，完善每一条焊缝的照片、焊工信息和探伤环节的人员信息、首次探伤是否合格的信息和探伤行为照片的录入，在补漆环节的完成时间、补漆照片等，为各级管理人员基于平台进行钢结构的现场施工管理和质量追溯提供可靠、便捷、及时的手段（图 2.3.5-40）。

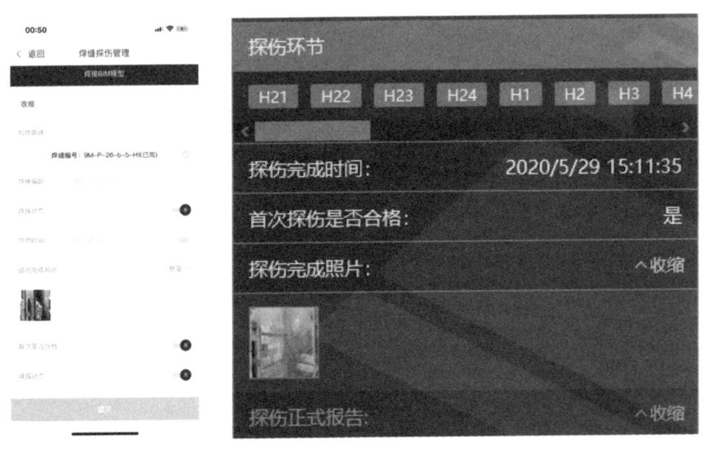

图 2.3.5-40　钢结构焊缝探伤信息集成与管理

4）主要应用效果

①解决了钢结构管理手段不足、系统分散、信息集中追溯难的问题

钢结构管理平台覆盖从设计到加工到现场安装的全过程，以 BIM、GIS 双引擎为基础，以每个唯一编号的钢构件作为管理单元，采用多种方式获取不同阶段的信息，统一集成到每一个构件中。在基于精准的分级授权管控下，各级管理人员和作业人员可以在平台中快速获取对应构件的详细信息，包括设计变更、深化图纸和模型、加工原材和质量证明文件、物流信息和现场安装信息等。

②解决了传统管理系统信息复用率、准确率不高，依赖人工录入，且与现场实时生产行为脱节的难题。

通过 BIM 模型信息直接集成、工厂生产信息和其他现有信息接口互通、以手机 App 的扫和拍进行信息关联以及少量的人工补录四种方式，全面提高信息获取的方便程度和准确性，让分布于钢结构各阶段的现有信息发挥最大价值，提高信息的复用率。

③解决了传统二维管理系统交互体验不佳，效果不直观的难题

在丰台站钢结构管理过程中，根据管理目标要求，由构件所包含的数据反向驱动 BIM 模型进行颜色变化、显示与隐藏，达到三维空间可视化分析的效果，交互方式更加友好，也为基于平台对钢结构的管理实施打下了良好的基础。

④解决了钢结构深化进度掌控不全，成果共享难的问题。

平台集成每个构件的深化设计图纸和深化设计模型，以是否完成驱动整体钢结构模型颜色变换进行审视，既可以实时了解整体的深化设计进度宏观情况，也可以让管理人员获得每个构件的深化设计成果，提高对深化设计的管控能力。

⑤解决了总包单位对工厂构件加工原材料利用管理的难题

采用钢结构平台管控钢结构工厂每一个构件基于 BIM 的智能套料切割图，自动接入钢结构工厂 ERP 系统抓取钢材采购信息，通过分析每张钢板的材质信息和原材料利用率，实现汇总分析整体钢结构原材料利用率的目的，节约原材成本，提高企业社会环保效益。

⑥解决了构件出厂报验程序执行力度不够，标准不统一的难题

利用平台 App 管理出厂报验环节，每根构件必须经过驻场施工和监理在 App 上同意后才允许出厂，杜绝未报验构件出厂的现象。

⑦解决了物流信息掌控不准，现场临时构件堆场难题

通过建立物流阶段管理模块，可以由平台自动收录构件自出厂后的每个位置信息，实时掌握构件当前位置和预计到场时间，减少重复沟通，为现场的生产安排打下基础，实现到场即吊，最大化减少构件现场堆积所占的场地，同时基于历史轨迹的追溯，可以确保每根构件均为指定工厂生产，杜绝构件委外加工的现象。

（3）项目管理流程信息化建设

铁路站房建造过程中参与方众多，存在各单位项目管理界面复杂，项目参与方信息不对称，建设进度管控困难等一系列问题。北京丰台站在建设单位的统一领导下，建立了客站建设管理平台 2.0，为各参建单位多方位、多角度、多层次的项目管理提供服务工具，提高建设管理水平。将建设项目的管理审批流程集成在平台之中，并将平台作为信息的收集、传递和展示媒介，集成铁路站房工程管理平台 1.0、设计单位协同设计系统及施工单位自建信息化系统，并与未来的运维交付平台预留数据和模型接口，实现数据共享互传，铁路站房工程管理平台 1.0 为客站工程建设管理平台 2.0 提供二维数据基础，客站工程建设管理平台 2.0 为运维交付平台提供最终交付模型及完成后的附属建设信息，施工平台将施工阶段信息数据、设计单位设计成果向客站工程建设管理平台和运维平台传递（图 2.3.5-41）。

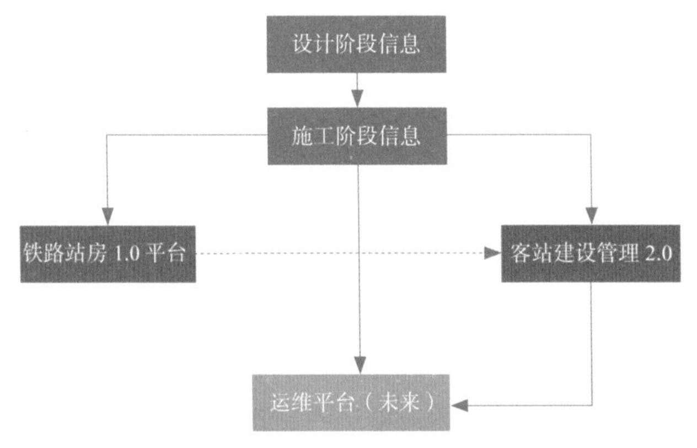

图 2.3.5-41　铁路站房管理平台架构图

平台以信息模型为载体，并落地到现场具体管理业务，具体如下：

1）综合信息驾驶舱

在综合驾驶舱管理功能下，实现了丰台站一张图对进度、质量、安全、投资、技术

等的综合信息化展示，辅助项目决策。包括以BIM结构图、三维渲染图和施工平面图为主的工程效果图展示，方便人员快速了解工程设计和部署。在项目信息板块中，包含项目基本概况（项目规模、资金来源、建设单位、监理单位等）和设计信息（建筑功能、使用年限、建筑特点、基础形式）等。在绿色环保管理中，自动采集展示每天的天气情况，包括温度、湿度、风速、风向、PM2.5、PM10等一系列信息，方便对现场天气的动态记录与查询。在施工进度方面，由一级节点、二级节点、三级节点分级组成，可以很直观看到不同级别任务的完成情况。

在安全质量问题方面，通过环形图直观显示技术、安全、质量这三种问题类型所占的百分比。通过柱状图展示不同类型的安全、质量、技术排名情况。可以通过点击切换到当月或累积的所有安全、质量排名。在投资进度管理模块中，基于对投资计划和实际投资额的分月和汇总统计，采用柱状图显示对应月份下的计划投资与实际投资金额，以折线图显示不同标段的各个月份投资，便于管理人员对当前的投资情况准确了解（图2.3.5-42）。

图2.3.5-42 铁路客站管理驾驶舱

2）基于平台的在线进度管理

结合电子施工日志和图形化周报，对工作实际完成情况进行数据采集分析，强化施工组织“红线”管理；利用BIM模型对重难点工程开展指导性施工组织预警；基于移动端或网页端填报施工数据，实现进度、质量、安全资料的“无纸化”填报与审批，解决现场资料填写不及时，内业外业“两张皮”现象，方便管理者即时批、即时查；通过获取所有标段作业工点及分布情况，方便管理层按照“有作业就有风险”的理念准确掌控现场动态，提高对重点工程的微观把控能力（图2.3.5-43）。

在工程整体实体进度与计划进度对比上，利用BIM模型的三维可视化功能，对工程实际进度与计划进度进行对比，分析工期提前或滞后，当实际进度到达滞后预警值时，进行相应的报警状态显示，为进度管理提供可视化的管理工具（图2.3.5-44）。

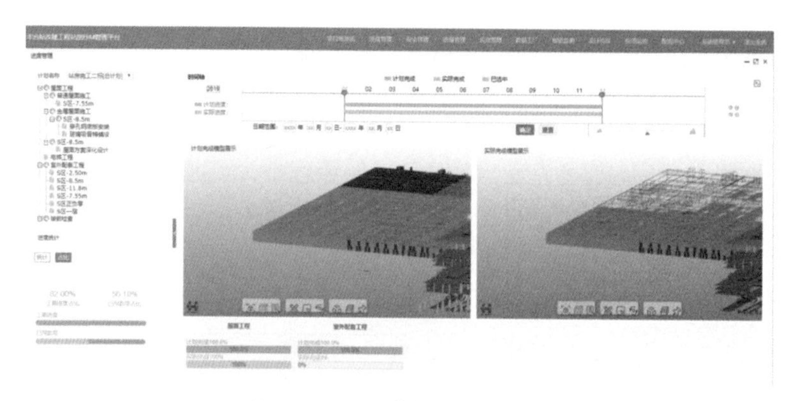

图 2.3.5-43　进度管理模块首页

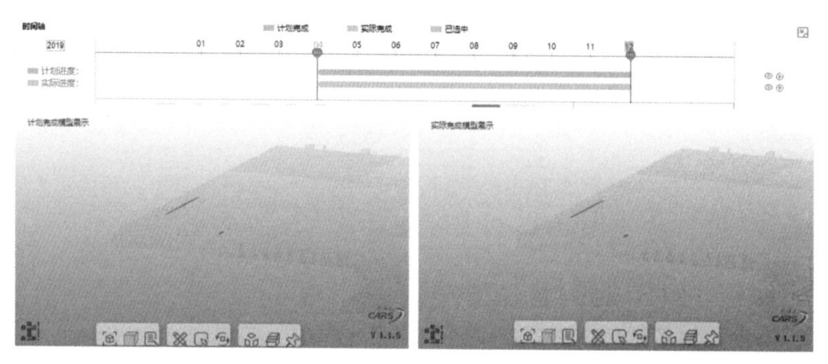

图 2.3.5-44　计划模型与实际模型对比展示

3）基于平台的在线技术管理

技术管理涉及的内容繁杂、种类多，伴随整个工程的建造周期而存在。主要包括在线方案审批管理和在线文档成果汇总管理，其中在线技术审批管理是当技术人员完成线下方案编写后，通过平台内模块将待审批方案上传至平台中，填写相关的审查信息后发起方案审查，完成提交后可以在待审查方案中实时查看方案审查进度，掌控审查进程，相关审查人员接到通知后及时在平台内进行审批和流转处理，流程完成后进行方案的存储，做到方案管理的及时通知和归档处理（图 2.3.5-45）。

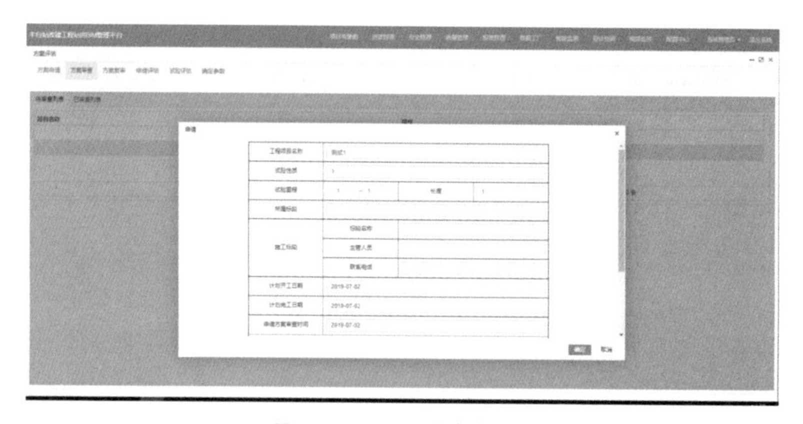

图 2.3.5-45　方案审查发起

在线文档成果管理是将BIM应用成果、方案文档成果等以一定目录架构层级形式分级分类储存管理，如虚拟样板库、模型构件库、设计文件库、方案交底库、VR体验库、混凝土结构深化成果管理、机电工程深化设计成果管理、钢结构工程深化设计、工厂化应用成果管理、自动化应用成果管理、自动放样机器人成果管理等，通过自定义权限设置，实现对深化设计、技术方案、安全管理、质量样板等成熟应用资料的汇总查询，提高技术资料收集、整理的自动化水平（图2.3.5-46）。

图2.3.5-46 在线文档成果汇总

4）公文在线流转处理

项目建设过程中存在大量的公文流转，为了确保公文的权威性和安全性，建立公文处理模块，以个人办公桌面和手机端桌面为主，支持建设项目内部办公信息自动化流转，包括手写签批、分布式在线阅览、公文自动流转、流程干预、移动办公等内容，以流程引擎约束文件流转环节的时间限制，实现内部所有办公流程的网上审批、签发，以电子签章技术保证电子文件的内部约束力，全面提高公文流转和办公效率，实现“无纸化办公”和“掌上办公”（图2.3.5-47）。

图2.3.5-47 各类公文、通知公告汇总

5）工程影像资料管理

针对站房工程隐蔽工程点位多、质量管理要求高的特点，依据相关的管理办法和文件，对所有隐蔽工程在多方报验环节进行影像留存。在平台应用之前根据隐蔽工程验收分工明确组织机构设置、项目基础信息录入、项目结构分解；当现场进行隐蔽工程验收时，由参与人员使用采集终端对隐蔽工程的部位、内容和是否合格进行视频录制，并及时通过平台手机端将影像资料上传，同步录入属性；上传完成后对施工单位与监理单位就同一部位音频与视频进行核对，通过平台自主检查关键环节留痕留档，规范关键工作点的隐蔽验收行为，杜绝验收走过场、补写记录等不良行为，也为参建单位信用评价体系的建立提供了直接数据参考（图 2.3.5-48）。

北京丰台站改造 > F 项目影像文件 > 站房施工一标 > 房建专业 > 北京铁路枢纽丰台站改建工程（站房）

顺序	类型	名称	图片数量	视频数量	创建日期	创建人员	操作
1		主体结构	692	349	2018/11/16	站房监理管理员	查看
2		地基与基础	279	381	2018/11/20	齐鸿	查看
3		[illegible]	0	2	2019/4/29	齐鸿	查看
4		屋面	17	6	2021/6/7	[illegible]	查看
5		[illegible]	583	35	2018/12/12	站房监理管理员	查看
6		建筑装饰	0	0	2021/7/27	[illegible]	查看
7		建筑给水排水及供暖	30	3	2021/7/27	[illegible]	查看
8		通风与空调	0	0	2021/7/27	[illegible]	查看
9		建筑电气	0	0	2021/7/27	[illegible]	查看
10		智能建筑	0	0	2021/7/27	[illegible]	查看
11		建筑节能	0	0	2021/7/27	[illegible]	查看

图 2.3.5-48　工程影像目录

6）施工日志在线化填报与管理

施工日志作为建设过程中对建设行为、相关方的重要记录手段，对于责任举证、变更索赔等具有重要意义，基于管理平台的施工日志系统，通过建立移动端或网页端填报模块，要求技术人员于规定的时间内通过移动端或网页端进行填报，若超期填报则自动生成预警信息，北京丰台站自开工以来实现了 1267 份施工日志的完整电子化记录，有效地支撑了工程的追溯管理，并且基于平台的日志打包下载功能，可自动生成规范要求的表格形式文件，实现一键批量下载存储日志文件（图 2.3.5-49）。

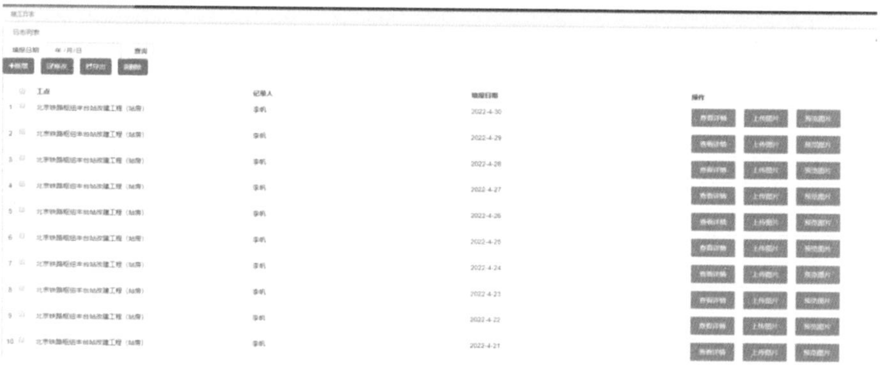

	工点	记录人	填报日期	操作
1	北京铁路枢纽丰台站改建工程（站房）	[illegible]	2022-4-30	查看详情　上传图片　预览图片
2	北京铁路枢纽丰台站改建工程（站房）	[illegible]	2022-4-29	查看详情　上传图片　预览图片
3	北京铁路枢纽丰台站改建工程（站房）	[illegible]	2022-4-28	查看详情　上传图片　预览图片
4	北京铁路枢纽丰台站改建工程（站房）	[illegible]	2022-4-27	查看详情　上传图片　预览图片
5	北京铁路枢纽丰台站改建工程（站房）	[illegible]	2022-4-26	查看详情　上传图片　预览图片
6	北京铁路枢纽丰台站改建工程（站房）	[illegible]	2022-4-25	查看详情　上传图片　预览图片
7	北京铁路枢纽丰台站改建工程（站房）	[illegible]	2022-4-24	查看详情　上传图片　预览图片
8	北京铁路枢纽丰台站改建工程（站房）	[illegible]	2022-4-23	查看详情　上传图片　预览图片
9	北京铁路枢纽丰台站改建工程（站房）	[illegible]	2022-4-22	查看详情　上传图片　预览图片
10	北京铁路枢纽丰台站改建工程（站房）	[illegible]	2022-4-21	查看详情　上传图片　预览图片

图 2.3.5-49　施工日志目录及详情

7）主要应用效果

丰台站搭建铁路客站管理平台，以平台固化建设的技术标准和管理流程，通过便捷的技术手段为各参与方提供多元的工具；基于平台的在线化管理，优化了传统工作流程；将部分线下工作转至线上进行，充分发挥信息化功能，实现工作信息传递及时有效，缩短工作链条，同步在线查阅、沟通、审批，提高了客站建设工作效率。

（4）人员计统精确化管理

项目人员管理包括实名制管理、考勤、工资发放等管理内容，丰台站高峰施工人数达 5000 人，整个工程先后用工总人数为 13000 人，且工程跨越 3 个年度，人员进出场数量和流动性大，针对人员的快速实名制登记和数据计量、报表工作量大，因此，在工程伊始建立了基于云端模式的人员管理系统，用于丰台站所有人员的动态、实名制管理。通过施工现场主要出入口布设的全高闸、翼闸等硬件设备，在登记端使用便携的身份证读卡器，采用身份证和人脸照片采集的方式，完成人员初始信息登记后，设定相关的通行权限和考核数据。云端服务器通过互联网自动将权限同步到出入口闸机设备，定期采集出入口闸机设备的通行记录，云端汇总分析，实现所有作业人员的实名制登记、数据汇总分析、通行区域的权限控制、安全教育和宿舍管理等全部管理信息化功能，达到数据的自动统计和动态管理目的。

整个系统由识别卡、前端设备（读卡器、电动门锁、门状态探测设备、各种报警探头、门禁控制器等）、传输设备和网络、系统管理服务器、管理控制工作站及相关软件组成，首先在主要出入口及关键节点设立硬质隔离闸机，安装基于模块化集装箱的全高闸出入通道，实现集中安装、快速部署，整个集成设备只需要接入电源和网络即可快速投入使用，大幅提高施工现场的出入口建设效率，扩大设备的使用寿命周期（图 2.3.5-50）。

图 2.3.5-50　施工现场实名制安全通道及闸机

利用基于网页端的云端管理平台，结合专属登记插件和硬件设备，作业工人凭身份证办理实名制登记卡，管理人员同步拍摄人脸照片，完成信息登记后可根据工人所属的队伍和班组，赋予相应的通行权限和考勤规则，有效做到工人的实名制管理（图 2.3.5-51）。

图 2.3.5-51 人员信息登记硬件和平台界面

作业工人在现场可以通过刷人脸或刷 IC 卡验证通过后经过闸机，出入实行反潜回措施，避免一卡多人和无卡进出现象，前端主机自动记录每次出入时间等信息，实时同步上传至后台服务器端（图 2.3.5-52）。

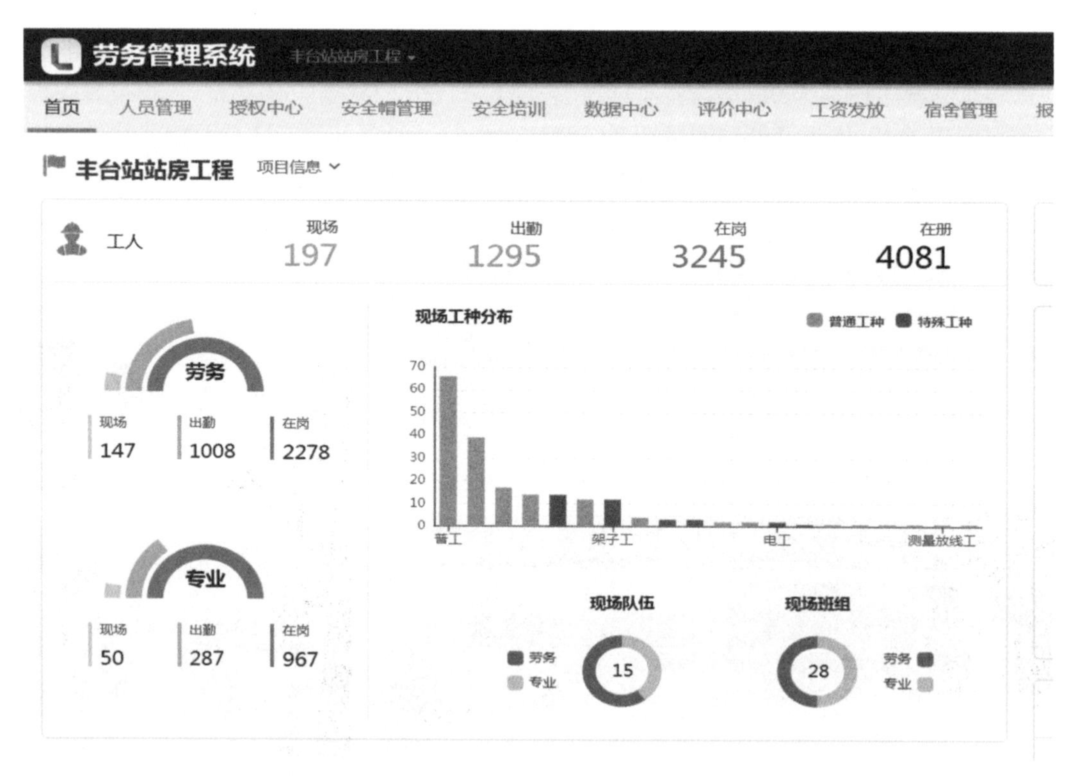

图 2.3.5-52 后台对人员出入信息的实时汇总分析

管理人员可随时通过设备终端经由互联网进行人员信息查询、信息添加和人员管理等功能，如工人在场人数、管理人员在场人数、工人工种分布、不良记录添加等，还可实现基于前述结构化信息进行成分分析、统计报表、趋势预判等表格生成，用于建委人员名册、企业管理表格等自动生成，减少制作表格时间（图 2.3.5-53）。

图 2.3.5-53　自动生成作业人员花名册等信息

通过人员管理系统的深入应用，保证了所有作业人员的实名制登记信息完整，基于前端硬件的信息自动采集功能，减少了人工统计数据的工作量，而基于一人一卡和一人一通过的管理模式，有效地杜绝了非授权作业人员进出，降低工程建设过程中的质量和施工安全风险。准确的时间数据计算和统计，避免劳务纠纷和恶意讨薪事件发生，最大化利用劳务资源，形成信息共享平台，加快劳务人员与项目管理的融合速度，提高工程建设效率。

2.4　智慧网格管理技术发展

2.4.1　网格管理技术的兴起

网格化管理在国内最早出现于公安系统的网格巡逻领域，之后，随着信息通信技术的发展，网格化管理的应用实践逐步拓展到城市管理领域、社会治理与服务领域。网格化的三个阶段主要是行业网格化、城市网格化和社会网格化。

大型铁路客站的网格化管理来源于城市行政管理改革，城镇网格化管理是依托统一的城市数字化管理平台，将城市管理辖区按照一定的标准划分成为单元网格，通过对单元网格的管控，实现对城市全面无死角的管理。

2.4.2　网格管理的技术特征与管理体系

社会层面的网格化管理是一种行政管理手段，在社区管理中的应用较为成熟。与社会层面的网格化管理相比，铁路客站施工项目的网格化管理有很多相同之处，也有很多独特之处。

1. 网格管理的技术特征

铁路客站施工项目网格化管理是一种集成了各种先进技术的新时代施工管理模式和

方法，它的特征有：

（1）智慧化管理

网格化管理与“智慧工地管理平台”相结合，以无人机航拍技术、BIM技术、实时视频监控技术、5G通信技术等共同奠定了网格化管理模式的技术基础。在网格化管理模式框架内，科学技术与现代管理模式有机结合为一体，实现了技术手段与管理方法的高度统一，共同为“智慧化”施工管理服务。

（2）闭环式管理

网格化管理建立了一种监督和处置相互分离又紧密联系的管理模式，形成了“现场巡查——信息上传——问题入库——协调决策——现场处置——核查反馈——问题销号”的闭环管理流程，整个管理系统在进度、质量、安全等方面同步协调全面控制，提升了管理效率。

（3）精细化管理

精细化管理是源于发达国家的一种企业管理理念，是一种以最大限度地减少管理所占用的资源和降低管理成本为主要目标的管理方式。网格化管理是精细化管理的具现化表现形式，网格化管理通过各类信息的输入，使管理对象、过程和评价具体化、详细化、数字化，将现场管理由定性分析转变为定量分析。网格化管理模式摆脱了传统管理粗放、滞后的缺点，运用程序化、标准化、数据化和信息化的手段，建立合理、高效、不断优化的管理流程，使施工组织管理各单元精确、高效、协同和持续运行，向精细化方向不断发展。

（4）动态化管理

网格化管理模式有智慧工地管理平台作为技术支撑，网格单元内质量、安全、进度、文明施工等各类信息在第一时间上传，实现了信息的实时更新和动态监控。人员、物资、设备等资源配置是否合理，安全、质量、进度是否可控，都能够在第一时间被发现，第一时间被解决，第一时间被反馈，第一时间被检验。管理工作的主动性大大增强，加强计划、组织、领导、控制等机制，采取灵活的应变对策，实现了准确、及时的动态化管理。

2. 网格管理体系与划分原则

（1）网格化管理组织机构

中、大型工程的网格化管理组织机构通常由网格化管理领导小组、网格化管理工作小组和现场网格单元三个层级组成。规模较小的工程可设置网格化管理工作小组和现场网格单元两个层级。

（2）网格划分

网格划分通常设置网格区、网格单元两级，规模较小的工程可以不划分网格区只划分网格单元。网格区、网格单元的划分应根据工程总体规模和特点合理确定，同一工程在基础、主体、精装修及安装阶段网格划分是完全不同的。地基主体阶段以平面布局为“主”，专业为“辅”的原则划分，装修及安装阶段以楼层为“主”，专业和平面布局为“辅”的原则进行网格划分。一般情况下各安装专业纳入对应网格单元统一管理，不单独设置网格单元。以杭州西站为例：

主体施工阶段：以平面划分 8 大网格区，按楼层划分不同数量的网格单元（候车层划分为 77 个网格单元）（图 2.4.2-1）。

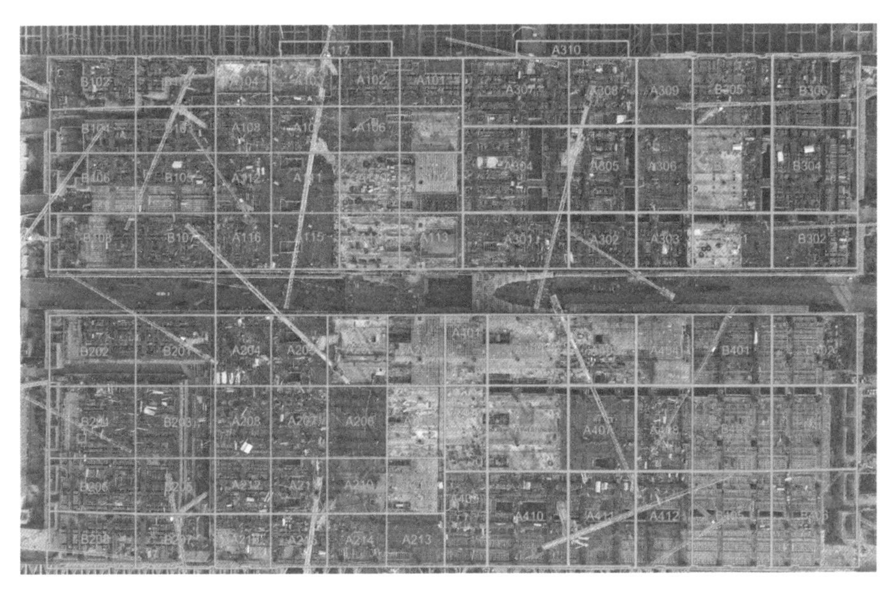

图 2.4.2-1 杭州西站主体结构阶段网格单元与航拍套图（承轨层）

装修施工阶段：以竖向楼层东、西两个分部划分 10 大网格区，其中候车层 4 大网格区、承轨层 2 大网格区、0m 至 6m 层 2 大网格区、地下室 2 大网格区。装修阶段网格单元划分是一种立体化形式，要结合各楼层、外立面、平面布局、专业系统及特定区域等因素综合考虑。候车层网格单元的划分最为复杂，划分网格单元 40 个。候车层网格单元具体划分如下：立面幕墙划分东、西、南、北 4 个网格单元（南、北网格单元竖向由屋面至 0m 层），金属屋面及十字天窗划分为 6 个网格单元，外云谷拱 2 个网格单元，落客雨棚 2 个网格单元，连廊 2 个网格单元，24m 室外景观绿化 2 个网格单元，候车大厅室内大吊顶 3 个网格单元，31m 商业夹层 4 个网格单元，24m 层内装修 4 个网格单元，24m 层大厅地面 3 个网格单元，内云谷玻璃罩 2 个网格单元，检票玻璃罩棚 2 个网格单元，物业上盖 4 个网格单元。

（3）网格化管理人员组成

网格化管理领导小组由建设、监理、施工、设计四方主要领导人员组成；网格化管理工作组由监理单位副总监、施工方经理层班子成员组成；网格区以生产经理为网格长，设若干技术质量网格员、安全网格员和监理网格员。

主体施工阶段由于专业成熟、工序简单，网格单元不设置专职技术质量网格员；装修阶段某些专业性强、工序复杂的网格单元需设置专职技术质量网格员，比如外幕墙、外云谷网格单元均设置了专职技术质量网格员。

（4）网格化管理制度

网格化管理需建立以下制度：动态管理制度、信息反馈及处置制度、检查制度、考核制度等。

2.4.3 网格管理的组织与精确化管理

铁路客站项目网格化管理，是要解决因工程体量大、专业多、区域广、工期紧、任务重、施工环境复杂等引起的条块职责不清、管理效率低下、管理跨度过大的问题，通过差异化职责促进条块融合，通过组团式下沉强化网格力量，推进管理方式从“被动处置问题”向“主动发现问题”转变，从体制上保证工程项目各项职责全覆盖、无缝隙落实。

另一方面，铁路客站网格化管理的核心是施工阶段的网格化管理，其真正内涵是通过网格划分，实现流水施工，合理节约人、材、机等资源，保证项目目标的实现。每个网格单元内 BIM 技术与网格化管理深度结合，根据施工阶段不同，动态划分流水网格单元，通过 BIM 技术对每个流水网格单元内进行人、材、机的配置，多个网格单元再把资源配置需求数据发送到后台，后台进行数据汇总分析，进而根据进度计划进行人、材、机精确化供应，即数据分发—数据整合—数据分发的过程。

1. 网格化管理的组织

大型铁路客站的网格化管理组织机构是由网格化管理领导小组、网格化管理工作小组、网格化管理员三个层次组成。

以杭州西站为例，网格化管理组织结构如图 2.4.3-1 ~ 图 2.4.3-3 所示。

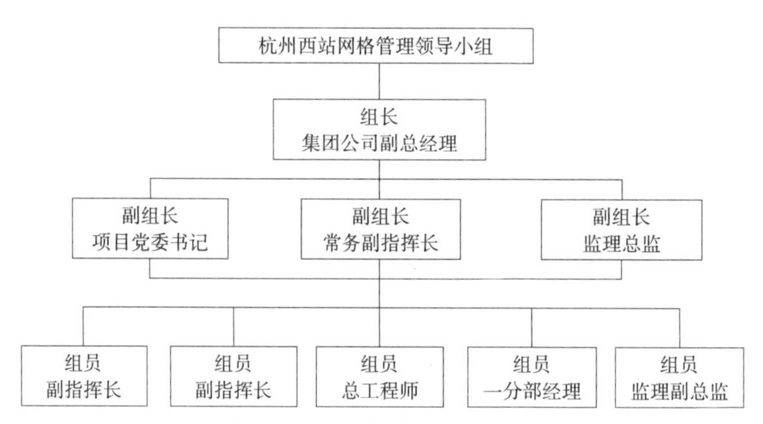

图 2.4.3-1 网格化管理领导小组

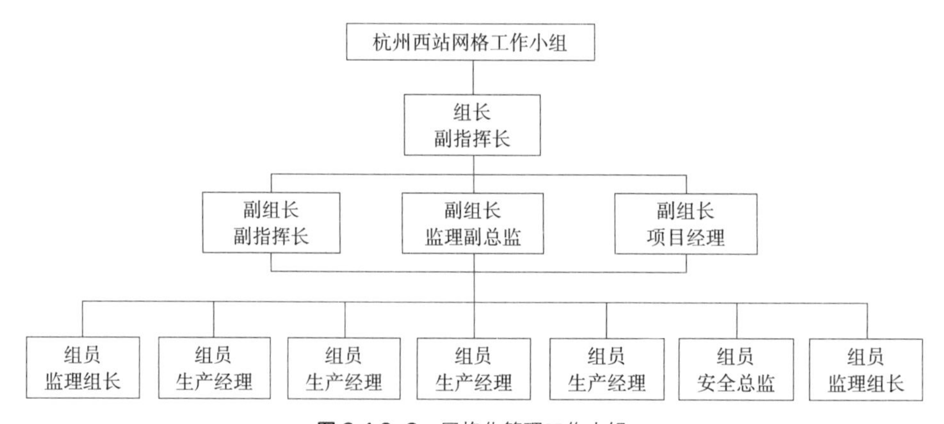

图 2.4.3-2 网格化管理工作小组

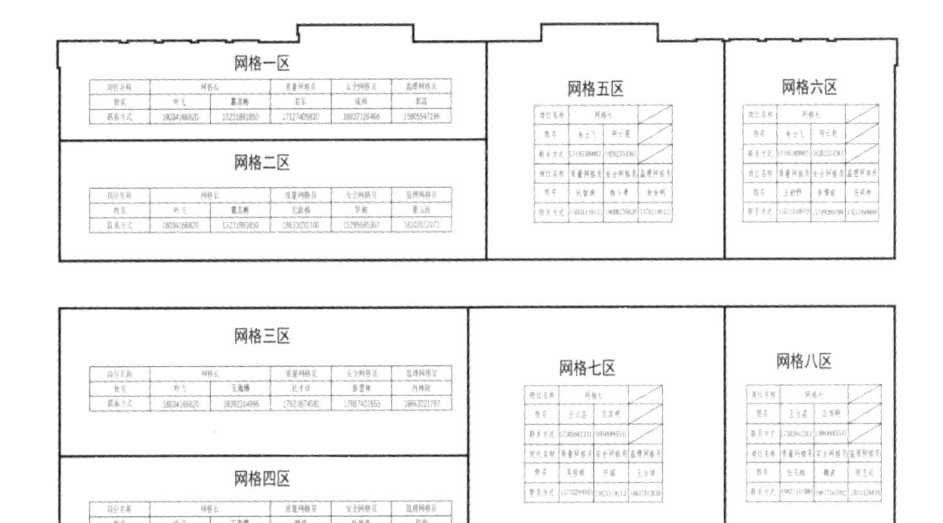

图 2.4.3-3　网格化管理员

2. 网格精准化管理方法

（1）编制网格化管理实施方案、建立网格化管理制度

业主、设计、监理、施工等各相关方共同参与网格化管理，编制《铁路客站网格化管理方案》，项目根据管理方案细化《铁路客站网格化管理实施方案》，建立网格化动态管理制度、信息反馈及处置制度、检查制度及考核制度等。

（2）网格化管理工作机制

1）定期评价总结机制

网格化领导小组根据工程实施情况，定期听取工程网格化管理情况汇报，为网格化管理工作提供高层支持。网格化工作小组定期或增开网格化管理工作会议，加强信息沟通和现场进度、安全、质量、文明施工的把控。网格化现场管理小组定期组织现场网格化管理工作检查，并将检查情况向工作组汇报。

各级网格化管理机构通过定期召开阶段总结会，对现场网格分区存在的问题进行原因分析，并制定相应对策；对目前现场实际进度、安全、质量等的可控性进行评估，确定下一步的工作重点，并根据分析结果调整下一步现场工作的实施措施、网格单元间的资源配置。

2）靠前指挥机制

网格化管理宜进行现场办公，加强各网格层级联系，及时解决问题，提高管理效率。

（3）网格化进度管理

网格化进度管理，由施工决策、制定目标、数据采集、工期分析、原因分析五大步骤，构成一个完整的管理过程，进而不断循环。

（4）网格化安全、质量、文明施工管理

建立网格化问题库，将安全、质量、文明施工等各项传统问题增加网格标识，实现问题的精准定位、责任到人、信息通畅，更加及时有效地采取措施解决问题。

（5）网格化管理与智慧工地、BIM 技术结合

施工阶段深化 BIM 模型，实施网格化进度动画模拟，全景可视化比对，使 BIM 成果真正意义上指导施工，确保进度、安全、质量、文明施工管理精准性。

2.4.4 网格管理的信息化

网格管理的信息化是将传统工作流程进行标准化定义，形成由管理目标、管理规章制度与标准、管理工作实施、数据采集、数据存储与共享、管理决策支持构成的一个不断循环的过程（图 2.4.4-1）。

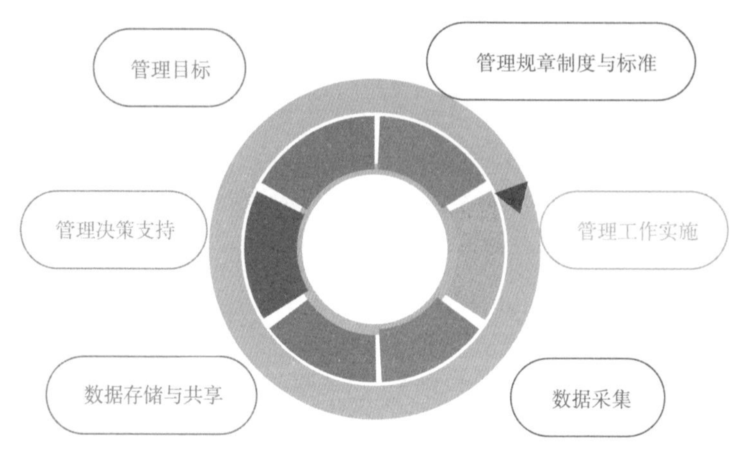

图 2.4.4-1 网格管理的信息化流程

高铁客站网格化管理是以提高管理效率为目的的一种现代化管理思想。它以信息系统技术为支撑，通过信息化、网络化的手段，整合资源，构建能够实时监控施工状态、及时进行施工状态评定的网格，这也是高铁客运站施工管理的核心需求，能够真正实现施工的闭环管理。网格管理信息化的功能如下：

1. 实现状态感知。在时间维度上指管理者能够快速检索到过程（设计、建设、运营）中的每一个数据，使数据做到可追溯。在横向维度上指管理者能够从多种角度（多种检查、检测、监测手段）快速把握施工状态。

2. 实现状态信息互联互通。在同一专业和不同专业之间实现信息共享。

3. 实现智慧管理。建立网格、施工状态评定指标，实现施工状态变化的规范化管理。

4. 保障决策更快、更准确。如识别和预防风险源、制订动态调整计划等。

2.4.5 杭州西站智慧网格管理实践

依据网格化管理流程，开发了网格化管理平台，从施工决策到现场管理 2 个阶段入手，涵盖各专业的进度、质量、安全控制，通过在 Revit 模型中拆分流水段，添加施工阶段的族参数，与平台端工作任务相关联，实现项目网格的可视化管理（图 2.4.5-1）。

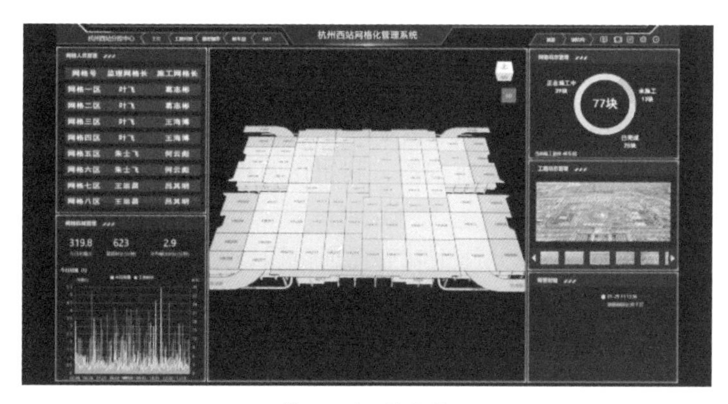

图 2.4.5-1　杭州西站网格化管理平台界面图

1. 施工决策阶段应用

资源配置模拟优化：将模型的楼层标高与几何信息、工程量数据表、时间参数（进度计划）均以网格号作为唯一标识导入到平台中与网格单元模型相关联，从而生成各项资源的需求计划（图 2.4.5-2）。

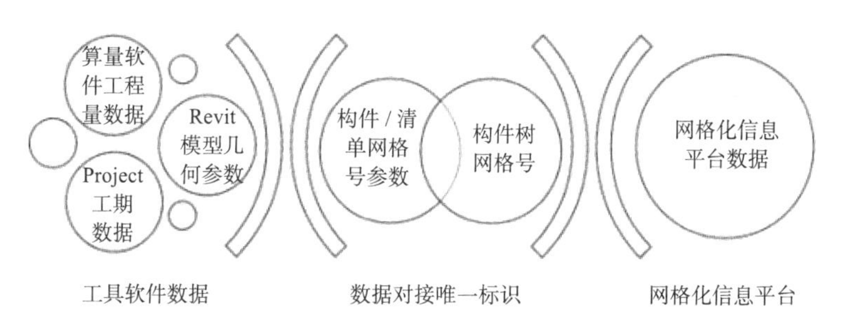

图 2.4.5-2　数据关联标识图

施工方案模拟优化：利用 4D-BIM 的可视化功能。施工计划制定者通过将工程网格与施工影响因素相关联的方式，对施工工序进行模拟，更加直观地判断工序的合理性（图 2.4.5-3）。

图 2.4.5-3　网格化工期对比界面图

2. 在现场实施阶段应用

（1）施工进度网格化管理

进度信息采集：生产部门管理人员在平台填写电子施工日志与技术部门管理人员在平台的工期对比，界面上上传实景航拍图，利用这两种进度信息采集方式对采集的工期数据进行相互校核（图 2.4.5-4）。

进度信息比对：在各网格单元施工状态已通过验证之后，平台随即开始进行进度计划的对比及分析计算，必要情况下发出进度滞后报警。以当前时间为基础：

第一步：计算各道工序实际完成的网格单元数量；

第二步：计算进度计划中各道工序计划实施的网格单元数量；

第三步：进行对比分析，如果重点管控工序的实际完成数量小于计划完成数量，且差值达到平台设定的阈值，将发出进度滞后预警。

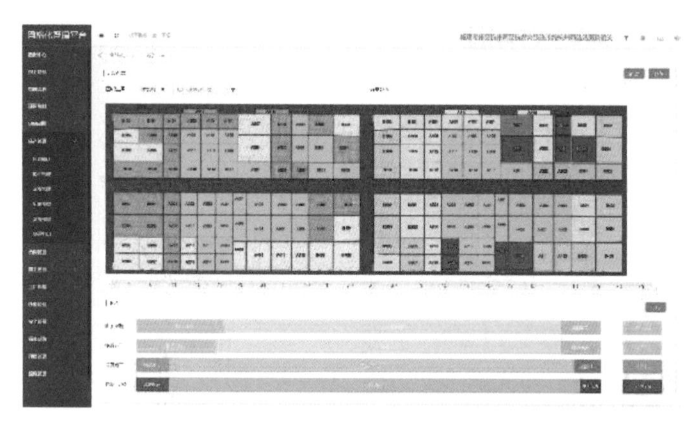

图 2.4.5-4　网格化进度偏差界面图

（2）质量、安全、文明施工管理

建立网格化问题库，在录入安全、质量、文明施工等各项传统问题过程中增加网格号，将问题通过添加“图钉”的方式与各网格单元相关联，实现问题的精准定位、责任到人、信息通畅，更加及时有效的采取措施予以解决（图 2.4.5-5）。

图 2.4.5-5　网格化问题库界面图

2.5 营业线施工管理技术

铁路营业线施工是指影响营业线设备稳定、使用和行车安全的各种作业，按组织方式、影响程度分为施工和维修两类。邻近营业线施工是指在铁路线路安全保护区内（以《铁路安全管理条例》规定的范围为准）影响或可能影响铁路营业线设备稳定、使用和行车安全的施工。营业线（邻近）施工相对于新建站房的特殊性在于需要制定专项的施工方案，包含运输条件、施工程序及施工过渡方案、施工条件、施工方法及质量、安全措施、应急预案以及具体的作业机械选型、人员及材料进出场方式、在规定的时间段内完成规定作业等内容。

2.5.1 营业线施工的技术管理程序

营业线施工技术管理流程（图 2.5.1-1）：

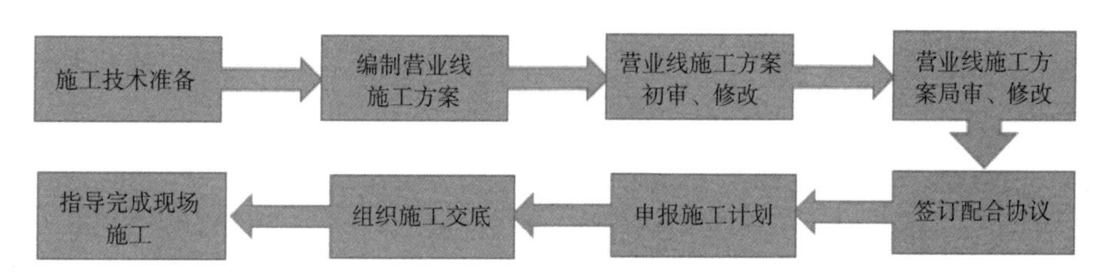

图 2.5.1-1 营业线施工技术管理流程图

营业线施工的技术管理要点：

（1）施工技术准备：熟悉图纸，了解营业线施工作业内容、施工范围。现场勘察，了解作业范围内可能影响的铁路设备（例如：接触网、轨道线路、信号机、道岔、供电电缆、信号电缆等）。

（2）编制营业线施工方案：根据所需施工的作业内容和范围，对所采用的机械设备、材料进场方式、人员进场线路、安全防护措施等各项内容编写施工方案。

（3）由建设管理单位组织施工影响范围内的各设备管理单位和设计、监理、施工单位对营业线施工方案进行初步评审，并根据各单位评审意见进行修改、确认。

（4）通过修改、确认后上报路局集团公司，并组织各相关业务部门、设备管理单位进行营业线施工方案的二次评审，根据各单位评审意见进行再次修改和确认。

（5）根据修改完善并确认后的施工方案，与各设备管理单位签订安全配合协议。

（6）根据修改完善并确认后的施工方案，上报月度施工计划。

（7）编制施工交底书，并向相关人员进行施工技术、作业内容、安全防护交底。现场施工时，根据营业线施工方案要求，现场指导、把控作业安全和行车、设备安全。

2.5.2 营业线施工的运输组织优化

1. 营业线施工的运输组织优化措施

营业线施工，安全是其核心。营业线安全主要有行车安全、旅客安全、轨道安全、路基安全、设备安全、作业人员安全等，其中最核心的是行车安全和人员安全，所有安全措施的运用，最终都是保证行车和人员安全。铁路营业线施工，既有运营状态下的施工活动，也有非运营状态下的施工活动。运营状态下的施工活动，依靠“天窗”，也即利用行车间隙开展施工活动；非运营状态施工活动，是在一定的范围内，没有行车干扰的连续施工活动。两种施工活动中，非运营状态安全风险要远远小于运营状态。因此，营业线施工的运输组织优化，主要围绕将运营状态下施工活动，优化为非运营状态下开展施工。营业线施工优化活动，是在国铁集团、铁路局等运营单位的统一组织下、在各设备管理单位、建设管理单位、安全监管单位的支持下进行。运输组织优化主要指行车组织优化，即在铁路局运营调度部门的统一组织下，优化行车频次或路线。主要有三种方式，一是优化行车线路，即调整列车的运行股道，腾出施工需要的场地空间；二是优化列车运行，扩大施工“天窗”时间；三是优化列车开行，减少或停开列车，为施工创造条件。

运输组织优化，是营业线施工的核心，是保证施工能够正常开展的必要条件。营业线施工正常开展一般分四个阶段，一是“天窗点”施工，为运输组织调整创造条件；二是“扩大天窗”，开展正式施工或继续为运输组织调整创造条件；三是运输组织调整后，开展正式施工活动；四是组织验收，恢复运营或进行到场运营。

2. 营业线运输组织优化案例—镇江站

京沪铁路镇江站位于镇江市润州区中山西路，镇江站为连淮扬镇铁路接轨站。镇江站改造工程主要工作内容有：接触网过渡改造；高站台站场改造，拆除既有钢筋混凝土雨棚，新建钢结构雨棚；接长进站天桥和出站地道；拆除既有镇江站站房，新建 7997m^2 站房；新建一座钢结构天桥，跨越普速场 3 台 6 线及城际场 5 道，与城际场既有天桥对接（图 2.5.2-1）。

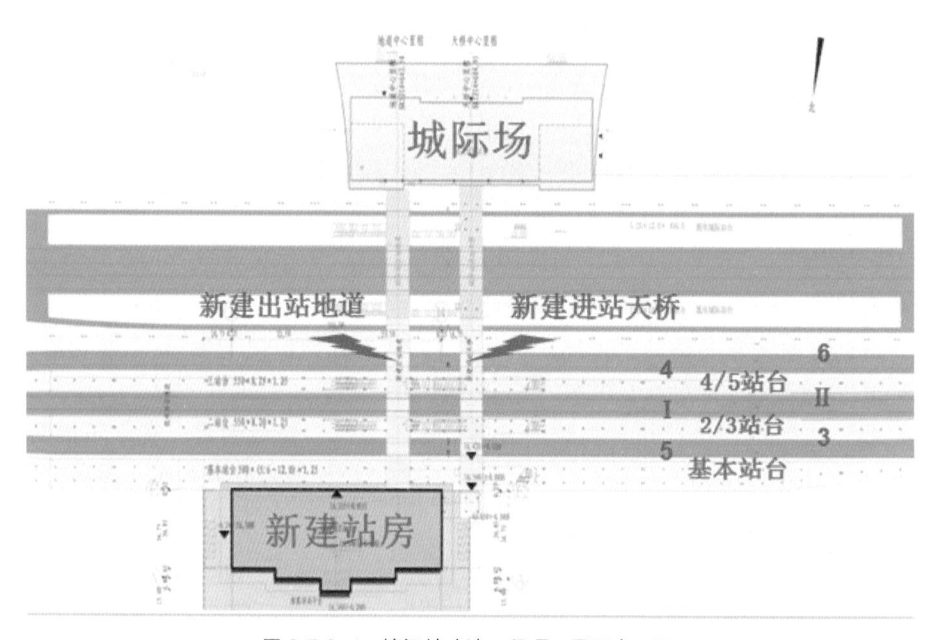

图 2.5.2-1　镇江站改造工程项目平面布置图

镇江站营业线站改施工以旅客和线路安全为第一原则，所有施工的前提必须保证旅客进出站通行安全及线路运行稳定。基于工期要求、现场情况、铁路特点、结构状况、管理跨度、施工分区组织等要求，需要研究提出一种既能满足合同工期要求，又能有效组织施工，同时又能在一定范围内成为最优的施工组织方案。

第一步：原批复指导性施组编制较早，未考虑基本站台停靠动车需求，所以增设施工准备阶段，结合施工过渡用接触网立柱，将 7 道及相关道岔拆除，加宽加长基本站台，为下一步停用 3 道及 2/3 站台、列车停靠基本站台创造条件（图 2.5.2-2）。

第一步：
1. 施工过渡用接触网立柱。
2. 拆除 7 道及相关道岔。
3. 基本站台加宽加长至 480m，满足动车于 5 道上下旅客，为下一步停用 3 道及 2/3 站台创造条件。

镇江站平面布置示意图一
(上K1214+676)
上海
南京

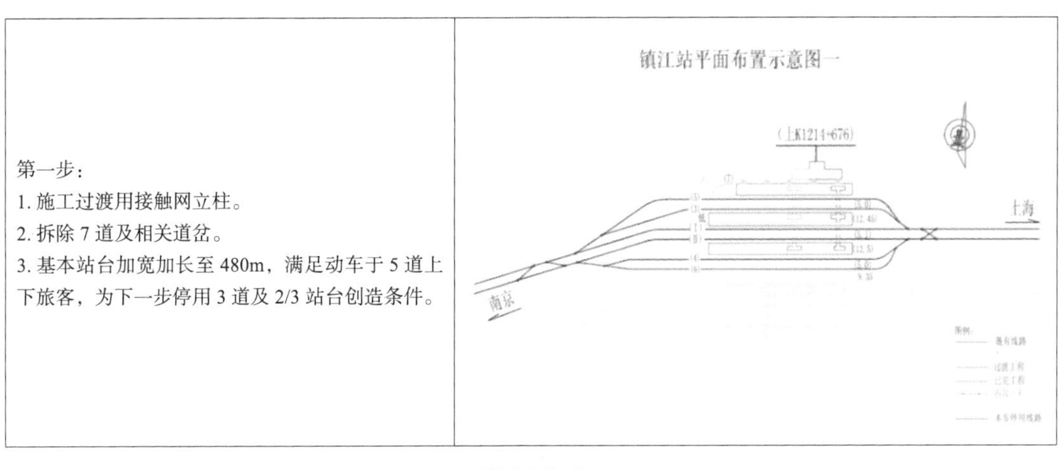

图 2.5.2-2

第二步：停用（3）道及 2/3 站台，下行于基本站台、上行于 4/5 站台办理客运，保留东侧既有地道供旅客进出车站；利用西侧既有地道作为站场施工临时便道，对 2/3 站台进行拆除及新建改造；新建天桥顶推施工；原批复指导性施组新建地道采用顶进施工方案，于基本站台设置顶进坑，工作空间不足，且对上下旅客通行存在一定安全风险，调整为各股道架设 16m+24m+16m 便梁，下方地道洞身大开挖施工方案（图 2.5.2-3）。

第二步：
1. 停用（3）道及 2/3 站台。
2. 改造 2/3 站台为高站台，改造接触网、雨棚。施工期间 2/3 站台靠（I）道侧设临时防护网，以保证站台施工人员及正线行车安全。基本站台、4/5 站台办理客运。乘客从东侧既有地道进出车站。
3. 拆除部分既有站房为新建天桥创造工作面，钢箱梁天桥拼装并完成顶推。
4. 新建旅客地道完成线路加固部分。

镇江站平面布置示意图一
(上K1214+676)
上海
南京

图 2.5.2-3

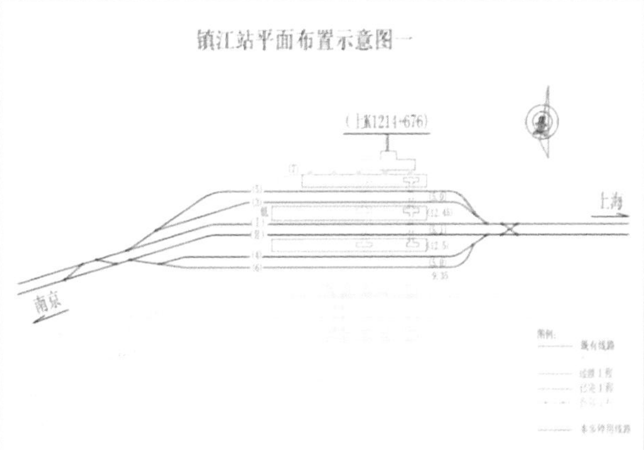

第三步：原批复指导性施组上行客车切割正线在（3）（5）道办理客运，与下行客车交叉运营存在运输风险，且 2/3 站台因地道施工尚不具备客运条件，调整为暂停上行客运，停用（4）道及 4/5 站台，完成 4/5 站台改造工程；天桥顶推对接完成后，施工装饰装修及相关剩余工程；明挖施工新建旅客地道，完成地道结构及 2/3 站台、4/5 站台出入口施工（图 2.5.2-4）。

第三步：

1. 继续停用（3）道及 2/3 站台，完成 2/3 站台及改造。
2. 停用（4）道及 4/5 站台，暂停上行客运，完成 4/5 站台改造工程，施工期间 4/5 站台靠近Ⅱ道侧设临时防护网，以保证站台施工人员及正线行车安全。
3. 完成天桥顶推对接后，装饰装修及相关剩余工程。
4. 明挖施工新建旅客地道，完成地道结构及 2/3 站台、4/5 站台出入口施工。

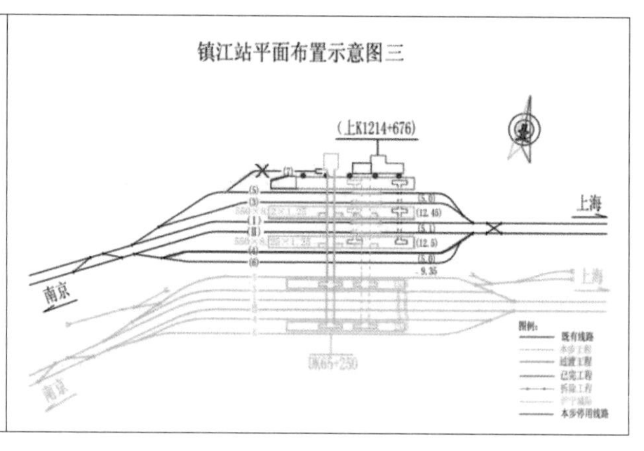

图 2.5.2-4

第四步：原批复指导性施组从普速场往城际场进行过渡改造施工，因客运组织限制地道出入口施工，每阶段均存在遗留工程，须从城际场再返回普速场进行二次过渡改造，优化调整后可一次性过渡改造完成，恢复（3）道、2/3 站台及（4）道、4/5 站台，客运作业转移至城际场站房，通过新建天桥进出 2/3 站台及 4/5 站台；此时可停用 5 道及基本站台，拆除普速场剩余站房并完成新建（图 2.5.2-5）。

第四步：

1. 恢复使用（3）道及 2/3 站台。
2. 恢复使用（4）道及 4/5 站台。
3. 停用 5 道及基本站台，拆除普速场剩余站房，客运作业转至城际场站房。乘客从城际场进出 2/3、4/5 站台。

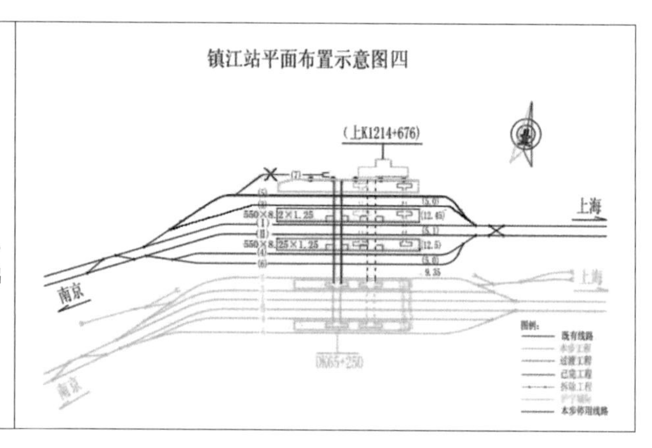

图 2.5.2-5

2.5.3 营业线施工的组织优化

铁路客站营业线施工组织优化的目的是减小或消除站房施工对运输的影响，在运输组织优化的前提下，通常需要将整体工程拆分成若干个大小不一的施工段，各段分别组织施工，或在各段之间形成流水施工。减少各施工段之间施工间歇、保持施工的连贯性、工序的合理性、提高机械设备周转材料的使用效率，是施工组织优化时需要重点考虑的问题。工程整体方面，除了常规的基础、主体、钢结构、装饰安装等阶段，部分营业线客站还涉及运营过渡，宜将此单独拿出来作为一个阶段。

1. 营业线施工组织重点

（1）施工准备阶段：对营业线、既有设备管线、施工场地、周边环境做全面调查，完成邻近营业线安全防护设施。

（2）基础施工阶段：评估土方作业、挖孔桩、降水等施工对营业线的影响，提前制定措施；评估临时道路、塔式起重机、料场、加工场等临时设施对营业线的影响，优化场平布置。

（3）结构施工阶段：结合运营过渡、线路迁改要求，合理划分施工段、制定施工流程、组织穿插作业，做好邻近营业线模板支撑架、外架搭拆、钢筋模板安装、塔式起重机吊装、天泵及布料机浇筑等作业的安全防护措施。主体结构施工阶段通常需要将过渡范围内跨线桥及雨棚结构、站房高架层结构同步完成，避免后期跨线开天窗施工。

（4）钢结构施工阶段：评估钢构运输、安装每个环节对营业线的影响，提前制定措施，做好全程安全防护，优化钢结构临时支撑布置，尽可能避免设置在运营后的轨道内。当涉及天窗作业时，细分各个施工步骤和对应作业时间，确保在天窗期顺利完成。

（5）运营过渡阶段：充分调查运营过渡条件，制定施工步骤和计划，及时为过渡相关联的施工创造条件，如路基及轨道铺设、接触网、雨棚、跨线天桥等，充分了解建设单位对过渡后营业线临水临电的要求、是否需要单独设置水电管线，过渡后站台层涉及的扶梯、直梯宜在倒边前吊装就位。

2. 营业线施工组织优化措施

（1）运输条件具备的情况下，尽可能将既有线施工优化为邻近或者非既有线施工项目，从根本上减少施工对运输的干扰。

（2）充分利用非生产时间。充分利用施工间隙，如尽可能压缩施工准备时间、施工完毕进行整理的时间以及班组交接班时间等，减少对运输生产的影响。

（3）对于工作量大的工程，根据封锁时间的长短，将此项工程合理分成数次完成。

（4）施工需要封锁要点时，应在封锁命令下达前，做好一切施工准备，以便充分利用封锁时间进行施工。

（5）施工与运行条件许可，尽可能利用行车间隙施工，减少线路封锁时间。

（6）充分利用封锁时间，安排尽量尽可能多的作业平行施工。

（7）同一区间内，同时安排的慢行工点数量不宜过多，以免影响区间通过能力。

（8）同一区间内，区间卸车点不宜太多，以免占用区间时间过长。

（9）非停运期间，物资设备的运输，尽可能利用天窗点进行。规模型材料设备，无跨线运输条件时，可考虑利用就近货场，组织平板车、轨道车运输等方式。

3. 无锡站改造工程施工组织优化

设计批复总体过渡方案由城际至普速场施工，阶段施工区域始终位于运营线路之间。施工区域无法与地方施工道路形成有效连接，所有材料、机械均需通过轨道平板车运至现场。施工运输计划需提前 1 个月上报，无法及时根据现场条件调整运输计划，无法 24 小时内随时进出材料，受铁路运输影响较大。且在改造施工过程中，站台两侧线路不能同时停运，在施工区域内要组织乘务员接车，设置临时辅助用房，客运人员与施工人员进出路线分离，同时存在办客与施工在同一站台，行车及客运组织干扰大。

同时在保证运输条件下，大部分作业需要在营业线内施工，架设便梁、搭设跨线门洞支架。

第一步：完成接触网软横跨过渡，延长既有西地道。施工城际场至 6/7 站台高架站房、旅客地道，改造 6/7 站台雨棚、新建 6/7 站台行包地道（图 2.5.3-1）。

第一步：
1. 停用（1）道，施工（1）道侧过渡用接触网柱，施工完成后恢复（1）道。
2. 停用（7）（9）道，城际（6）道，拨移（9）道，施工（9）道外侧过渡接触网柱；城际场高架候车室、地道延伸至 6/7 站台。完成后恢复城际（6）道。
3. 改造第 6/7 站台铺面及雨棚。新建 6/7 站台段的行包地道。
4. 既有西地道延伸至既有 6/7 站台，作为过渡期间旅客通道。
5. 恢复普速场（9）道。

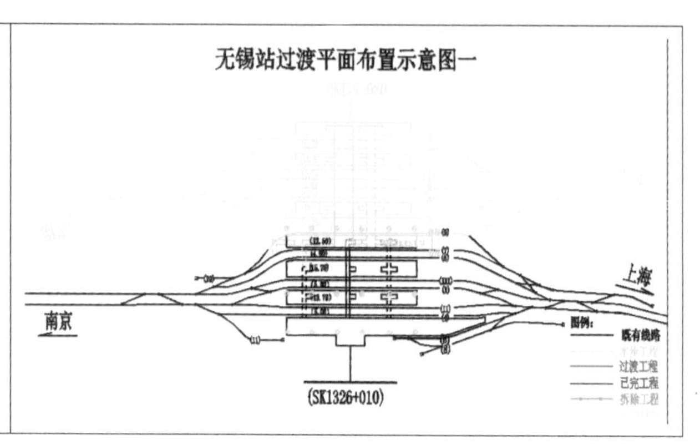

图 2.5.3-1

第二步：施工 6/7 站台至 4/5 站台高架站房、旅客地道、行包地道，改造 4/5 站台雨棚。4/5 站台雨棚改造需在天窗点内施工，安全风险大，施工效率低（图 2.5.3-2）。

第二步：
1. 停用（7）、（5）道。
2. 城际场高架候车室、地道延伸至 4/5 站台。
3. 要点施工，改造 4/5 站台雨棚，施工期间 4 站台靠（III）道侧设临时防护网，以保证站台施工人员及正线行车安全。

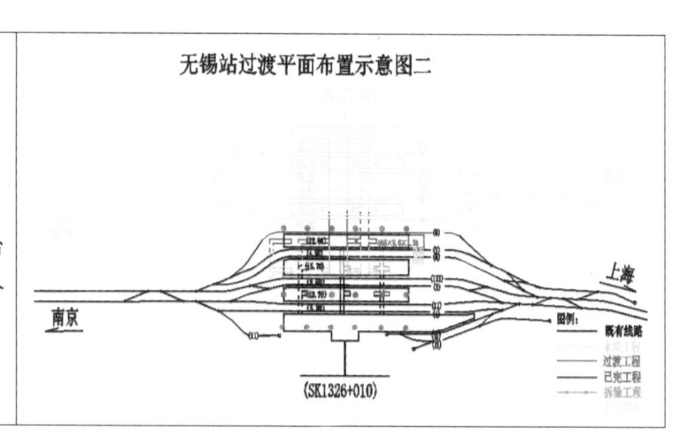

图 2.5.3-2

第三步：施工 4/5 站台至 2/3 站台高架候车室、旅客地道、行包地道，改造 3 站台雨棚（图 2.5.3-3）。

第三步：

1. 停用（Ⅲ）、（1）道，（5）道改为直向，下行正线过渡为（5）道，限速 80km/h。
2. 将邻（III）道站台墙改到距离正线 2.5m 处，临（III）道侧站台改建为高站台。
3. 城际场高架候车室、地道延伸至 2/3 站台。
4. 要点施工，改造 2/3 站台雨棚，雨棚在高架候车室两侧先不施工，施工期间 2 站台靠（II）道侧设临时防护网，以保证站台施工人员及正线行车安全。
5. 改造完成后恢复（III）道。

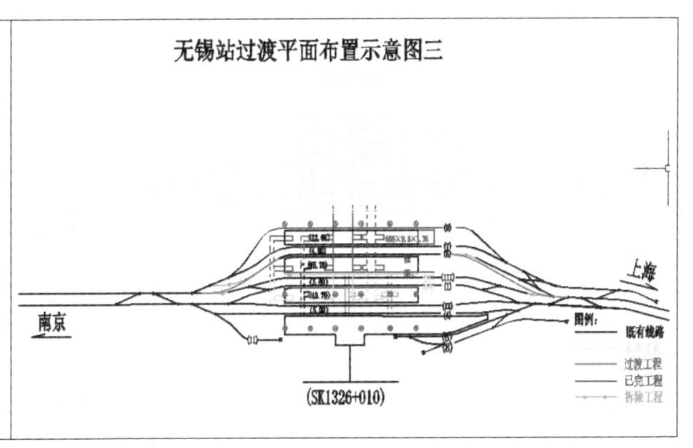

图 2.5.3-3

第四步：施工 4/5 站台至 2/3 站台高架候车室、旅客地道、行包地道。为了保证线路运行，在施工地道时需架设便梁，施工高架站房时需搭设临时门洞支架。安拆均需要点施工，安全风险大（图 2.5.3-4）。

第四步：

1. 停用（II）道，上行正线过渡为（1）道，限速 80km/h。
2. 将邻（II）道站台墙改到距离正线 2.5m 处，临（II）道侧站台改建为高站台。
3. 要点对（4）道进行便梁加固，地道、行包地道延伸至基本站台。
4. 要点在 1、2 站台之间架设门洞支架，城际场高架候车室延伸至基本站台。
5. 利用天窗点进行拆除门洞支架及股道便梁。
6. 改造完成后恢复（II）道。

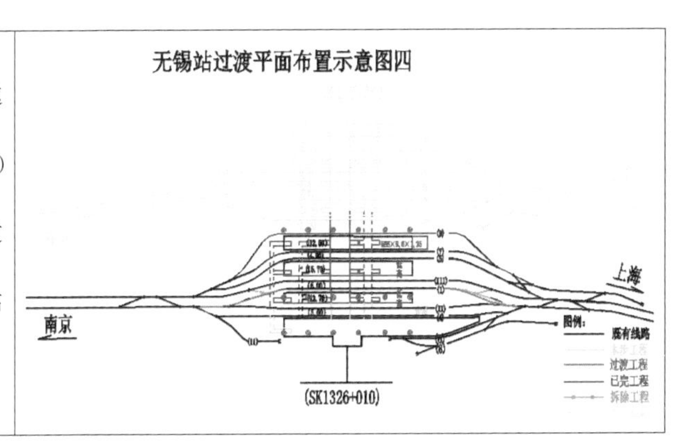

图 2.5.3-4

第五步：改造 3 站台和 5 站台，改造 2/3 站台剩余雨棚（图 2.5.3-5）。

第五步：

1. 停用（5）道，改造 5 站台，将 5 站台过渡地道的出入口按 1.25m 高站台改建。
2. 停用（1）道，改造 3 站台。
3. 利用天窗点，改造 2/3 站台剩余雨棚。

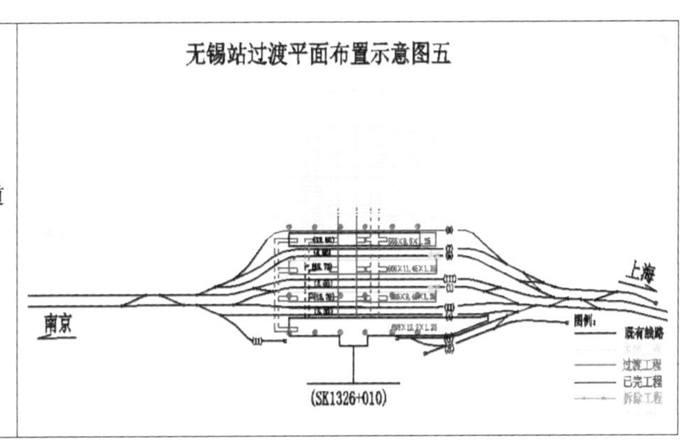

图 2.5.3-5

第六步：拆除过渡软横跨，改造既有站房（图 2.5.3-6）。

第六步：
1. 停用（4）道，改造基本站台雨棚。
2. 拆除过渡用软横跨。
3. 客运作业转至城际站房，启用新地道、高架候车室，封闭和拆除既有地道。
4. 改造既有站房。

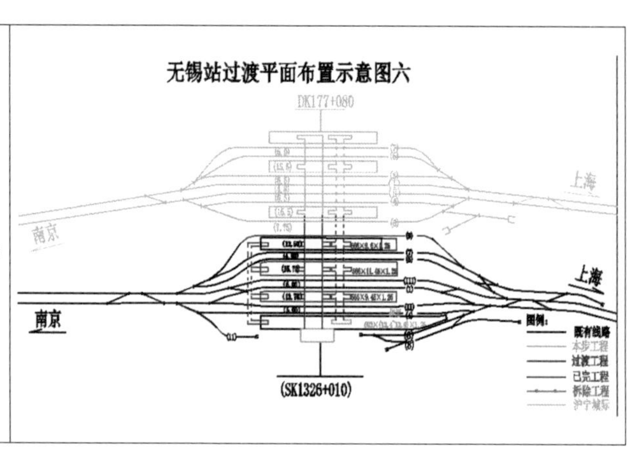

图 2.5.3-6

为减少运营线路对施工的影响，以及解决材料运输问题，使施工区域与城市地方道路形成有效连接，利用阶段施工完成的站房、地道作为运输通道，极大提高材料、机械运输时间，提供施工效率、节约工期，提出由普速场至城际施工优化过渡方案。同时，为减少营业线施工安全风险、提高工效，在保证运输的前提下，与运输部门充分研究站区线路，提出线路过渡及相应股道停用方案，为施工提供更多便利，以下为优化调整方案。

第一步：完成软横跨过渡施工，拆除 2/3 站台至城际天桥，延长西地道、9 道拨移及相关工程、新增钢楼梯，第一次咽喉区线路拨接过渡改造（图 2.5.3-7）。

第一步：停用 5、7、9 道，停用 5、6/7 站台面；完成软横跨过渡施工，拆除 2/3 站台至城际天桥，延长西地道、9 道拨移及相关工程、新增钢楼梯，第一次咽喉区线路拨接过渡改造。

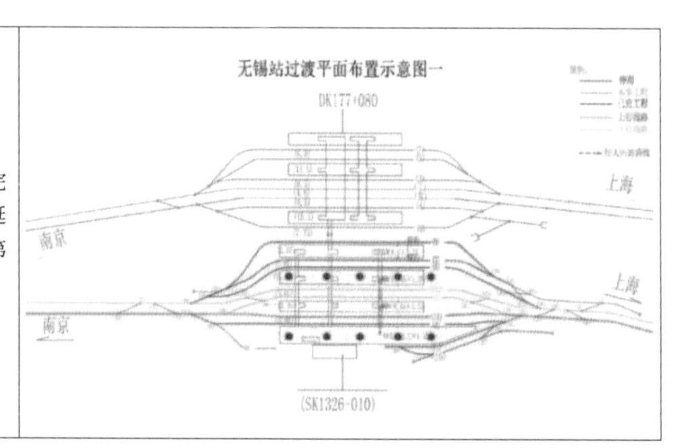

图 2.5.3-7

第二步：拆除剩余天桥、新建基本站台至 2/3 站台高架站房、旅客地道、行包地道，拆建基本站台、2/3 站台雨棚；既有站房改造同步施工，进行第二次咽喉区线路拨接（图 2.5.3-8）。

第二步：停用II、4、1道，停用1、2、3号站台；拆除剩余天桥、新建基本站台至2/3站台高架站房、旅客地道、行包地道，拆建基本站台、2/3站台雨棚；既有站房改造同步施工，进行第二次咽喉区线路拨接。

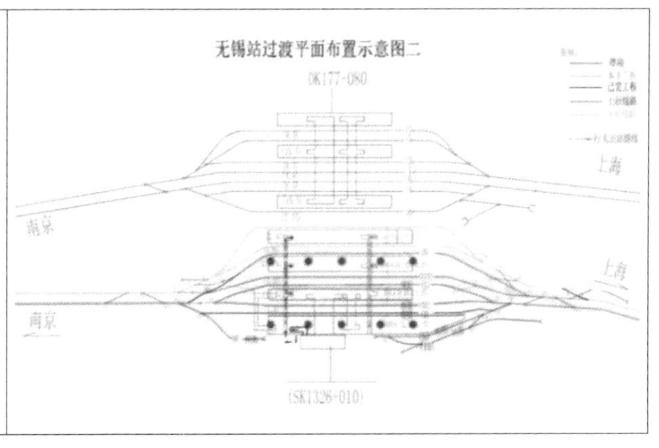

图 2.5.3-8

第三步：新建2/3站台至4/5站台高架站房、旅客地道、行包地道，拆建4/5站台雨棚（图2.5.3-9）。

第三步：停用1、III、5道、停用3、4/5站台；新建2/3站台至4/5站台高架站房、旅客地道、行包地道，拆建4/5站台雨棚。

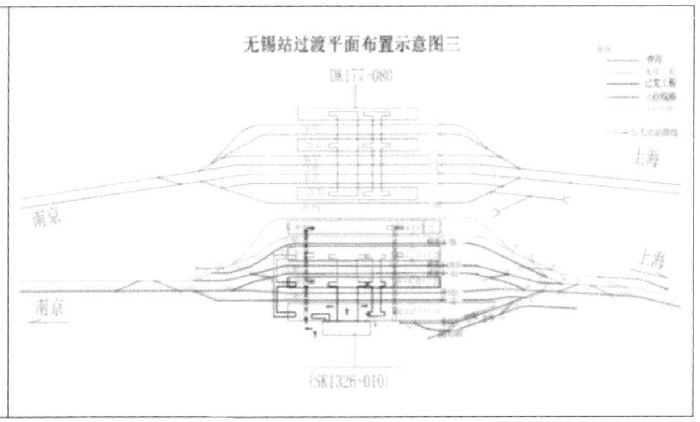

图 2.5.3-9

第四步：新建4/5站台至城际8站台高架站房、旅客地道，新建4/5站台至6/7站台行包地道，拆建6/7站台雨棚（图2.5.3-10）。

第四步：停用5、7、9道、停用城际6道、3.5个月 停用5、6/7号站台、城际8站台3.5个月。新建4/5站台至城际8站台高架站房、旅客地道，新建4/5站台至6/7站台行包地道，拆建6/7站台雨棚。

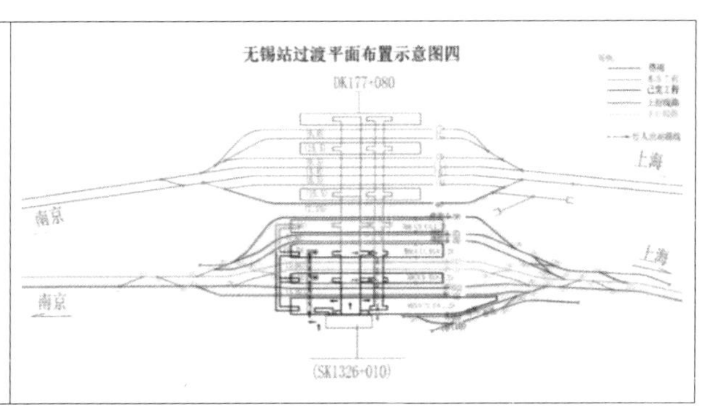

图 2.5.3-10

2.5.4 营业线施工的旅客流线优化

营业线施工的重要特征是边运营边施工，施工应尽可能避免或减少对旅客到发的影响，尤其要保证旅客安全。营业线站改施工组织的重要内容是根据施工的需要，优化调整旅客进出站流线，避免相互干扰。旅客组织优化主要是根据施工需要，对旅客进行分流或站内倒场。主要分三种情况，一是减少列车开行，为施工腾出时间；二是接发转移，将列车到发转移至附近其他车站；三是站内倒场，即根据施工进程，列车在站内不同站台、不同股道实现接发。

1. 无锡站客运组织的难点

原批复总体过渡方案由城际场至普速场施工，施工改造工程中，旅客需经过施工区段，需设置临时天桥或地道，以满足旅客进出站要求，施工及拆除临时过渡通道安全风险大。同时由于在改造施工过程中，站台两侧线路不能同时停运，使在施工区域内要组织乘务员接车，设置临时辅助用房，客运人员与施工人员进出路线分离，同时存在办客与施工在同一站台，行车及客运组织干扰大。故通过过渡方案调整，优化客运组织流线，确保旅客及运营安全。

2. 优化后旅客流线组织多次过渡

1）每一阶段转换都会涉及旅客进出站的变化，施工旅客地道时，对既有出站地道形成破坏，需要在新建地道与既有地道内形成多次过渡来满足旅客的出站需求。

2）分阶段旅客流线组织（图 2.5.4-1 ~图 2.5.4-4）。

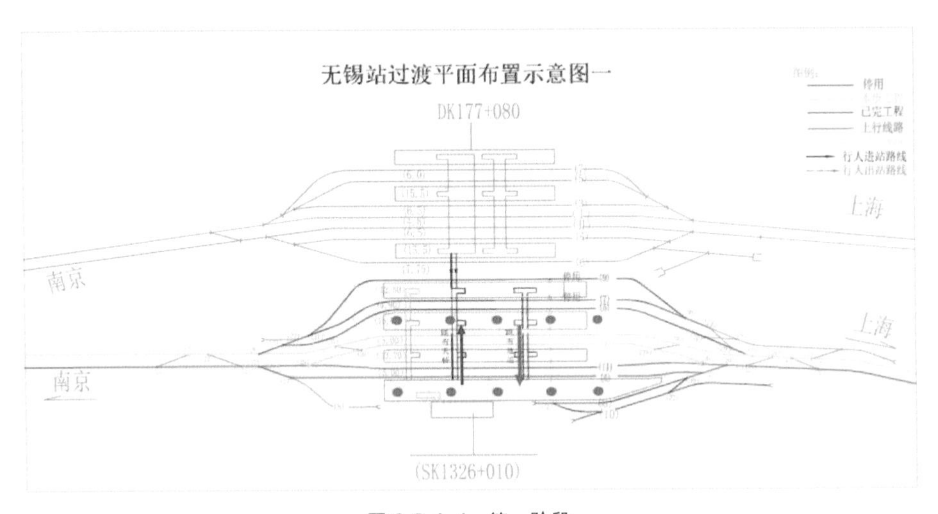

图 2.5.4-1 第一阶段

第一阶段：

①停用（5）、（7）、（9）道，停用 6/7 站台。

②上行正线（II）道，上行（II）、（4）道办理客运。

③下行正线（III）道，下行（1）、（III）、（5）道办理客运。

④旅客通过既有天桥进站、既有东地道出站。

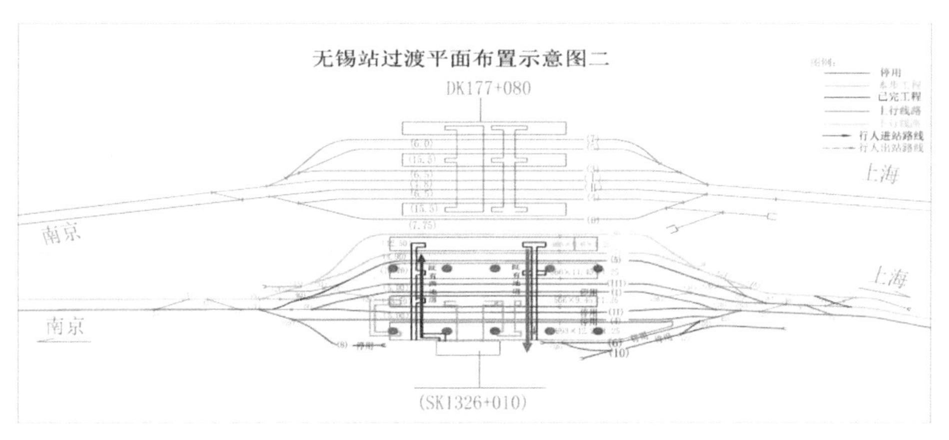

图 2.5.4-2　第二阶段

第二阶段：
①停用（II）、（4）、（1）道，停用 1、2、3 站台。
②上行列车改由（5）道弯路通过，上行（III）、（5）道办理客运。
③下行列车改由（7）道弯道通过，下行（7）、（9）道办理客运。
④上下行超宽超限车由（5）道通过。
⑤旅客通过西地道进站、东地道出站。

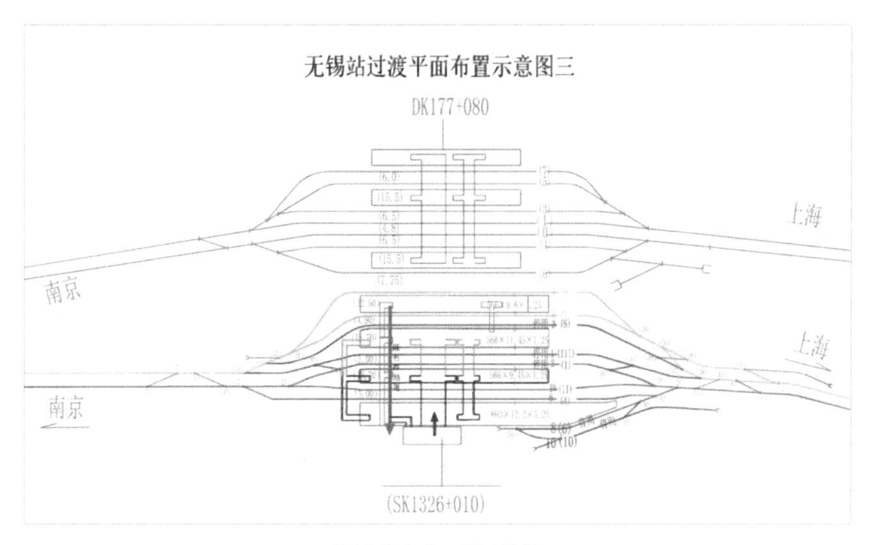

图 2.5.4-3　第三阶段

第三阶段：
①停用 1、III、5 道，停用 3、4/5 站台。
②上行正线为（II），（4）道办理客运。
③下行列车改由（7）道通过，下行（7）、（9）道办理客运。
④上下行超宽超限车由（II）道通过。
⑤旅客通过西地道出站，基本站台进站。

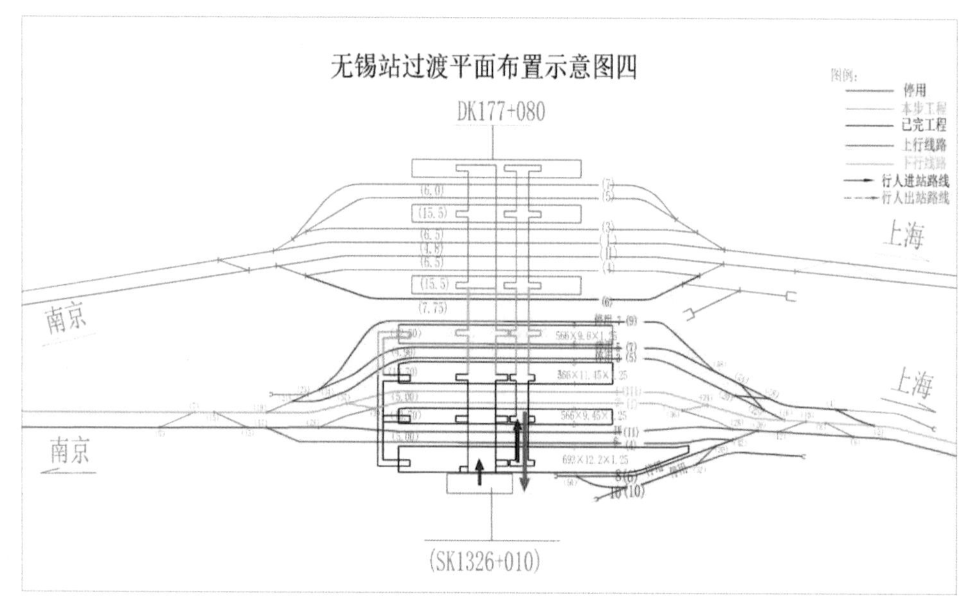

图 2.5.4-4　第四阶段

第四阶段：

①停用（5）、（7）、（9）道，停用 5、6/7 站台；城际 6 道及 8 站台 3.5 个月。

②上行正线 II 道，上行 4 道办理客运。

③下行正线 III 道，下行 1 道办理客运。

④上行超宽超限车由 II 道通过、下行超宽超限车由 III 道通过。

⑤旅客通过基本站台及新建地道进站，旅客地道出站。

第 3 章
发展与展望

过去已去,未来已来。“两个一百年”的奋斗目标为我们擘画了新时代的宏伟蓝图,“一带一路”跨越时空的宏伟构想加速构建人类命运共同体，“交通强国建设纲要”明确了全面建成交通强国的未来目标。步入新时代，科学技术日新月异，生产力飞速发展，建筑智慧建造技术发展突飞猛进，建筑智能化技术应用趋势明显，建筑工业化技术引领未来发展，绿色低碳成为可持续发展主题。站在新时代，我们要紧紧把握新发展阶段，贯彻新发展理念，构建新发展格局。坚持以人为本，全面贯彻落实国铁集团党组提出的新时代“畅通融合、绿色温馨、经济艺术、智能便捷”的铁路客站建设理念和“精心、精细、精致、精品”的铁路客站建设要求，倾力打造更高品质和更富情感的智慧客站、生态客站、人文客站、精品客站，弘扬民族自信，厚植家国情怀，在高铁提档升级中当好先行，为中国高铁新时代高质量发展作出更大的贡献。

3.1 智慧建造与数字化施工

当前，我国建筑业信息化在建筑业总产值的占比仅为 0.08%，远低于美国 1% 的同期数据，我国的信息化发展任重道远。习近平总书记指出：当今世界，信息化发展很快，不进则退，慢进亦退。我们要加强信息基础设施建设，强化信息资源深度整合，打通经济社会发展的信息“大动脉”。“东数西算”战略的提出，旨在通过构建数据中心、云计算、大数据一体化的新型算力网络体系，实现东西部协同发展、数据安全，充分展示出我们建设数字中国的雄心壮志和强大能力。

3.1.1 智慧建造技术的发展

随着新一轮科技革命和产业变革向纵深发展，以人工智能、大数据、物联网、5G 和区块链等为代表的新一代信息技术加速向各行业全面融合渗透。自 2019 年 9 月，中国的 5G 网络开通商用以来，国内信息技术发展突飞猛进，建设数字中国，具备了更好的技术条件。

5G 通信技术的发展，为我们带来了超高速率、超低时延、超高密度的数据传输条件，也促进了大数据、物联网、区块链的爆发性发展。使建筑业发展智慧建造具备了充分的技术条件。智慧建造、智能建造已经是行业共识,是未来建筑技术发展的主要方向。当前，智慧建造正对建筑行业的技术发展产生着深刻的影响。

智慧是在感知、知识、技艺、理解、联想、计算、分析、判断、决定等方面形成的一种综合能力，是对事务迅速、灵活、正确地做出理解和处理的能力。智慧建造是相对一个系统而言，通过数据的运用实现人类能力的延伸，包括感知能力的增强、体力的替代和决策能力的提升。智慧建造是数据运用的结果，具有建造大脑的概念。智慧建造的核心是智慧管理，一是通过物联网技术，也即作业区域或工厂设置的各类感知设备，如传感器、探测器、监控器材等，实现建造、制造过程数据的传输和积累，使用相应的算法或 AI 分析软件，采用云计算技术，对数据进行自动分析和判断，形成自动决策、自主预警的管理行为；二是通过信息技术网络，基于 GIS 地理信息系统，收集建筑业相关的所有信息，包括工地信息、资源信息、商务信息、造价信息、咨询信息、信用信息、安全质量信息等，实现管理的平台化、集约化、系统化。

智慧建造的发展，当前主要集中在工地智慧管理、工厂智慧管理、建筑智慧运维、工业互联网平台等四个方向。

1. 工地智慧管理

工地智慧管理在当前建筑行业技术发展非常快，主要是一些管理方法，借助自动化设备和仪器，相比以前的人工采集和判断，有了质的提高。现在智慧管理的应用集中在设备管理和人员管理、安全监测、资料管理等方面，设备类如塔式起重机、工地电梯、钢筋加工设备、防尘装置等；人员管理如进出场管理、考勤管理、食堂管理、门禁管理、疫情防控等；监测管理如吊重、称重、脚手架安全、整体模架安全、基坑安全、质量安全问题等；资料管理主要是施工现场日常管理系统的建立和运行、包括流程更新、文件、资料的收集和传输、存档等。

目前的智慧管理主要还是一些零散的应用方向，面向不同的应用场景研发相适应的管理软件，和目前广泛应用的 BIM 系统并无实质上的关系。下一步工地智慧管理的发展方向，一是各类管理软件的集成化应用，二是实现软件应用的智能化，如模架自动排布、模板自动排板、支护设计的智能化自动化、钢筋下料的智能自动化等，三是与建筑产业互联网的融合，在底层统一平台的支持下，完善数据接口协议，打通数据梗阻，提升工地管理的智慧化、自动化能力。

2. 工厂智慧管理

工厂智慧管理，主要是指和工程建设相关的工厂和设施，如构件加工厂、钢筋加工厂、混凝土搅拌站、材料厂家等使用智慧化手段进行管理。工厂化智慧管理，既是工地智慧管理的延伸，也是提升工厂精细化管理的需要。工厂智慧管理，目前还集中在设备的监测监管、工作管理系统的建立和运行、品质管理的建立和检验等方面。

工厂的智慧管理，目前还处在研究和发展阶段，一是尚未实现生产的智慧化、智能化、二是管理系统尚未实现智慧化，更多的是管理电算化。下一步发展，一是与建筑体数据充分对接，实现工地—工厂的双向数据自动接驳，二是制造和生产，实现智慧化和智能化，在此基础上发展工艺制程的完全自动化。

3. 建筑智慧运维

智慧运维是智慧建造的重要组成部分，可以分为两个层面，一是建造过程中的智慧运维，包括施工设备的运行管理、场地水电资源的运行维护、场地照明的运行维护、场地安防的运行维护、安全质量巡检等，二是建筑投入使用后的智慧运维，包括智能化空间管理、智能化安防管理、智能化设备管理、智能化能源管理、智能化巡检管理等。

建造过程的运维是一个新的概念，是施工活动提升管理、降低成本的重要措施，也是保证安全质量稳定的重要抓手，也是绿色低碳建造的重要组成部分。建造过程的运维，需要施工技术的进一步发展，当前阶段，主要发展施工现场智能照明系统、智能电源管理系统、设备智能用电管理系统、施工用水智能管理系统、安全质量智能巡查系统、脚手架智能监测系统、扬尘自动管理系统、养护自动管理系统等；结构变形智能监测系统等。建筑运营后的智慧运维，如空间管理、能源管理、安防技术、设备管理、智能巡检等，正逐步得到广泛运用。下一步技术的发展方向，主要是平台和数据的集成，实现应用场景的无人值守，完全的智能化自动化。

4. 建筑产业互联网平台

建筑产业互联网是智能制造的神经网络，其本质是通过开放的网络平台把工地、工程设备、部品部件、材料、工程师供应商、施工人员、建设单位和使用单位紧密地连接融合起来，通过高效共享建筑业的各种要素资源，实现自动化、智能化的生产和建造，推动建筑业增效。平台包括：智能化协同设计平台、工程造价全过程智能化管理平台、智能化供应采购平台、建造全过程智能化管理平台、智能化行业监管服务平台等。

建筑产业互联网是建设行业十四五期间的重要工作之一，目前，住房和城乡建设部和各级政府、相关行业正在积极推动平台的建设。产业互联网的建立，分为三个层架，一是政府管理层级、二是行业管理层级、三是企业管理层级。未来，将进一步发展统一的平台底层架构，完善数据接口协议，实现数据的双向可控流动，推动建筑业流程再造、企业的管理升级，进一步推动建筑业高质量发展。

建筑行业管理、工地智慧管理、施工技术的智慧化创新，依赖于信息技术的发展和进步。当前，国内具有技术实力的大型企业，如华为、腾讯、大疆、中国电信等，已经纷纷跨界进入传统的建筑、钢铁、煤矿等行业，开展建设管理的智慧化创新，推动行业的技术革命，未来，随着5G技术的进一步创新、6G技术的进一步发展，将进一步提升信息传输能力，实现建筑业全方位的智慧建造，改变建筑行业的生存和发展模式，也将使施工技术实现智慧化、智能化和自动化。

3.1.2 数字化施工技术的发展

当前，BIM技术的发展方兴未艾，正全方位促进建筑业的转型升级，BIM技术改变了设计、施工的生产方式，是建筑业数字化转型的核心。建筑设计施工活动中产生的数据，也是一种新的生产要素，既包括建筑实体建造活动中产生的数据，也包括管理活动中的数据，例如数字化体系、顶层设计、流程重构、标准更新等。

数字化是智能化发展的基础，BIM技术是建筑数字化发展的核心支撑。2020年8月国务院国有资产监督管理委员会下发《关于加快推进国有企业数字化转型工作的通知》，明确了数字化发展的方向，通知要求综合运用现代信息技术，建设基础数字技术平台、建立系统化管理体、构建数据治理体系提升安全防护水平，要进一步推进产品创新数字化、生产运营智能化、用户服务敏捷化、产业体系生态化，通过技术赋能，加快新型基础设施建设、关键核心技术攻关、发展数字产业。对于建筑业要求，重点开展建筑信息模型、三维数字化协同设计、人工智能技术集成、提升施工项目数字化集成能力，推动数字化与建造全业务链深度融合，助力智慧城市建设，提高BIM技术覆盖率，创新管理模式和手段，强化现场环境监测、智慧调度、物资监管、数字交付能力，提升人均劳动效能。

国家、政府、行业的大力推动下，施工技术数字化发展是突破数字建造软件、网络、硬件和平台的技术瓶颈。形成数字建造关键核心技术及产品化，促进企业创新能力提升、转型升级和高质量发展。预计未来几年将在以下四个方面取得重要进展和突破：

1. 数字化设计与 CIM

数字化设计与城市信息模型包括的内容非常广泛，在基于国家安全、自主可控的前提下，技术的迭代发展非常快。数字化设计是以 BIM 正向设计为前提，发展各类建筑、结构、机电、装饰装修、GIS、CAM 设计软件，实现设计的全面数字化与智能化、自动化。

2. 施工技术专用设计软件

施工技术专用设计软件，是数字化施工的一个独特分支，是施工企业面向现场提供技术支持的重要工具，国内已经有企业开展这方面的工作，总体上目前正处在起步阶段，发展速度比较慢。主要包括基于国家设计规范的基坑设计软件、基坑智能监测软件、模架设计分析软件、CAM 模板系统设计软件、高层建筑平台设计软件、基于标准化的装配建筑设计软件、AI 辅助装修软件、钢结构深化设计软件、幕墙深化设计软件，以及一些小型的专用辅助分析工具，如裂缝分析、变形分析、热工分析等。这些数字化软件的发展，将极大地改变施工技术管理的生态场景，提升数字化建造水平。

3. 工程大数据平台与智能服务

工程大数据平台是一个集成应用场景，目前各大施工企业均在积极发展数字化建造平台（工程大数据平台），运用三维建模、数据分析数字逻辑的模型分析方法，集成相应的基础建模软件、基础建模分析软件、专业建模分析软件、专业可行性分析软件系统等，实现数字化虚拟建造、数字化现场施工、数字化施工控制、数字化协同管理。同时运用多方协同的智能平台、轻量化 BIM，打通施工产业链，进行全产业的导入与协同，统一建筑结构机电装修等，将设计信息推送到工厂，实现 BIM 设计信息 + 工厂计算机辅助制造 CAM 和 EMS（制造企业生产过程执行系统）的产业链通，进一步推进供应链数据化。

目前，施工现场智能建造管理平台的建设，试图将施工现场所有的管理活动、施工技术纳入集中统一的控制平台进行管控和调度。在清河站、丰台站、杭州西站、白云站的建设中，集成了 BIM 技术、人员管理、物料管理、绿色施工、安全质量管理、视频管理、资料管理、设备安全管理等众多功能与应用场景，对于这类大型客站项目建成精品工程、智能工程、示范工程，集中智能建造管控平台发挥了重要作用。

尽管如此，也应该看到，现在的智能管控平台仍然处在刚刚起步阶段，施工现场大量的管理活动和技术活动仍然处在智能监管之外，硬件设备的发展和云计算的发展尚不能提供海量的数据支持，实现全数字化建造依然任重道远。但是，智能建造平台的建设，是未来数字化建造的最底层逻辑，数字化建造的过程，必须在底层平台的建立上发展和生长。在各类人员管理、物资管理、设备管理、技术管理、资料管理、供应链管理、安全质量管理、能源管理、设计管理等各相关专业和系统的管理软件，解决统一的数据协议之后，将所有管理系统纳入统一的数字管理平台成为可能。随着管理信息系统的发展和进化，利用统一的建设平台，实现投资、进度、安全、质量、技术、成本、财务的精细化测量成为可能，亦使人员、设备、材料、流程、资料，以及多方共同参与项目管理和项目供应链支持成为可能，将极大地促进铁路客站的建设效率。

4. 智能感知与工程物联网

万物互联的发展，如今以汽车行业、家电行业、家具行业、可穿戴电子用品等生活场景，以及高度智能化的工厂制造作为代表，正迅猛发展中，华为依靠“鸿蒙 OS”系统，正在煤炭、钢铁等行业探索应用，部分头部建筑企业也已经开始探索万物互联在建筑工程中的应用。在工程大数据平台、智能设备的统一支持下，施工技术将实现远程操作与管理，以及企业级施工技术的集约化、数字化发展。

借鉴工业互联网的发展模式，是企业数字化转型发展的有效途径。在高速大容量信息技术发展的支持下，随着大数据技术、云计算、数字孪生技术、区块链、AR/VR、北斗信息等技术的发展，元宇宙（Metaverse）将成为互联网发展的下一个阶段。目前，在一些大型游戏设计中，运用数字孪生技术，已经能够实现虚拟环境下建筑的虚拟建造、仿真分析和虚拟管理。未来施工技术革命性的发展，将是虚拟建造与实景建造的完美融合，是虚拟建造数据与实景建造数据的相互映射，在数字化、云计算的协同下，真正实现施工建造的工厂化、智能化与自动化。

3.2 建筑施工智能化发展

发展智能建造是促进建筑业转型发展、实现高质量发展的必然要求。在建筑领域，主要发达国家相继发布了面向新一轮科技革命的国家战略，美国制定了《基础设施重建战略规划》，英国制定了《建造 2025》战略；住房和城乡建设部、国家发展和改革委员会、科学技术部、工业和信息化部等十三部委于 2020 年发布的《关于推动智能建造与建筑工业化协同发展的指导意见》中指出，要研发自主知识产权的系统性软件与数据平台、集成建造平台，大力推进先进制造设备、智能设备及智慧工地相关装备的研发、制造和推广应用，提升各类施工机具的性能和效率，提高机械化施工程度。推广应用智能化装备和建筑机器人，实现少人甚至无人工厂。加快人机智能交互、智能物流管理、增材制造等技术和智能装备的应用。探索具备人机协调、自然交互、自主学习功能的建筑机器人批量应用。

智能建造是将智能技术与工业化建造技术深度融合，实现工程建设高效益、高质量、低消耗、低排放的新型建造方式，主要包括数字设计、智能生产、智能施工和智慧运维的关键环节，是一项跨领域行业的复杂系统工程。

中国智能建造十四五发展思路是：打造智能建造标准模式；夯实标准化和数字化基础（以 1+3 标准化设计和生产体系为突破口，推动工程建设标准化；以数字化审图和交付为抓手，提升全行业数字化水平）；聚焦建筑产业互联网、建筑机器人和装配式建筑三个领域；打通设计生产施工运维全产业链，实现智能生产、智能设计、智慧施工和智慧运维；实施大数据平台、标准体系发展、关键技术创新、产业基地建设、人才队伍发展等五大工程。

目前，住房和城乡建设部正在推动试点城市建立跨部门协同推进机制，形成可复制可推广的智能建造政策体系、发展路径和监管模式；加快建筑业与先进制造技术、新一代信息技术的深度融合，实现全过程数字化管控；打造智能建造产业集群，催生一批新产业新业态新模式，打造经济发展新引擎。

建筑施工智能化是人工智能在建筑业的发展应用，人工智能（Artificial Intelligence，缩写为AI）包括五大核心技术：计算机视觉、机器学习、自然语言处理、机器人技术、生物识别技术。在当今建筑行业，部分头部企业如中国建筑、中国中铁、上海建工、碧桂园集团等，以及清华大学、同济大学等重点建筑类院校，都在积极研发建筑智能化设备、装备、机器人系统等，部分设备已经投入市场使用。现阶段建筑行业人工智能的发展，由于技术、算法、算力、数据支持、材料等的限制，装备尚不完善，研发出来的装备只能在局部点、面上使用，尚不能完全替代人工作业，但智能化施工是未来建筑行业转型升级的主要途径，未来智能化施工的主要发展方向是：

1. 智能设备：当前施工现场的常用水平和垂直运输设备将进一步向智能化、自动化、可视化方向发展，如塔式起重机、电梯、吊车、泵送设备、叉车、短距运载车、举臂车、吊篮等；这类设备装载传感器、摄像头、监测装置、称重装置，配置必要的安全算法，实现设备的远程操作、模拟驾驶、数据中台收集整理等已经完全具备技术条件。

2. 智能装备：用于施工现场的辅助设备设施，如超高层建造平台、液压提升设备、液压滑移设备、夜间自主照明系统、钢筋加工设备、模板加工设备、混凝土制备系统、智能桩机设备、新型装配式模架系统、隧道掘进设备等。这类设备装载远程或近程控制系统、传感器、监控设备，通过先进的软件支持、编程支持，已经具备中台、远程、智能化应用的技术条件。

3. 建筑机器人：用于替代人工的操作设备将得到快速发展，如振捣机器人、钢筋绑扎机器人、焊接机器人、铺砖机器人、剔凿机器人、收面机器人等，目前正在研究发展中，此类设备距离能够代替人操作，还有很长的路要走。主要是这类设备的敏捷性、可操作性、可移动性、空间适用性、小型化等，还不具备推广应用的条件。

4. 建筑机械手：建筑机械手是目前建筑智能化最值得重点发展的方向，这是人工和智能机械相结合的一种方式，既能够体现人的机动、决策和敏捷性，又能够相应减轻人员操作强度，机械手可以分为两类，一类是施工现场能够使用的机械手，有很多类型，如搬运机械手、砌筑机械手、粉刷机械手、振捣机械手、焊接机械手、钻孔机械手、切割机械手、绑扎机械手、数据扳手等；二是工厂机械手，这类机械手主要结合智能机器人的使用，是工厂智能化的组成部分，尤其是大型钢筋加工厂、预制构件厂、铝板生产厂等，参考智能汽车工厂的模式，将使建材加工、制造进一步向柔性工厂化作业演变。

5. 智能机械骨骼：智能机械骨骼也是目前建筑智能化发展的重要方向，同建筑机械手类似，能够极大地减轻工人的操作强度。机械骨骼当前在汽车、军工发展得比较快，部分产品已经进入实用阶段，施工现场主要应发展人工搬运骨骼、人工装配骨骼等，对现阶段仍然依靠重体力人工作业的实际情况，有比较大的发展前景，同时，可以结合机械手、测量检测设备等形成适用的机器辅助人工装置。

6. 监测检测设备：监测设备是目前市场发展得比较快的智能设备类型，现有技术沉淀、积累得比较深厚。如测量机器人、三维扫描机器人、试块制作机、管道监测机器人、实验室检验检测设备、桩检设备、无人机测量等，这类智能监测检测设备的发展，将进一步极大提升施工现场的安全质量水平。

7. 智能穿戴产品：智能穿戴产品是目前建筑业最值得优先发展的装备类型，目前国内电子工业制造能力、信息传输的技术发展，足以支持智能穿戴产品的研发，如智能头盔在军工、煤矿等行业已有研发利用，只是如今成本尚高。施工现场发展智能头盔、智能手套、智能眼镜、智能防护服、智能手表等，集成多种信息或者监测功能，与安全质量管理信息平台链接，可为作业人员提供强大的个人防护能力，以及实现安全质量的平台化管理能力。

8. 智能设计软件：现阶段，依靠 AI 技术的自动化设计已经在市场出现，将深刻改变目前设计行业的运营模式，随着规范相继导入设计软件以及国家正在推进的标准化设计，AI 设计将迎来爆发性发展，将使施工图深度、精细度、标准化进一步提升。模架深化、钢筋号料、砌筑排砖、钢结构深化、灯光模拟、环境模拟等面向施工现场的技术已经在深度发展中，基于可视化、3D 场景扫描技术和 BIM+ 技术的快速发展，AI 自动排板和施工图深化将进一步得到发展。

3.3 工业化施工技术引领

建筑业经过数十年的发展，随着国家老龄化社会的到来，建筑产业人员老龄化情况也日益严重，依靠进城务工人员从事建筑施工繁重体力劳动的建造方式已经不可持续。《中华人民共和国国民经济和社会发展第十四个五年规划和 2035 年远景目标纲要》明确提出“加快转变城市发展方式、统筹城市规划建设管理，实施城市更新行动，发展智能建造，推广装配式建筑和钢结构住宅、建设低碳城市”，统筹推进传统基础设施和新型基础设施建设，积极稳妥发展工业互联网和车联网，加快交通、能源、市政等传统基础设施数字化改造。

为推进建筑业工业化、数字化、智能化升级，加快建造方式转变，推进建筑业高质量发展。2020 年 7 月，住房和城乡建设部等 13 部门联合印发了《关于推动智能建造与建筑工业化协同发展的指导意见》，明确提出了推动智能建造与建筑工业化协同发展的指导思想、基本原则、发展目标、重点任务和保障措施。

装配式建筑目前在国内高速发展中，据住房和城乡建设部统计，2020 年全国新开工装配式建筑 6.3 亿 m^2，较上年增长近 50%，占新建建筑面积的比例约为 20.5%；2021 年新开工装配式建筑 7.4 亿 m^2，较 20 年增长近 18%，占新建建筑面积的比例约为 24.5%。在装配式建筑的发展中，如今存在的主要问题是标准化、信息化、智能化水平不高，严重制约着建筑工业化的发展。中共中央、国务院《关于进一步加强城市规划建设管理工作的若干意见》和国务院办公厅《关于大力发展装配式建筑的指导意见》的文件精神很明确，一是实现建筑部品部件工厂化生产，鼓励建筑企业装配式施工；二是力争在 10 年左右时间，使装配式建筑占新建建筑的比例达到 30%，建筑行业的工业化、装配化将持续高速发展，工业化施工技术将在以下几个方面迎来更大的创新和进步：

1. 部品部件标准化

装配式建筑部品部件的标准化是大规模工业化生产制造的前提和保障，住房和城乡建设部《关于推动智能建造与建筑工业化协同发展的指导意见》指出，要大力发展装配式建筑，推动建立以标准部品为基础的专业化、规模化、信息化生产体系。

2. 推广钢结构建筑

钢结构是装配式建筑发展的重要方向，具有空间大、布置灵活、速度快、减震效能好、便于装修等特点。与传统现浇结构相比，采用钢结构系统，工期节约20%，主体+二次结构劳动力节约近40%，得房率增加约3%，建筑垃圾减少约30%。要进一步完善钢结构建筑标准体系，以标准化为主线引导上下游产业链协同发展。

3. 装配式混凝土结构体系

当前，装配式施工技术在铁路客站应用强度不高，主要是其安全性、灵活性、经济性尚不能适应铁路客站的要求，要进一步完善适用不同建筑类型装配式混凝土结构体系，加大高性能混凝土、高强钢筋和消能减震、预应力技术的集成应用。

4. 集成设计和智能生产

进一步推广应用钢结构构件智能制造生产线和预制混凝土构件智能生产线。推进数字化设计体系建设，统筹建筑结构、机电设备、部品部件、装配施工一体化集成设计。

5. 机电设备装配施工

机电安装工程的装配化施工，目前技术发展得比较快，在方舱的快速建设、抗击疫情方面发挥了重要作用，在机房建设中应用也比较广泛。机电安装工程各系统影响装配式发展的重要因素是管线连接技术，随着BIM技术的进一步发展，精益化能力的提高，工厂制造能力的增强，实现机电安装工程全装配发展的条件已经具备。

6. 装配式装修施工

装配式装饰装修是目前建筑业发展的一个重要方向，在家装领域，头部建筑装饰企业已经在全面推进，但是在工装领域，由于不具备规模经济因素，性价比不高，装配式装修推进不够理想。下一步要积极推进装配化装修方式在项目中的应用，推广管线分离、一体化装修技术发展，推广集成化、模块化、定型化建筑构件、部品，促进装配化装修与装配式建筑深度融合。

装配式建筑技术的发展，依赖于构件、部品大规模建筑工业化的支持，建筑工业化的发展又需要建筑部品构件设计的标准化，在住宅等一些小空间特殊领域实现标准化是可行和可能的，但是对于追求个性化的公共建筑，还需要进一步研究和探索。大型公共空间，如车站、机场、会展、博物馆等，实现工业化制造、装配式发展，需要解决规模经济性问题、大跨度大尺寸构件运输安装问题、节点的抗震性能、结构的抗疲劳性能等安全问题，这些问题需要随着工厂制造智能设备的发展、柔性生产线的建立、先进材料的研发（如混凝土可塑模具、碳纤维的规模应用等）、大吨位吊装设备的发展，才能逐步解决，这也应是下一阶段装配式施工技术发展的方向。

3.4　绿色低碳可持续发展

党的十九大十八届中央委员会报告提出“创新、协调、绿色、开放、共享”的新发展理念，坚持人与自然和谐共生，形成绿色发展方式和生活方式，提出“建设美丽中国”“推进绿色发展”。加快健全绿色低碳循环发展的经济体系，构建市场导向的绿色技术创新体系，推进资源全面节约和循环利用，倡导简约适度、绿色低碳的生活方式。习近平总书记在2020年12月12日联合国气候峰会《继往开来、开启全球应对气候变化新征程》的重要讲话中提到：到2030年，中国单位国内生产总值二氧化碳排放将比2005年下降65%以上，非化石能源占一次能源消费比重将达到25%左右，森林蓄积量将比2005年增加60亿立方米，风电、太阳能发电总装机容量达到12亿千瓦以上。在第75界联大会议上，习近平总书记宣布，中国碳排放将在2030年前达到峰值，2060年前实现碳中和，这是对全世界绿色发展的重大贡献。

《国民经济和社会发展第十四个五年规划和二零三五年远景目标纲要》提出：单位国内生产总值能源消耗和二氧化碳排放分别降低13.5%、18%。深入推进建筑领域低碳转型。要发展智能建造、推广绿色建材、装配式建筑和钢结构住宅，建设低碳城市。深化建筑领域和公共机构节能，强化城镇节水降损，鼓励再生水利用。党的二十大报告再次强调，要加快构建新发展格局，着力推动高质量发展。

绿色、低碳发展，是我国高质量发展的重要组成部分。绿色发展，是以绿色为特征，充分考虑生态环境容量和资源承载力的一种发展模式，侧重于过程控制；低碳发展，是以碳量为考核标准，强调低污染低排放的一种发展模式，侧重于结果导向。二者协调一致，低碳发展必须践行绿色发展的理念，两个概念相辅相成、相互依托。通过技术创新，转变建造方式，大力发展新型建造技术，是实现建筑施工领域绿色发展和减碳目标的重要举措。

1. 绿色设计：住房和城乡建设部目标是到2025年，城镇新建建筑全部建成绿色建筑，进一步制定新的绿建达标标准。推进被动式建筑设计，提升新建建筑节能标准，严寒寒冷地区居住建筑尽早实现83%节能，公共建筑尽早实现78%节能；鼓励政府投资公益性建筑和大型公共建筑，推广零碳建筑、近零碳建筑和产能建筑。技术发展上，推动太阳能光伏系统应用、智能微电网、光储直柔新型建筑电力系统建设、太阳能光热建筑应用；积极推进热泵系统运用，夏热冬冷地区优先采用分散供暖，寒冷地区低能耗建筑鼓励采用电气化分散供暖；探索建筑用电设备智能群控技术、逐步丰富直流设备产业链。

2. 绿色建材：绿色建材的应用，是绿色建筑建设的重要环节。要推动绿色建材的使用与应用，例如一体化外墙板、高性能门窗、节水器具、生物质建材等；进一步发展钢结构、竹木结构建筑；加大新技术的研发应用，如碳纤维、发电玻璃、调光玻璃、屋面发电一体板、LED新型照明设备、空调热泵设备（地源、电）等；进一步发展绿色建材的认证体系。

3. 绿色建造：绿色建造的特征是绿色化、工业化、信息化、集约化、产业化。要进一步发展装配式建筑、钢结构建筑和钢结构的应用，推动建筑构件部品的智能生产；要通过建设过程的产业化，建立绿色脉动产业链和绿色静脉产业链，推动产业链优化资源配置；建造过程要进一步推进绿色建造技术应用、推动四节一环保措施的落实；施工技术发展上，要进一步推进智慧管理、智慧施工、智能建造，发展先进的绿色施工技术、创新先进的绿色技术措施、应用先进的节能降耗设备、设施系统；进一步推进BIM技术发展，推动数字建造，提升精益化建造水平。

4. 绿色运营：要建立和发展建筑的绿色运营和维护，要以节能减排为出发点，探索和发展绿色运营模式。建立设备、能源集中管理平台，对能源进行分项计量；优化管线、创新技术、减少管网渗漏，提升水资源应用效率；创新技术，水资源回收利用，热能系统循环利用，电力使用的自主调节、绿色能源的使用；要提升节能标准，探索被动节能优先、主动节能优化的高效管理机制。

以人工智能、云计算、大数据、数字孪生等为代表的全球新一轮科技革命浪潮汹涌，带动建筑行业以智能、数字、绿色、低碳为特征的重大技术变革，大数据、云计算、移动互联网等新一代信息技术同机器人和智能制造技术相互融合步伐加快，正在引发国际产业分工重大调整，进而重塑行业竞争格局。步入新时代，人民对于美好生活的向往对于铁路建设提出了更高的要求，铁路客站施工技术，也将进一步向更智慧、更智能、更集约、更绿色的方向发展。

参考文献

[1] 习近平 . 习近平在清华大学考察时强调 坚持中国特色世界一流大学建设目标方向为服务国家富强民族复兴人民幸福贡献力量 [EB/OL].[2021-04-19] http：//cpc.people.com.cn/n1/2021/0419/c64094-32082039.html.

[2] 交通强国建设纲要 [EB/OL]（2019-09-19）[2019-09-19] http：//www.gov.cn/zhengce/2019-09/19/content_5431432.htm.

[3] 国家综合立体交通网规划纲要 [EB/OL].（2021-02-24）[2021-02-24] http：//www.gov.cn/xinwen/2021-02/24/content_5588654.htm.

[4] 中华人民共和国国家发展和改革委员会中长期铁路网规划 [EB/OL] https：/www.ndrc.gov.cn/xxgk/zcfb/ghwb/201607/t20160720_962188_ext.html.

[5] 陆东福 . 奋勇担当交通强国铁路先行历史使命 努力开创新时代中国铁路改革发展新局面：在中国铁路总公司工作会议上的报告（摘要）[J]. 中国铁路，2019（1）：1-8.

[6] 陆东福 . 强基达标 提质增效 奋力开创铁路改革发展新局面 [N]. 人民铁道报 2017-01-04.

[7] 王同军 . 中国智能高铁发展战略研究 [J]. 中国铁路，2019（1）：9-14.

[8] 卢春房 . 铁路建设管理创新与实践 [M]. 北京：中国铁道出版社，2014.

[9] 卢春房 . 高速铁路工程质量系统管理 [M]. 北京：中国铁道出版社，2019.

[10] 何华武 . 创新的中国高速铁路技术（上）[J]. 中国工程科学，2007（9）：4-18.

[11] 何华武 . 创新的中国高速铁路技术（下）[J]. 中国工程科学，2007（10）：4-18.

[12] 王峰，铁路客站建设与管理 [M]. 北京：科学出版社，2018

[13] 钱桂枫，蔡申夫，张骏，等 . 走进中国高铁 [M]. 上海：上海科学技术文献出版社，2019.

[14] 郑健，魏威，戚广平 . 新时代铁路客站设计理念创新与实践 [M]. 上海：上海科学技术文献出版社，2021.

[15] 卢春房 . 铁路建设标准化管理 [M]. 北京：中国铁道出版社，2013.

[16] 郑健 . 高铁客站建设管理体系构建与实践 [J]. 项目管理技术，2011（3）：46-51.

[17] 王峰 . 高速铁路网格化管理理论与关键技术 [J]. 石家庄铁道大学学报，2014（27）：51-54

[18] 钱桂枫 . 铁路精品客站建设实践与高质量发展研究 [J]. 中国铁路，2021（z1）：10-16.

[19] 王哲浩，甘博捷 . 铁路客站建设管理创新与发展研究 [J]. 中国铁路，2021（s1）：39-43.

[20] 王峰 . 新时代铁路客站建设的设计观念优化 [J]. 中国铁路，2021（z1）：6-9.

[21] 周铁征，杜昱霖 . 雄安站站城融合规划设计讨论 [C]// 中国“站城融合发展”论坛论文集 . 北京：中国建筑工业出版社，2021.

[22] 郑雨 . 基于新时代智能精品客站建设总要求的北京朝阳站建设策略 [J]. 铁路技术创新，2020（5）：5-18.

[23] 孟庆军，姚绪辉铁路站房精品工程创新研究 [J]. 中国铁路，2021（z1）：64-69.

[24] 吉明军，曾丽玉，殷雁 . 落实客站建设新要求全力打造铁路精品客站 [J]. 中国铁路，2021（z1）: 135-139.

[25] 郑云杰 .《绿色铁路客站评价标准》的研究与应用探讨 [J]. 铁路工程技术与经济，2017（3）: 5-7，44.

[26] 黄家华 . 京张高铁清河站落实客站建设新理念设计创新探索与实践应用 [J]. 中国铁路，2021（z1）: 139-143.

[27] 韩志伟，张凯 . 智能车站的实践与思考 [J]. 铁道经济研究，2018，26（1）: 1-6.

[28] 王洪宇 . 铁路客站文化性设计研究 [J]. 中国铁路，2021（z1）: 17-21.

[29] 周铁征，王青衣，贾慧超 . 精品客站设计技术研究与创新实践 [J]. 中国铁路，2021（z1）: 22-26.

[30] 刘强，孙路静 . 铁路客站建设中的"文化振兴"[J]. 中国铁路，2021（z1）: 33-38.

[31] 方健 . 京沪高速铁路上海虹桥站新建站房设计 [J]. 时代建筑，2014（6）: 158-161.

[32] 赵鹏飞 . 高速铁路站房结构研究与设计 [M]. 北京：中国铁道出版社有限公司，2020.

[33] Eurocode Structures in seismic regions-design，Part 2：Bridges [S] . Brussels：European Committee for Standardization，1994 .

[34] 米宏广，唐虎，常兆中，等 . 丰台站结构体系研究与设计 [J]. 建筑科学，2020（9）: 142-147.

[35] JIZUMI M，YAMADERA N. Behavior of steel minfored concrete members undertorsion and bending fatigue[C]//International Association for Bridge and Structural Engineering IABSE Symposium. Brussels，1990（60）: 265-266.

[36] 赵勇，俞祖法，蔡珏，等 . 京张高铁八达岭长城地下站设计理念及实现路径 [J]. 隧道建设，2020，40（7）: 929-940.

[37] 张广平，薛海龙，王杨 . 雄安站建设新理念系统研究与创新实践 [J]. 中国铁路，2021（s）: 50-57.

[38] 中华人民共和国国民经济和社会发展第十四个五年规划和二 O 三五年远景目标纲要 [EB/OL]（2021-03-12）[2021-03-13]http：//www.gov.cn/xinwen/2021-03/13/content_5592681.htm.

[39] 智鹏，钱桂枫，林巨鹏 . 京津冀重点客站工程建造信息化智能化技术研究及应用 [J]. 铁道标准设计，2022（3）: 1-9.

[40] 傅小斌，邵鸣 . 打造人文客站的理论意义与实践探索 [J] . 中国铁路，2021（S1）:

[41] 赵振利 . 绿色铁路客站创新实践与发展展望 [J]. 中国铁路，2021（S1）: 89-94.